環境論ノート

—地球のためにできること—

久塚謙一

流通経済大学出版会

はしがき

手許に、「生態系としての地球―バイオスフィアー」（共立出版株式会社）というタイトルの古い本があります。この本は、生物圏に関する11篇の論文を掲載した「サイエンティフィック・アメリカ」の特集号を翻訳したもので、1975年に出版されました。当時、石油会社に入社して３年目の私にとっては、「これから地球はどうなっていくのか？」、「人類はいつまで地球で生活できるのか？」、「自分は研究者として何をすべきか？」等、若者特有の青臭さも手伝って、地球環境と共にある生物や人類の将来に関して自問自答する契機となった本でもあります。あれから40年余、この本で予測されていた通り二酸化炭素の濃度は増加し、昨今では「生態系としての地球」が傷みを増し、悲鳴を上げているようにも、怒りで肩を震わせているようにも思えてなりません。

この40年余り、私はその大部分を企業に勤務し、稲わら等からのバイオ燃料の生産、微細藻類による二酸化炭素からの石油の生産等、小さな微生物の力に期待して地球環境に貢献できる研究に挑みました。環境部門では、自動車排ガス中ダイオキシン類の濃度測定法の確立、油汚染土壌ガイドラインの策定等、国の施策をサポートしつつ、その時々の環境問題の解決に足跡を残すことができました。退職後には教鞭をとる機会に恵まれました。企業での経験を活かした「実学」を主体とした講義は、学生達に極めて好評でした。その講義内容は、2015年春・夏に出版の「Webで学ぶスライド式自然環境論Ｉ」、「同II」（流通経済大学出版会）に著わしました。

本書は、学生に限らず、一般の読者が筋道を立てて読み進められように前著を大幅に編集し直し、併せて、パリ協定等の重要な最新動向を補足したものです。21世紀は「環境の時代」と言われています。40年前に既に示唆されていた地球温暖化が現実の問題として認識され、低炭素社会の実現が国際的に切望されています。このような状況下、先ず、ひとり一人がグローバルな、あるいはローカルな環境問題、環境と密接に関係するエネルギー問題、人口増加に伴う食料・水問題等の現状を理解することが必要です。加えて、企業活動や日常生活において、「持続可能な社会」の実現に向けて知識を行動に結び付けることが期待されます。その知識と実践の第一歩として、またアクティブラーニング（能動的な学習）の教材として、本書を役立てていただければ幸いです。

40年前とは比較にならないほど数多くの情報が世の中に溢れ、40年前にはなかったインターネットというツールを手に入れた現在、「情報は貴重な資源」のひとつとなっています。本書の参考資料の大部分はウェブ情報に依拠していますが、本書の執筆にあたり、これらの情報の検索や取捨選択には、これまでに多大な労力を注いできました。本書に挙げた参考資料はいわば「情報の原石」であり、本書の図表は「情報を磨き上げた宝石」とも言えるものです。数多くの情報源を列挙しておきましたので、本書以降の情報も含めて今後の情報の収集・活用にご利用下さい。なお、本書の情報源が「リンク切れ」を来している場合もありますので、その点はご容赦ください。

目　次

1．生態系としての地球

1－1　人類とエネルギーの係り

地球は、46億年も前に誕生したと考えられています。その誕生の時刻をある年の1月1日0時0分として、現在を12月31日24時とすれば、46億年を365日に短縮することができます。このようにして地球上で起きた主な出来事を特定して、図1－1のように表わしたものが、「地球カレンダー」です。地球やバクテリア等の生物の歴史に比べて、人類の歴史がいかに浅いものであるかを、たちどころに知ることができます。

図1－1　地球カレンダー

地球カレンダー：地球誕生から現在までの46億年の歴史を1年365日のカレンダーで表しました。

1月　1日	午前0時	地球誕生（46億年前）
2月25日		最初の原始生命が誕生（39億年前）
3月29日		光合成バクテリアが登場（35億年前）
9月27日		多細胞生物の登場（12億年前）
12月31日	午前10時40分	最初の猿人登場（700万年前）
	午後11時37分	ホモサピエンスの誕生（20万年前）

（参考）「21世紀の歩き方大研究」　http://www.ne.jp/asahi/21st/web/earthcalender.htm

他の生物には見られない人類の特徴に、「二足歩行」、「道具の使用」、「言語の使用」等が挙げられますが、「火の使用」が最も人類を特徴づける行動と考えられます。火の使用は、熱エネルギーの使用であり、人類の歴史はエネルギーの使用と共にあると言えます（表1－1）。火に加えて家畜のエネルギーが活用されるようになり、さらに薪や水車や風車が使われ始めました。18世紀の中頃にイギリスで起きた産業革命は、エネルギー利用の大変革をもたらしました。現在のエネルギーの大宗である化石燃料が使われるようになったからです。まず、石炭が使われ、順次、石油、天然ガスが使われるようになりました。さらに、電力需要の増大に伴い、化石燃料による火力発電に加えて原子力発電が登場しました。また、最先端の技術として、太陽光発電や風力発電等の自然エネルギーの導入・普及が世界的に活発化しています。

このように利用可能な利便性の高いエネルギーの種類が拡大するにつれて、1人1日当たりのエネルギー消費量が著しく増大しました。最初の人類は、1人1日当たり4,000kcal程度のエネルギーを消費していましたが、20世紀には57.5倍の230,000kcalのエネルギーを消費するようになりました。一方、人口の増加も著しいものがあります。表1－1では、19世紀が10億人、20世紀が20億人とされており、100年で2倍に増加しています。この間に1人1日当たりのエネルギー消費量は約3倍になっていますので、世界全体のエネルギー消費量は6倍になったことを示しています。

2012年10月31日に世界の人口が70億人に達したことが報じられました。国連は、2050年までに世界の人口は96億人に達すると推計しています。人口の増加に伴って、今後、世界全体のエネルギー需要は益々増大すると予測されます。加えて、化石燃料の消費は、地球温暖化の主たる原因である二酸化炭素を大量に排出します。地球の歴史上では新参者である人類が、人類の発展に寄与してきたエネルギーを大量に消費することによって、地球という生態系を脅かす時代を迎えているのです。

表1－1　人類とエネルギーのかかわり

	←数百万年→		←6500年→		←400年→			
	紀元前 数百万年	紀元前 数十万年	紀元5000 年前	15世紀	18世紀	19世紀	20世紀	21世紀
新しいエネルギー	火	家畜エネルギー	薪・水車 風車・馬		石炭	石油	天然ガス・原子力 自然エネルギー	
人類の暮らし	火の使用		農耕の始まり		産業革命 蒸気機関		石油ショック	
人口					6億人	10億人	20億人	61億人
エネルギー消費量（kcal/人）	4,000 (1)	5,000 (1.25)	12,000 (3)	26,000 (6.5)		77,000 (19.25)	230,000 (57.5)	

（参考）公益財団法人 総合研究開発機構（NIRA）等

1－2　生態系と生物多様性

(1)　生態系とは

地球上では、多種多様な生物種が相互に連携しながら、それぞれの生息条件にかなった場所で、その環境と相互関係を保ちつつ営みを続けています。このような生物（植物、動物、微生物など）間の相互関係、および生物とそれを取り巻く環境（太陽光、大気、水、土壌等）の間の相互関係を総合的にとらえた、「生物社会のまとまり」を生態系といいます。生態系（エコシステム）の概念は、1935年にイギリスの生態学者アーサー・タンズレーによって提唱されました。

生態系を構成する生物は、その主要な役割から生産者、消費者、分解者に大別されますが、それを階層的に示したのが、図1－2の「生態系ピラミッド」です。生産者は、光合成によって有機物を生み出す植物です。光と水と栄養塩さえあれば、他の生物に依存することなく光合成によって成長します。植物が生産した有機物をえさや食料として利用する動物は、消費者と位置付けられます。消費者として、昆虫や小鳥、ワシやタカのような猛禽類が図示されていますが、これらは食物連鎖でつながっています。まず、蝶やカブトムシは、花の蜜や樹液を吸って成長します。カマキリは蝶を捕食します。蝶やカマキリの昆虫類を小鳥が食べ、小鳥は猛禽類に食べられます。このように「食う・食われるという連続した関係」を「食物連鎖」といいます。頂点に立つ猛禽類を高次消費者と称しますが、人間も高次消費者と位置付けられます。昆虫も、小鳥も、猛禽類もいずれ死を迎えます。植物は、冬になると葉を落とします。動物の死骸や植物の落ち葉などを分解し、生態系としての地球を掃除してくれるのが分解者です。分解者としては、ミミズやヤスデ、目に見えない微生物などの土壌生物が例示されます。

地球には、さまざまな生態系が存在します。たとえば、海の生態系、山の生態系、川の生態系等が挙げられますが、これらをひとくくりに包含した地球も一つの生態系とみなすことができます。また、人間もこの生態系の一部に属し、生きていくのに不可欠な食べ物や酸素や水などを生態系から得てきました。しかし、近年の急速な人口増加や経済成長、科学技術の発展に伴い、大規模な開発や生物資源の過度な利用等によって生態系の破壊が加速しており、生態系の一部を占める人間の活動が地球そのものを脅かすに至っています。

図１－２　生態系ピラミッド

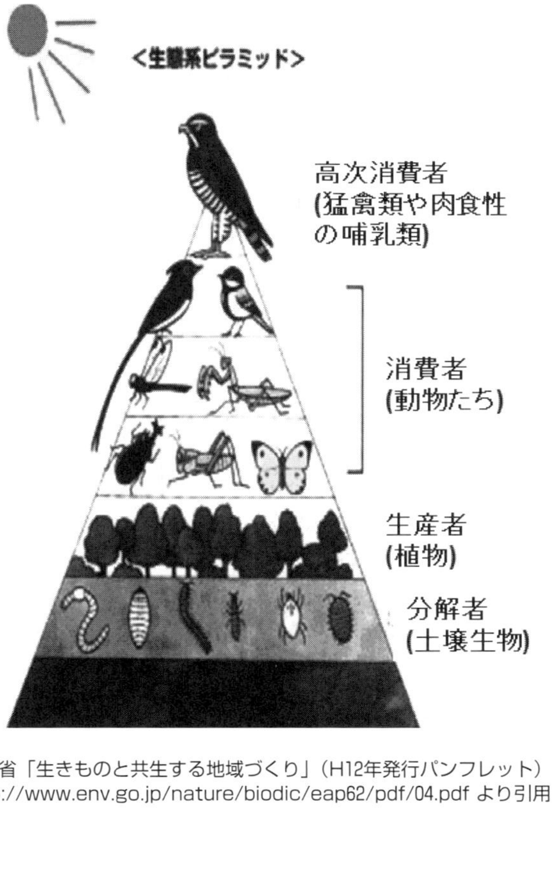

環境省「生きものと共生する地域づくり」（H12年発行パンフレット）
http://www.env.go.jp/nature/biodic/eap62/pdf/04.pdf より引用

生態系ピラミッドにおいて頂点に立つものには、難分解性の環境汚染物質が生物体内に比較的高濃度検出されることがあります。最初はごく低濃度であった環境汚染物質が、食物連鎖を通して生物体内に蓄積され、食物連鎖の段階を経るにしたがって、順次、その蓄積濃度が高まったのです。このような現象を「生物濃縮」といいます。日本の四大公害の一つである水俣病は、工場の排水に含まれていたメチル水銀が原因で起こりましたが、メチル水銀は最初にプランクトンやゴカイ等の底生生物に取り込まれます。それが、食物連鎖によって順次、カニや貝類、小魚を経て、大きな魚に高濃度蓄積され、人間がそれらを摂食した結果、水俣病が発生しました。高次消費者は生物濃縮による化学物質のリスクに最もさらされやすい存在と言えます。

(2) 生物多様性の恵みと危機

生物多様性（Biological Diversity）*[1]とは私たちの周りで見かける多種多様な生態系、生物の種、遺伝子など全てを包含する言葉で、地球上の生物の多様さと、自然の営みの豊かさを指します。後述する生物多様性条約では、「生物多様性をすべての生物の間に違いがあること」と定義されており、生態系の多様性、種間（種）の多様性、種内（遺伝子）の多様性という３つのレベルでの多様性があるとされています。生態系の多様性は、海には海の、山には山の、川には川の生態系があるということを意味します。具体的には、四万十川には清流に生息する生物の多様性があり、白神山地にはブナ林に生息する生物の多様性があります。種の多様性が最も理解しやすいと思いますが、生物の種類には様々な種類があるということを意味します。現在、約175万の種が確認されています。遺伝子の多様性はやや難しくなりますが、環境省のウェブサイトには、アサリの模様の多様性が例示されています。同じ種でありながら、模様が異なるのは、親から受け継いだ遺伝子が異なるからです。種の同じ人間が一人一人異なり、個性があるのも遺伝子のなせる業です。人間の細胞は約60兆個あるといわれていますが、一つ一つの細胞の核に遺伝子という設計図が組み込まれています。設計図がそれぞれ異なるため、千差万別の顔つきや体つきを呈することになります。

私たちは、意識するしないにかかわらず、自然の恩恵を受けています。主な生物多様性の恵み（生態系サービス）を図１－３に示しましたが、例えば、動物は酸素がないと生きられませんので、植物が生み出す酸素は自然の恵みの最も重要なもののひとつです。動植物から直接得られる食料や医薬品のみならず、生物の機能を模倣したバイオミミクリー（バイオミメティクス）によって生まれた製品も多々あります。また、地域に根付いた伝統文化も自然に宿る神々が根源になっていることが少なくありません。サンゴ礁は津波、樹木は土砂崩れ等の災害から私たちを守ってくれます。自然の脅威にさらされることもありますが、自然に守られていることも認識する必要があります。

図１－３　生物多様性の恵み（生態系サービス）と危機

生物多様性の恵み（生態系サービス）

①全ての生命の存立基盤（・酸素の供給　・気温、湿度の調節　・水や栄養塩の循環　・豊かな土壌）
植物が酸素を生み、森林が水循環のバランスを整えるなど、多くの生きものの営みを支えている。
②暮らしの基盤（・食べ物　・木材　・医薬品　・品種改良　・バイオミミクリー（生物模倣））
食料はもちろん、新聞や本などの紙製品や医療品、遺伝的な情報、機能や形態が生活に利用されている。
③豊かな文化の根源（・地域性豊かな文化　・自然と共生してきた知恵と伝統）
日本では、地域ごとに異なる自然と一体になって地域色豊かな伝統文化が育まれてきた。
④自然に守られる暮らし（・サンゴ礁等による津波の軽減　・山地災害、土壌流出の軽減）
自然の保全は、安全な水の確保や自然災害の軽減など、安心して暮らせる環境の確保につながる。

生物多様性の危機

日本の生物多様性は4つの危機＊にさらされている。
＊①開発や乱獲による種の減少・絶滅、生息・生育地の減少
②里地里山などの手入れ不足による自然の質の低下
③外来種などの持ち込みによる生態系のかく乱
④地球温暖化による世界的な危機（多くの種の絶滅や生態系の崩壊）
過去にも自然現象などの影響により大量絶滅が起きているが、現在は第6の大量絶滅と呼ばれている。人間活動による影響が主な要因で、地球上の種の絶滅のスピードは自然状態の約100～1,000倍にも達し、たくさんの生きものたちが危機に瀕している。

（参考）環境省ホームページ　生物多様性センター　http://www.biodic.go.jp/biodiversity/index.html

日本には、知られているだけで９万種以上の生物がいると推定されていますが、環境省のレッドリスト（2015年）において、3,596種が絶滅危惧種とされています。古くはニホンオオカミが絶滅し、トキは野生種が絶滅してしまいました。近年ではニホンカワウソが絶滅し、ニホンウナギ・ハマグリなどが絶滅危惧種に指定されています。日本の生物多様性は、①開発や乱獲、②里地里山などの手入れ不足、③外来種の持ち込み、④地球温暖化の４つの危機にさらされています（図１－３）。②の例として、猟師の減少や高齢化が原因で、ニホンジカやエゾシカ、イノシシによる食害が問題になっています。尾瀬ヶ原や釧路湿原まで荒らされている現状が報じられています。加えて、今後は地球温暖化が問題になります。生物多様性に対する地球温暖化の影響の典型的な事例として、世界的にはホッキョクグマの絶滅が懸念されていますが、日本にも温暖化の影響が懸念される動植物がいます。例えば、高山にすむライチョウが温暖化の被害を受ける可能性があります。ライチョウにとって食料の高山植物や住処のハイマツの生息域が、地球温暖化によって狭まることが予測されており、ライチョウの保護対策が検討されています。ライチョウのみならず、高山植物やサンゴ礁に至るまで、今後は、温暖化の生態系への影響に対しても監視の目を強化する必要があります。

(3)　生物多様性条約

人間の生活は、自然の恵みによって支えられており、自然の恵みの多くは多様な生物によってもたらされています。しかし、近年、日本になじみの深い生物も含めて、多くの生物が絶滅の危機に瀕しています。例えば、2016年１月に国際自然保護連合（IUCN）が公表したレッドリストでは、世界の既知種1,735,022種のうちの82,845種の絶滅リスクが評価され、およそ３割にあたる3,892種が

絶滅危惧種と判断されています。また、日本になじみの深いクロマグロやニホンウナギに加えて、新たにニホンスッポンやニホンイタチが絶滅危惧種に指定されています*[2]。このような生物多様性の損失を見越して、多様な生物を保護し自然環境を保全するために、1992年5月の国連総会で生物多様性条約*[1]が、気候変動枠組条約と共に採択されました（図1－4）。

図1－4　生物多様性保全の国際的取組状況

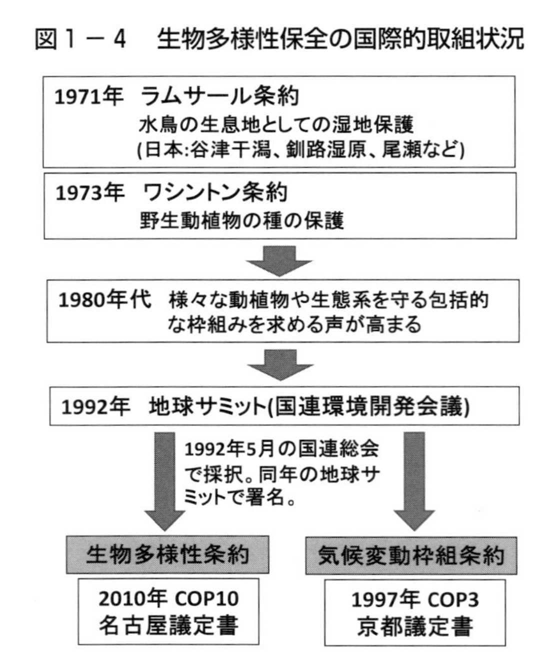

生物の保護と自然環境の保全を目的とした条約として、ラムサール条約やワシントン条約が既に存在していました。ラムサール条約では干潟や湿地等の保護が目的とされており、ワシントン条約では野生生物の保護が目的とされています。生物多様性条約では、①生物の多様性の保全、②生物多様性の構成要素の持続可能な利用、③遺伝資源の利用から生ずる利益の公正で衡平な配分、という3点が目的とされています。

2010年10月18日～29日の日程で、生物多様性条約第10回締約国会議（COP10）が愛知県名古屋市で開催され、179の締約国、関連国際機関、NGO等から13,000人以上が参加しました。なお、米国は締約国ではありませんので、オブザーバーとして参加しています。この会議においては、遺伝資源へのアクセスと利益配分（ABS）に関する名古屋議定書と、2011年以降の新戦略計画（愛知目標）が採択されました。

名古屋議定書は、生物多様性条約における上記③の目的に関連する合意事項をまとめたものです。

生物多様性条約では、提供国は自国の天然資源に対する権利を有しており、利用国が遺伝資源を取得（アクセス）する場合には、提供国の国内法令に従うことが定められています。また、遺伝資源へのアクセスのためには、提供国の事前同意が必要であり、遺伝資源の利用から生ずる利益は、当事者間の相互の合意に基づいて配分されることとされています。名古屋議定書では、このような条約の規定が適正に実施されるよう、遺伝資源の提供国と利用国が実施すべき措置を定めています。

愛知目標は、生物多様性条約全体の取組を進めるための柔軟な枠組みとして位置付けられています。生物多様性の損失を止めるために愛知目標として20の個別目標が設定されました。今後、締約国である各国が、それぞれの国における生物多様性の状況や取組の優先度等を踏まえて、生物多様性に関する各国の目標を設定し、生物多様性に関する各国の国家戦略の中に取り込むこととされました。日本では、COP10で採択された愛知目標の達成に向けて、2012年に「生物多様性国家戦略2012－2020」が策定されました。

コラム　バイオミメティクス

私たちの暮らしは、生態系から酸素・食料・水等の恵みを受けることによって成り立っています。このような直接的な恵み以外に、様々な間接的な恵みも受けていますが、その一つがバイオミメティクス（「バイオミミクリー」、「生物模倣技術」ともいう）です。生物模倣の歴史は意外と古く、ルネッサンス期にレオナルド・ダ・ヴィンチが鳥を真似て空を飛ぶ様子を描いたスケッチも、バイオミメティクス研究の一つとされており、この夢は20世紀初頭にライト兄弟によって実現されました。1930年代には米国でカイコの作る絹に似せた合成繊維のナイロンが実用化されました。1950年代にはスイスで服や毛にくっつく野生ゴボウの実の構造から、簡単に着脱できる面ファスナーが発明されました。日本では1990年代、先端部をとがらせた500系新幹線が作られました。環境省のWebサイト*には、「カワセミのくちばしにヒントを得て設計された500系新幹線（トンネル通過時の騒音と空気抵抗の低減に成功している）」と紹介されています。生物の特殊な機能に学び、その機能を身の回りの物品に活用する技術がバイオミメティクスであり、以下のような例が挙げられます。

① ヤモリの足裏を模した粘着テープ

ヤモリの足の裏には微細な毛があり、１本１本の毛の先端が100～1,000本に分岐しています。このような特殊な足を持っているためヤモリは天井に張り付くことができます。この構造と機能を応用したのが粘着テープです。

② アサギマダラ（蝶）の羽を模した扇風機

アサギマダラは滑空によって効率良く日本縦断の長距離を旅する蝶です。この蝶の翅の形が、騒音が小さく、風の当たり方が心地良い扇風機に活かされています。

③ ネコの舌を模した掃除機

ネコの舌はざらざらしていますが、とげ状の突起がたくさんあるからです。これをヒントに、ダストカップのゴミが10分の１の大きさに圧縮できる掃除機が開発されました。

* http://www.biodic.go.jp/biodiversity/about/biodiv_service.html

1－3　水と炭素の循環

(1)　水の循環

水は、地球上のいたるところに存在するありふれたものですが、地球環境を特徴づけており、気象や気候の変動の原動力となっています。また、水は、人間や生物にとっても欠かすことのできない重要な物質であり、「命の源」とも言われます。地球表面の約70％は水によって覆われていますが、容量でみると、淡水の割合は約2.5％に過ぎません。しかも、淡水の大部分は南・北極地域等の氷として存在していますので、地下水を含め河川水や湖沼水として存在する量は、地球上の水の約0.8％に過ぎません。

水は、１気圧のもとでは100℃で沸騰し、０℃で凍ります。常温で液体の水は、気体（水蒸気）や固体（氷）に変化しながら地球の表層を移動しています。図１－５に見られるように、海の水や地上の水分が蒸発したり、植物の葉から蒸散したりして水は水蒸気になり、上空で雲を作ります。上空で冷えて再び液体の水となって降るのが雨、氷点以下で固体となって降るのが雪やあられです。地上に降り注いだ雨や雪は、湖や川の水や地下水となって再び海に流れていきます。このように水は、水という化合物のまま気体・液体・固体という物理的状態変化を遂げながら、概ね26日の周期で循環を繰り返しています。

図１－５　水の循環（イメージ図）

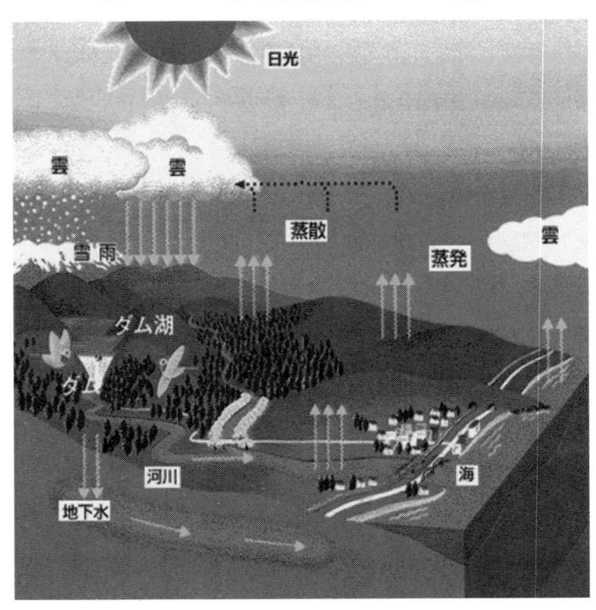

出典：国土交通省　関東地方整備局　江戸川工事事務所
資料「カード　インデックス」

この循環の過程で、人間や生物の営みが行われますが、人間の活動は水の安定的な循環を壊しかねない事態を招いています。人口の急激な増加と社会の発展に伴い、多くの国で水不足が発生しています。世界で使用される水の約70％は農業用水として使用されていますので、水不足は、深刻な食料不足や飢餓を招くうえ、生態系にも影響をもたらします。今後の世界人口の増加、地球温暖化の影響によって、水不足をはじめとしたこれらの問題が一層深刻化することが懸念されています。

日本では、近年、渇水被害の発生、異常少雨と異常多雨の大きな変動等の傾向が見られ、各地で安定的な水の供給が損なわれることが懸念されています。2013年７月には首都圏に水を供給している利根川水系の８つのダムの貯水量が下がり、19年ぶりに取水制限が行われました。一方、７月下旬には都内で豪雨や雷雨が多発し、隅田川花火大会が初めて中止されました。2014年８月には、長期間にわたって大雨の降りやすい状態が続き、記録的な大雨になったところもありました。広島市の土砂崩れ等甚大な被害をもたらしたこの大雨を、気象庁は「平成26年８月豪雨」と命名しました。2015年９月には、台風18号の影響を受けた「平成27年９月関東・東北豪雨」により茨城県常総市で鬼怒川が決壊し、大規模な水害が発生しました。2016年７月には、全国で局所的な豪雨がみられた一方、関東地方では渇水によってダムの貯水量が不足し、一時、利根川水系の取水制限が行われました。

なお、水の循環については、地表の循環に加え、海の水深約200mより深いところで、「深層海流の循環」という緩慢な水の循環が行われています。水は４℃で最大の比重１になりますので、温まると比重が軽くなります。このような温度差が深層海流を生じさせており、そのスピードは１秒間に10cmほどといわれています。北大西洋のグリーンランド沖で冷やされた重い海水は、深海に沈み込んで深いところを移動します。そして太平洋に達すると、海の表面に上がってきて、表層流として再び大西洋に戻っていくと考えられています。このような「深層海流の循環」は、2000年もの長年月を要すると考えられており、地球の熱を運ぶ役割を果たしています。

(2)　炭素の循環

水の循環が物理的状態変化に終始しているのに対し、炭素の循環は、炭素という元素の様々な化合物への化学的変化によって行われます。良く知られる光合成は、主に植物など光合成色素をもつ生物が、光（太陽光）のエネルギーを用いて、二酸化炭素（CO_2）と水（H_2O）からデンプンなどの炭水化物（一般式$C_6H_{12}O_6$）を合成し、酸素（O_2）を放出する生化学反応を指します。光合成によって、二酸化炭素の炭素は、炭水化物の炭素へと変化します。一般的に、植物の葉の細胞にある葉緑素で光合成反応が行われますが、植物以外にも藻類や光合成細菌等でも同様の反応が行われます。

光合成によって、炭素は二酸化炭素（「炭酸ガス」も「CO_2」も同義）からデンプンに変化し、例えば、稲等の穀物に蓄積されます。人間は主食である穀物を摂取し、体内で酵素（生体触媒）によって炭水化物を酸化的に分解してエネルギーを得、最終的に二酸化炭素と水を生成します。ここで、炭水化物の炭素は、二酸化炭素の炭素へと変化します。人間は木を伐採して燃焼し、熱エネルギーを利用して調理をしたり、暖を取ったりします。木を燃焼しても主成分のセルロース（炭水化物の一種）から二酸化炭素と水が生成します。人間の手を経なくても、老木が倒れて腐敗したり、山火事が発生したりして二酸化炭素が発生します。概略的に見れば、陸上では植物による二酸化炭素の吸収と、人間の活動等による二酸化炭素の放出という循環を繰り返します。（図１－６）。

図１－６　炭素の循環（イメージ図）

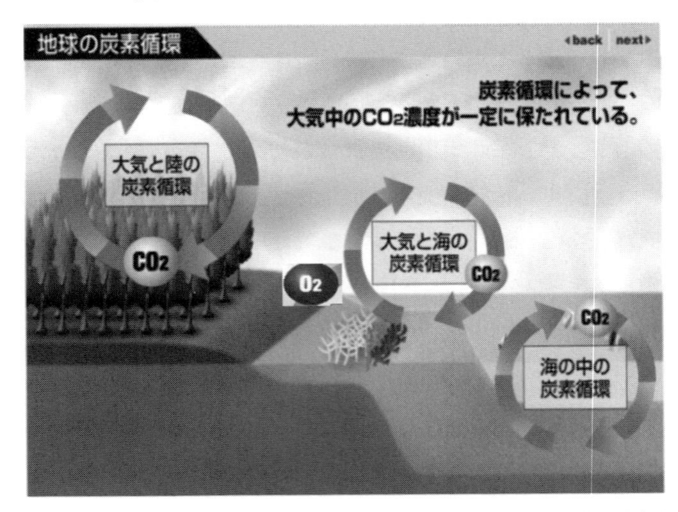

出典：（独）科学技術振興機構　理科ねっとわーく一般公開版「地球温暖化を阻止せよ！」
http://rikanet2.jst.go.jp/contents/cp0220a/contents/f_01_06.html

また、二酸化炭素は、海の表層で弱アルカリ性である海水に溶け込みます。溶け込んだ二酸化炭素の一部は光合成を行う海藻に吸収されたり、サンゴ礁や貝殻の炭酸カルシウム（石灰）の成分として利用されたりします。砂や石となって、海底に炭酸塩として沈降してしまうものもあります。海に一旦吸収された炭素は、再び炭酸ガスとなって大気に移行したり、海水中で溶出と沈降をくり返したりします。全体として、自然界における炭素循環は、吸収量と放出量がバランスするように行われている限り、大気中の二酸化炭素の濃度はほぼ一定に保たれることになります。

産業革命以降、人間は、地中に埋蔵されている石炭・石油・天然ガス等の化石燃料を使用するようになり、産業革命以前に木や家畜から得ていたエネルギーを、化石燃料から得るようになりました。化石燃料の主成分は炭素と水素から成る炭化水素という化合物群で、太古の時代に海底等に堆積した植物や藻類等が、微生物や地熱等によって化学変化を受けてできたと考えられています。炭化水素を燃焼すると炭酸ガスと水が生成しますが、燃焼によって生じたエネルギーが車を動かし、電気を起こしています。こうしてみると、人間にとって炭素は様々な「エネルギーの源」であることが分かります。近年の経済発展によって化石燃料が大量に消費され、二酸化炭素が大量に排出されると、植物や海水等による自然の吸収量を化石燃料等に由来する人為起源の排出量が上回り、均衡が崩れて大気中の二酸化炭素濃度が上昇します。

(3)　二酸化炭素の収支

図1－7は、IPCC（気候変動に関する政府間パネル）第5次評価報告書における炭素収支に基づいて、気象庁が産業革命前後の炭素循環の状況を模式的にまとめたものです。産業革命以前は、森林の光合成により大気中の二酸化炭素から変化した有機物と、土壌から河川を経て海洋に流入した有機物と併せて、9億トンの炭素（炭素1億トンは、二酸化炭素で3.67億トンに相当）が吸収されていました。そのうち、7億トンの炭素は大気中に二酸化炭素として放出され、2億トンの炭素は海底に堆積物として沈殿していたと考えられています。このように、大気中の吸収分と土壌からの溶脱分の炭素が、海洋の放出分と沈殿分の炭素とバランスすることによって、定常状態が維持されていたと考えられています（図1－7の右側の細い矢印）。

図1－7　人為起源炭素収支の模式図

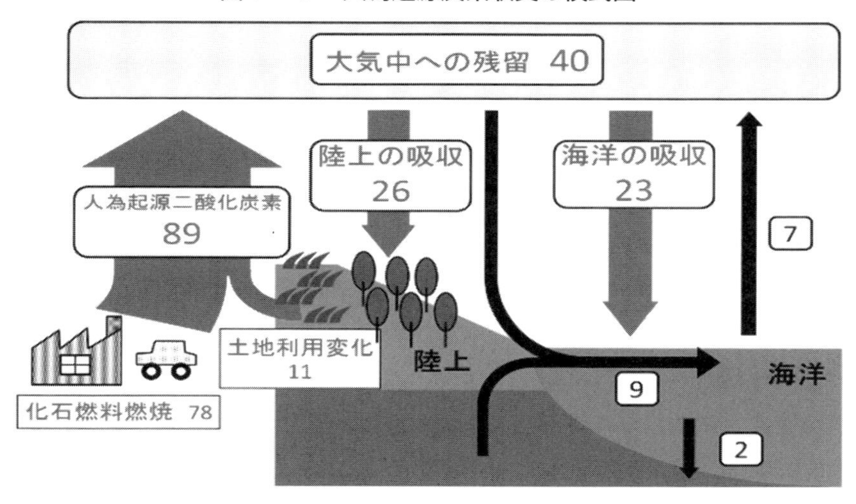

出典：http://www.data.jma.go.jp/kaiyou/db/mar_env/knowledge/global_co2_flux/carbon_cycle.html
「人為起源炭素収支の模式図（2000年代）」（気象庁ホームページより）

産業革命以降（1750年～）の工業や経済の進展によるエネルギー消費の増大に伴い、多くの二酸化炭素が大気中に排出されるようになりました。2000年代には1年間に78億トンの炭素が化石燃料の燃焼によって大気中に放出されています。加えて、農地拡大等による土地利用変化（森林破壊）によって11億トンの二酸化炭素が放出されており、人為起源の二酸化炭素の放出量は89億トンに達すると推計されています。一方、陸上での植物等による吸収量が26億トン、海洋の吸収量が23億トン、合計49億トンですから、毎年大気中に40億トンが残留することになります。（図1－7の太い矢印）なお、産業革命前に比べて近年の吸収量が増大している理由として、大気中の二酸化炭素濃度の上昇に伴い、①陸上では、森林の光合成活動が活発化したこと、②海洋では、二酸化炭素の分圧が上昇し海洋への溶解度が増大したこと、が考えられています。

大気中への二酸化炭素の残留は、大気中の二酸化炭素濃度を上昇させるため、地球温暖化の要因となります。近年では、二酸化炭素濃度の上昇度合いが加速しています。因みに、年間の二酸化炭素増加率については、1960～2005年の平均値が1年あたり1.4ppm（1ppmは百万分の1）であるのに対して、最近10年間（1995～2005年）の平均値は1年当たり1.9ppmであり、近年の方が増加率の高いことが、IPCC第4次評価報告書第1作業部会報告書技術要約*3に示されています（図2－10参照）。また、海洋では、二酸化炭素が溶解することによって海水のpHが低下し、海洋の酸性化が進行しており、サンゴや貝類等への影響が懸念されています。

コラム　海洋の酸性化

水溶液の酸性・アルカリ性の度合いは、pH（水素イオン濃度指数）で表されます。pH7が中性、7より小さいのが酸性、7より大きいのがアルカリ性です。「海水の酸性化」は、二酸化炭素が海水に溶け込むことによって起きますが、現在の海水がpH7より低い状態にある訳ではありません。気象庁が、太平洋の4つの海域における海洋の酸性化の状況を解析した結果、1990年以降、pHは約0.04（10年あたり0.016）低下していることが分かりました。例えば、日本近海の北太平洋亜熱帯域では、1990年に約8.11だったpHが、2013年には約8.07に低下したことが示されています*。このように、弱アルカリ性の海水のpHが低下しつつあることを「海洋の酸性化」といいます。

IPCCは、第5次評価報告書第1作業部会報告書において、“海洋は排出された人為起源CO_2の約30%を吸収し、海洋の酸性化を引き起こしている。”、“海面におけるpHは、産業革命以降、0.1低下している（高い確信度）。”と報告しています。また、“海洋による炭素貯留の増加が将来、酸性化を進めるであろうことはほぼ確実である。”と予測しています。「海洋の酸性化」が進むと、①サンゴ礁の成長を妨げる、②プランクトンや貝類や甲殻類の骨格の成分である炭酸カルシウムが海水に溶け出して小型化する、③食物連鎖を通した海洋の生物の成長・繁殖にも影響が及ぶ等、生態系、水産業、観光業等への悪影響が懸念されています**。

* http://www.jma.go.jp/jma/press/1411/26a/pH_pac2014.html

** http://www.data.jma.go.jp/kaiyou/db/mar_env/knowledge/oa/acidification_influence.html

コラム　IPCC（気候変動に関する政府間パネル）

IPCCは、世界気象機関（WMO）と国連環境計画（UNEP）によって1988年に設立された研究機関です。世界の科学者の温暖化に関する最新の論文を査読し、研究の成果を評価して、数年間に一度報告書として公表しています。例えば、IPCC第４次評価報告書の作成には、３年の歳月にわたって、130を超える国の450名を超える代表執筆者、800名を越える執筆協力者、2,500名を越える専門家が携わり、これらの人々の査読や討論を経て公開されました*。報告書は、第１作業部会の「科学的根拠」、第２作業部会の「影響や適応策」、第３作業部会の「緩和策」の三つの作業部会に分かれて報告され、最終的には統合報告書にまとめられます。1990年の第１次評価報告書を皮切りに、これまでに第５次評価報告書が公表されています。第1次評価報告書が公表された２年後の1992年に、ブラジルのリオデジャネイロで開催された国連総会で「気候変動枠組条約」が採択され、地球温暖化防止に対する国際的な取組が開始されました。その後も、IPCC評価報告書の知見は、地球温暖化に関する国際交渉に活用されてきました。その功績により、IPCCは2007年に、「不都合な真実」の著者のゴア氏（元米国副大統領）と共にノーベル平和賞を受けました。IPCC第５次評価報告書の知見は、2015年12月にパリで開催される気候変動枠組条約COP21において、「2020年以降の国際的枠組みの策定」に活かされるものと期待されていました。IPCC第５次評価報告書においては、「産業革命前の気温上昇を２℃に抑える」ことを想定して、気候変動のリスクや緩和シナリオの実現可能性が論じられていますが、この想定は、パリ協定における「産業革命以降の気温上昇を２℃未満に抑える」という目標とも符合しています。

*http://www.env.go.jp/earth/ipcc/4th/ar4syr.pdf

１－４　エネルギー利用と気候変動

(1)　近代におけるエネルギー利用（図１－８）

人類が火を利用し始めたのは約50万年前と言われています。火の利用を契機として人類とエネルギーの密接な関係が始まりました。産業革命までの人類は、厨房・暖房には木材や木炭、照明には油等の植物由来のエネルギー、農作業や物資の輸送には馬や牛等の動物のエネルギーを利用していました。化石燃料については、3000年前の中国で石炭の存在が既に知られていましたが、石炭の本格的な利用は18世紀中頃にイギリスで起きた産業革命の頃に始まりました。産業革命は人類とエネルギーのかかわりにおける歴史上の一大転換期となり、この革命によって化石燃料の一種である石炭が蒸気機関等のエネルギー源として、また鉄鋼生産におけるコークスとして大量に使用されるようになりました。

図１－８　近代におけるエネルギー利用

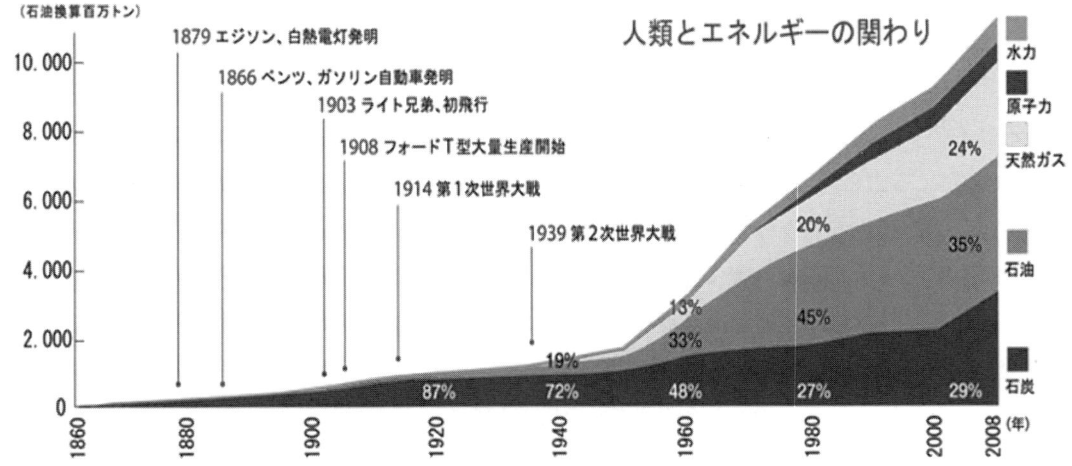
(石油換算百万トン)
10.000
8.000
6.000
4.000
2.000
0
人類とエネルギーの関わり
1879 エジソン、白熱電灯発明
1866 ベンツ、ガソリン自動車発明
1903 ライト兄弟、初飛行
1908 フォードT型大量生産開始
1914 第1次世界大戦
1939 第2次世界大戦
87%
72%
19%
48%
33%
13%
27%
45%
20%
29%
35%
24%
水力
原子力
天然ガス
石油
石炭
1860
1880
1900
1920
1940
1960
1980
2000
2008
(年)

資料）NIRA「エネルギーを考える」に加筆

（注）［世界のエネルギー消費量］（単位：石油換算100万バレル／日）

バレルとは原油の生産・販売の計量単位。1バレルは42ガロン（159リットル）。かつて原油が樽（バレル）で輸送されていたことに由来

（出所）（財）日本エネルギー経済研究所「エネルギー・経済統計要覧」、BP, Statistical Review of World Energy 2009等をもとに作成

出典：経済産業省資源エネルギー庁ウェブサイト「なっとく！再生可能エネルギー」
http://www.enecho.meti.go.jp/category/saving_and_new/saiene/renewable/family/index.html

19世紀中ごろにはアメリカで石油が発掘され、石油産業が興りました。19世紀後半の白熱灯の発明や自動車の発明は、20世紀における電気の使用、輸送用燃料の利用等による石油エネルギーの利用を一層拡大しました。石油は流体であり、固体の石炭より使い勝手が良いことが大きな要因になったと考えられます。20世紀に起きた二度の世界大戦は、エネルギー（特に石油資源）の争奪が原因の一つといわれており、第二次世界大戦に勝利したアメリカやイギリスの国際石油資本が中東の石油を独占するに至りました。いわゆる石油メジャーの誕生です。また、第二次世界大戦で人類史上初めて原子爆弾が使用され、その延長上の技術として原子力発電が登場しました。皮肉にも、悲惨な戦争が大きな技術革新をもたらしたことになります。近年では、石炭・石油に加え、天然ガス、原子力等が増大するエネルギー消費を支えるに至っています。特に、20世紀後半における原子力エネルギーの登場は、化石燃料に依存しない電力の供給を可能にした点で画期的なものでしたが、東日本大震災後は、安全性の観点から原子力発電の見直しが迫られています。最近では、原子力に代わるエネルギーとして、水力・太陽光・風力・地熱・バイオマス等の自然由来のエネルギーである、再生可能エネルギーが注目を浴びています。

このように、人類による便利さや快適さの追求は、利便性の高いエネルギーへの質的転換とエネルギー消費の拡大をもたらしました。産業革命を契機として物質的な豊かさを手にした人類は、人口を急激に増加させました。世界の人口は、産業革命が起きた17世紀中頃には５億人前後に過ぎま

せんでしたが、19世紀中頃には8～11億人になり、2010年には約69億人に達しました。しかし、人口増加だけがエネルギー消費の増加をもたらした要因ではないことは、図1－8と人口の推移から理解することができます。図1－8において、1950年以降に世界のエネルギー消費は急激に増加し、1950年から2000年にかけて概ね5倍に増加しています。一方、国連の統計によれば、1950年の人口は25億2,600万人、2000年の人口は61億2,800万人ですので、この間の人口増加は約2.5倍に過ぎません。これらのことから、1950年以降のエネルギー消費の急激な増加は、人口の増加のみならず、生活の質的向上に伴う一人当たりのエネルギー消費量増大の産物であると推察されます。因みに、気候変動に関する政府間パネル（IPCC）は第5次評価報告書第3作業部会報告書*[4]において、1970～2010年における化石燃料起源CO_2排出量の変化の要因を解析し、経済成長と人口増加が世界全体の化石燃料起源CO_2排出量増加の最大要因であり続けていること、2000～2010年の間の人口増加の寄与はそれ以前の30年とほぼ同程度だが、経済成長の寄与はこの間急増していることを指摘しています。

エネルギーの消費は地球環境や地域環境に影響を及ぼします。特に、第二次世界大戦後に急激に消費が増大し、現在でもエネルギーの大宗とされている化石燃料の大量消費は、温室効果ガス（主に二酸化炭素）の大気中濃度を著しく増加させることとなり、地球温暖化によって地球環境を脅かしています。地球温暖化への今後の対応については、気候変動枠組条約に基づいて国際的な取組がなされていますが、二酸化炭素の抑制は消費エネルギーの減少、ひいては経済活動の停滞を招きかねず、各国の思惑が絡むため進捗がはかばかしくない状況が続いています。IPCCは第5次評価報告書統合報告書*[3]において、「産業革命前より地球の気温上昇を2℃未満に抑える目標の実現の道筋は複数ある」と表明しました。日本を含め世界中の国々が、2℃未満に抑えるためにはいつごろまでにどのような対策を講じる必要があるかについて共通の認識を持ち、地球環境と調和したエネルギー政策を展開していく必要があると考えます。

⑵　世界のエネルギー需要と二酸化炭素排出量の予測

表1－2は、国際エネルギー機関（IEA）が、世界の一次エネルギーについて2011年の実績と2035年の見通しを燃料別に示したものです。向こう25年間にエネルギーの需要は約1.3倍増加すること、化石燃料のシェアーは約6％減少すること、CO_2の排出量は約1.2倍増加することが読み取れます。

経済産業省資源エネルギー庁の「エネルギー白書2014年版」には、エネルギー起源のCO_2排出量の実績と予測が国・地域別に示されていますが、OECD（経済協力開発機構）非加盟国における顕著な増加、特に中国やインドの増加が予測されています。一方、OECD加盟国で最も排出量の多いアメリカを始め、欧州や日本では、CO_2排出量の減少が見込まれています。従って、今後のエネルギー起源のCO_2排出量の増加に対する寄与は、新興国が大部分を占めると予測されます。

日本原子力産業協会のウェブサイト*5には、IEAの「World Energy Outlook 2015」の概要紹介が掲載されています。その中で、①2040年には世界の電力のほぼ半分が低炭素技術によって発電されること、②2013年から2040年にかけて発電量は70%増加するが、CO_2排出量の増加は15%弱にとどまること、③世界の2040年の電力需要は、中国は約2倍、インドは約4倍、非OECDは約2倍増加すること、④原子力発電については、中国の原子力の増加量が世界の増加量の約半分を占めること、⑤標準シナリオでは、2100年の気温上昇は2.7℃と予測されること、等が示されています。

IPCCは第5次評価報告書第1作業部会報告書*4において、二酸化炭素の累積総排出量とそれに対する世界平均地上気温の応答はほぼ比例関係にあり、気温の上昇を2℃未満（1861～1880年比）に抑えるためには、今後、排出できるCO_2は残り約2,750億トン（炭素換算、以下同様）となる（累積蓄積量が約7,900億トンで66%以上の確率の場合）と指摘しています。仮に、今後のCO_2の年間排出量が2011年並みの300億トン（炭素換算で約82億トン）と仮定しても、約33年後には累積蓄積量が7,900億トンに達してしまい、それ以降の排出をゼロに抑える必要性に迫られます。なお、炭素換算で1億トンの排出は、二酸化炭素換算で3.67億トンに相当します。

表1－2　世界の燃料別一次エネルギー需要見通し（新政策シナリオ）

*石油換算

エネルギーの種類	2011年		2035年	
	重量（百万トン*）	比率（%）	重量（百万トン*）	比率（%）
石炭	3,773	29	4,428	25
石油	4,108	31	4,661	27
ガス	2,787	21	4,119	24
原子力	674	5	1,119	6
水力	300	2	501	3
バイオエネルギー	1,300	10	1,847	11
他の再生エネルギー	127	1	711	4
合計	13,070	100	17,387	100
化石燃料比率(%)	82		76	
OECD以外の比率(%)	57		66	
CO_2排出量(億t)	312		372	

一般社団法人原子力産業協会ホームページ
http://www.jaif.or.jp/ja/joho/2014/02post-fukushima_world-nuclear-trend141014.pdf
の表を基に作成

(3)　気候変動のリスクと二酸化炭素排出量の関連性

図１－９は、気候変動による様々なリスクのレベル（A）、「1870年以降の二酸化炭素の累積排出量」と「工業化以前と比べた世界平均気温の上昇度合い」並びに大気中温室効果ガス濃度（CO_2換算）との関連性（B）、「1870年以降の二酸化炭素の累積排出量」と「2050年における温室効果ガスの年間排出量（CO_2換算）の2010年の水準との差（%）」並びに大気中温室効果ガス濃度（CO_2換算）との関連性（C）を示したものです。

図１－９　気候変動のリスクは二酸化炭素の排出量に依存する（IPCC第５次評価報告書）

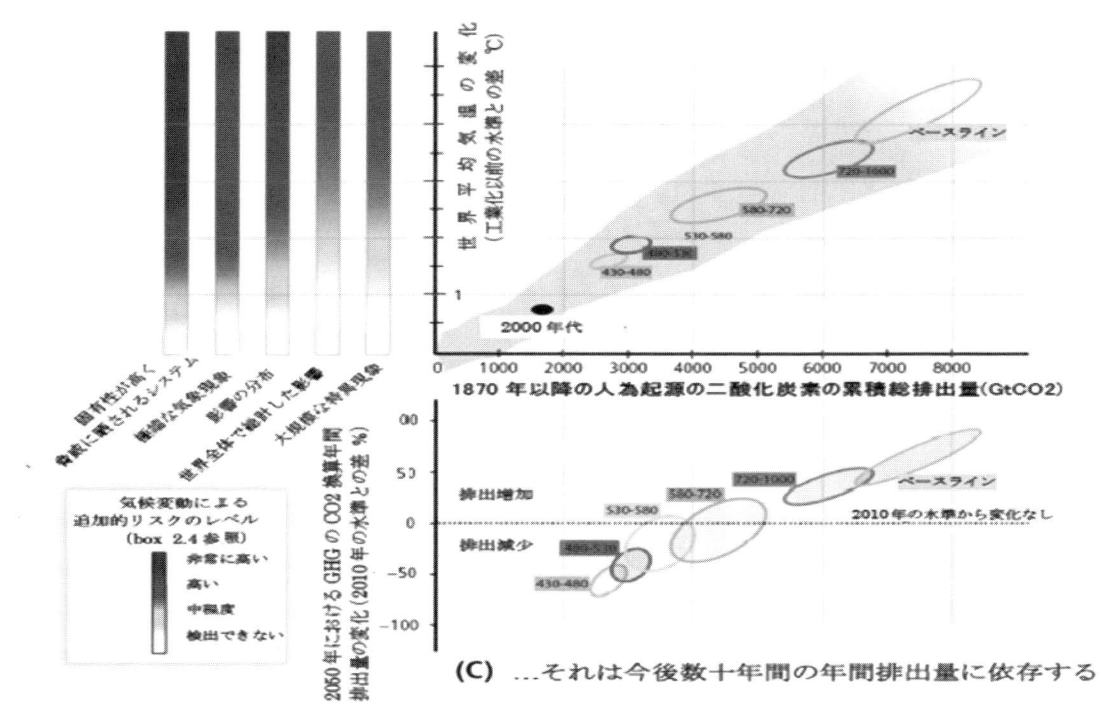

出典：環境省ホームページ「気候変動に関する政府間パネル（IPCC）第５次評価報告書統合報告書の公表について」
http://www.env.go.jp/press/files/jp/25330.pdf

（A）の気候変動による個々のリスクについては、「IPCC第５次評価報告書の概要―２作業部会（影響・適応・脆弱性）【2014年12月改訂】―」[*4]に記されており、その要点は以下のようになります。

①「固有性が高く脅威に晒されるシステム」（生態系や文化など）については、すでに気候変動によるリスクに直面しているものがあり、２℃の追加的な気温上昇でホッキョクグマやサンゴ礁等の固有の生物種へのリスクが非常に高まる。

②「極端な異常気象」については、熱波、極端な降水及び沿岸域の氾濫のような極端現象による

気候変動関連のリスクは、すでに中程度であり、1℃の追加的な気温上昇によって更に高い状態となる。

③「影響の分析」については、リスクは偏在しており、恵まれない境遇にある人々やコミュニティに対する食糧不足や飢餓の偏在的なリスクは、すでに中程度である。

④「世界全体で総計した影響のリスク」については、生物多様性や広範な生態系のリスクは、1～2℃の追加的な気温上昇で中程度に高まり、約3℃の追加的な気温上昇でリスクが更に高くなる。

⑤「大規模な特異現象」については、温暖化の進行に伴い、しきい値よりも大きい気温上昇が続いて、追加的な気温上昇の度合いが更に大きくなった場合には、グリーンランド氷床の消失や世界の平均海面水位の最大7メートルもの上昇等、取り返しのつかない事態を招くリスクが生じる。

これらのリスクに関する（A）の図と気温上昇に関する（B）の図から、気温上昇が2℃程度であっても、①及び②のリスクの発生は可能性が高いこと、③から⑤のリスクの発生は中程度であることが読み取れます。また、気温上昇を2℃未満に確実に抑えるためには、（B）の図から、少なくとも二酸化炭素の累積蓄積量を3兆トン以下、大気中の温室効果ガス濃度を430－480ppm（CO_2換算）以下にする必要があること、更に、（B）と（C）の図から、2050年における温室効果ガスの年間排出量を2010年の水準に比べて40％～70％削減する必要があることが読み取れます。2010年における温室効果ガス排出量は、図3－2のとおり約490億トン（CO_2換算）で、エネルギー起源二酸化炭素は65％でした[*6]ので、2010年におけるエネルギー起源二酸化炭素排出量は約320億トンと算出されます。従って、大気中の温室効果ガス濃度を抑制して430－480ppm（CO_2換算）以下とするためには、2050年におけるエネルギー起源二酸化炭素の年間排出量の目標値として95億トン～190億トン以下を目指す必要があることになります。

(4)　緩和シナリオと緩和策

「IPCC第5次評価報告書の概要―第3作業部会（気候変動の緩和）―」[*4]を基に緩和シナリオのポイントを平易にまとめ直すと、以下のとおりになります。

①　産業革命以前からの気温上昇を2℃未満に抑える可能性が「高い」緩和シナリオでは、2100年の温室効果ガス濃度は約450ppmに位置づけられる（確信度：高）

②　450ppmシナリオの場合、2050年の温室効果ガス排出量は2010年比40～70％削減、2100年にはほぼゼロまたはそれ以下となる

③　450ppmシナリオでは、エネルギーシステム及び（場合によっては）土地利用の大規模な変化により、今世紀中頃までに排出量は大幅に削減される（確信度：高）

④　2050年までにエネルギー効率はより急速に向上し、ゼロまたは低炭素エネルギー（再生可能

エネルギー、原子力、CCSまたはBECCS※）の割合は2010年比で３倍から４倍近くまで増加する

※CCS（Carbon dioxide Capture and Storage）：二酸化炭素回収・貯留

BECCS（Bioenergy with CCS）：バイオエネルギーとCCSを組み合わせることで、大気中のCO_2を除去する技術（カーボンニュートラルとされるバイオエネルギーから排出されるCO_2を回収・貯留するため、CO_2排出量をマイナスにできる技術と位置付けられる。）

⑤　バイオエネルギー生産や植林、森林破壊減少の規模に応じて、土地利用が大幅に変化する

以上のとおり、国際目標である「産業革命以前からの気温上昇を２℃未満に抑える」には、2100年の温室効果ガス濃度を約450ppm（430－480ppm（CO_2換算））にする必要があり、緩和策として、エネルギー使用及び最終消費部門における省エネ、エネルギー供給部門の低炭素化（再生可能エネルギー、原子力、CCS）、土地利用部門での正味の排出量の削減及び炭素吸収源の強化（植林）、といった対策を組み合わせる統合的なアプローチが有効であると、IPCCはコメントしています。特に、エネルギー供給部門からの直接CO_2排出量は、エネルギー強度の改善が大幅に加速されない場合には、2010年の144億トンから、2050年にほぼ２倍～３倍まで増加する見込みです。そのため、化石燃料の資源削減だけでは不十分であり、低炭素電力（再生可能エネルギー、原子力、CCS）の利用が必須とされています。CCS等の主要技術の利用が実現しなかった場合には、緩和コストが大幅に増加し目標の達成が困難視されています。因みに、CCSが実現しない場合には、450ppmにするためのコストが138％増大するとされており、450ppmシナリオの実現におけるCCSの位置付けの重要性がうかがえます。

IPCCの報告書では、「温室効果ガス」と「二酸化炭素」の使い分けがされていますので、注意を要すると同時に両者の関係を把握する必要が生じます。温室効果ガス濃度450ppm（CO_2換算、以下同様）を目標とした場合、目指すべき大気中の二酸化炭素濃度はどの程度になるのでしょうか？　結論から言いますと、約410ppmということになります。この関係は、「気候変動2014：気候変動に関する政府間パネル第５次評価報告書統合報告書　政策決定者向け要約」[*4]と「WMO温室効果ガス年報（気象庁訳）第８号（2012年11月19日）」[*6]から導きました。前者には「2011年における温室効果ガスの推定濃度は430ppm」、後者には「2011年における二酸化炭素濃度の世界平均濃度は391ppm」である旨記載されています。今後もそれぞれの温室効果ガスの寄与割合が変わらないと仮定すると、2100年における温室効果ガス濃度450ppmは、二酸化炭素濃度は409ppmになります。「WMO温室効果ガス年報（気象庁訳）第12号（2016年10月24日）」[*6]によると、2015年の二酸化炭素濃度は過去最高の400ppmでした。従って、2100年に現在と概ね同程度の二酸化炭素濃度の実現を目指すことになります。

コラム　気温上昇「2℃未満」

IPCC第4次評価報告書は、気温が過去100年に0.74℃上昇し、今後100年の間に最大で6.4℃上昇すると予測しました。また、わずかな気温上昇が脆弱な分野・地域に影響を及ぼすこと、さらに、気温上昇が2℃を超えると水資源、生態系、食料等の多方面にわたり地球規模での被害を発生し得ることを警告しました。「産業革命前と比べた地球の年平均気温の上昇を2℃以内に抑えるべき」という認識は、2009年のCOP15の「コペンハーゲン合意」の文書に科学的見解として登場し、翌年にメキシコで開催されたCOP16の「カンクン合意」によって合意に至りました。「2℃以下」という長期目標は、気温上昇と影響度に関する科学的知見のみならず、許容しがたい影響を回避するという観点から、目標達成のための排出削減の方策、それに要するコスト等を総合的に判断して提案されました。IPCC第5次統合評価報告書（2014年発行）に、"1880～2012年の世界平均気温の上昇は0.85℃であった"との記述がありますので、「2℃未満」にとどめるには、今後の気温上昇を1.15℃未満に抑える必要があります。気温上昇と温室効果ガス濃度・蓄積量等との関係は、環境省の同評価報告書概要資料*に図示されています（図1－9）。この図から、世界平均気温の上昇を工業化以前の水準に比べて「2℃未満」に抑えるためには、①大気中の温室効果ガスの濃度を430－480ppm未満に抑える、②1870年以降の人為起源の二酸化炭素の累積総排出量を概ね3兆トン未満に抑える、③2050年における温室効果ガスの年間排出量（CO_2換算）を2010年の水準に比べて40～70％以上削減する、等の対応が必要であることが読み取れます。

* http://www.env.go.jp/earth/ipcc/5th/pdf/ar5_syr_outline.pdf

1－5　環境問題の分類と変遷

(1)　地球環境問題と地域環境問題

産業革命を契機としたエネルギー消費の増大、工業の発展、経済活動の拡大、人口の増加は、地球上に地球温暖化や大気汚染、海洋汚染や水質汚濁といったさまざまな環境問題を引き起こしてきました。環境問題は、「地球環境問題」と「地域環境問題」に大別されます。問題の影響が一つの国に留まらず、地球規模にまで広がるグローバルな環境問題を地球環境問題と称します。一方、国内のある地域に限定される規模のローカルな環境問題を地域環境問題と称します。地球温暖化、オゾン層破壊、酸性雨等の9つの環境問題が、典型的な地球環境問題とされています。これらの問題の改善や解決には、条約や議定書に基づく国際的な取組が必要とされます（図1－10）。

図１－10　地球環境問題と地域環境問題

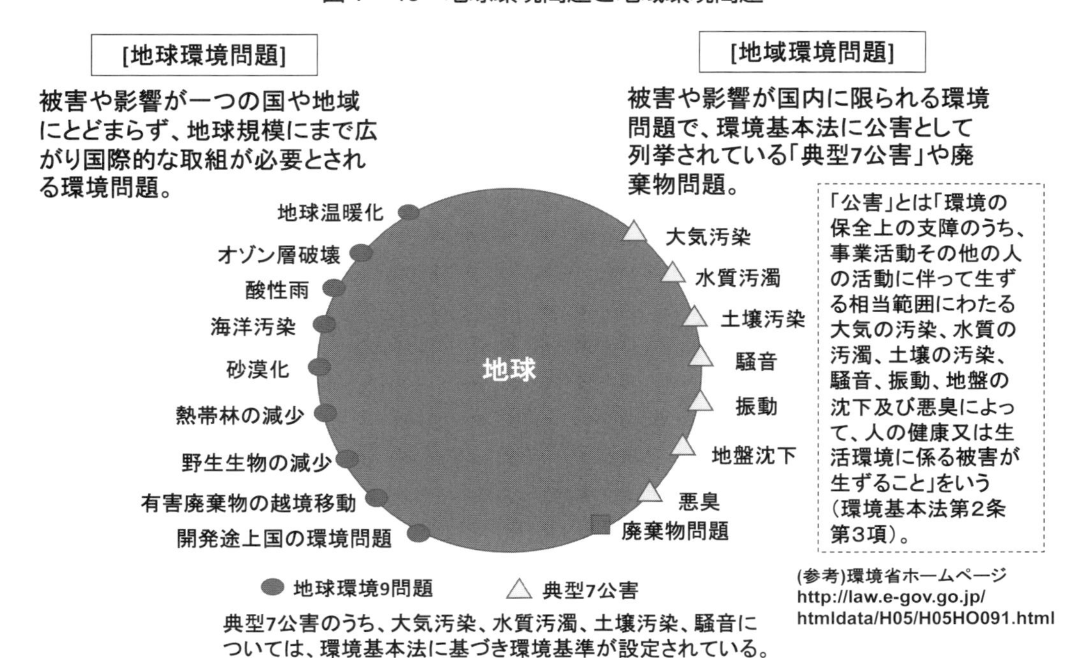

株式会社JTBコミュニケーションズの資料をもとに作成

地球温暖化は、大気中の温室効果ガス濃度の増加によって起こります。その主役を演じるのは、化石燃料の燃焼によって大量に発生する二酸化炭素です。二酸化炭素も炭酸ガスもCO_2も同じものを指します。オゾン層破壊は、冷蔵庫やエアコンの冷媒として主に使用されているフロンという化学物質によって起こります。フロンが環境中に放出されると、地球の10km以上上空にある成層圏のオゾンを破壊します。その結果、有害な紫外線が地表にまで到達し、皮膚がんの増加等の悪影響を及ぼします。酸性雨は、一般にpHが5.6以下の雨をいいます。ヨーロッパでは広範囲に及ぶ森林の枯死の被害が出たことがあります。日本では、全国的にpH5以下の酸性雨が降っていますが、目立った被害の報告は今のところありません。酸性雨の原因は、硫黄酸化物や窒素酸化物であり、国内での発生に加えて大陸からの越境汚染による影響が示唆されています。

一方、地域環境問題としては、大気汚染、水質汚濁、土壌汚染等の「典型７公害」が環境基本法に掲げられています。同法の「公害」には廃棄物問題は含まれていません。また、典型７公害のうち、大気汚染、水質汚濁、土壌汚染、騒音に関しては、維持されることが望ましい基準として、環境基準が設定されています。日本の公害として歴史に残るものに「四大公害」があります。水俣病、新潟水俣病（第二水俣病）、イタイイタイ病、四日市ぜんそくで、いずれも1950年代から60年代にかけて発生しました。硫黄酸化物やばい煙等の大気汚染が原因で起きた四日市ぜんそく以外は、水質汚濁が原因で起きました。水俣病と新潟水俣病は、工場排水中のメチル水銀が食物連鎖によって魚を汚染し、それを摂取した人々が重篤な水銀中毒によって神経等が侵された問題です。イタイイタイ病は、鉱山廃水中のカドミウムが川を経て水田の用水や土壌を汚染し、コメに含まれる高濃度のカドミウムを摂取した人が骨や腎臓等を侵され、激しい痛みに苦しんだ問題です。これらの公害発生から半世紀以上経ちましたが、水俣病や新潟水俣病を巡る裁判は今も続いています。

(2) 地球環境問題の連関性

地球環境問題は、それぞれ独立した問題ではなく相互に関連しています（図1－11）。化石燃料の使用は、地球温暖化の原因となる二酸化炭素を排出することに加え、酸性雨の原因となる硫黄酸化物や窒素酸化物を排出します。フロンという化学物質の使用はオゾン層破壊の原因となりますが、フロンには地球温暖化を促進する効果もあります。京都議定書では、代替フロン（HFC）が6種の温室効果ガスの一つに位置付けられています。また、重金属類等の有害な化学物質を含む廃棄物は、越境移動が禁止されています。開発途上国における人口の増加は、食料増産のための森林伐採、砂漠化、環境問題を引き起こします。森林の減少は地球温暖化を加速して干ばつ等による砂漠化を引き起こす上、野生生物種の減少をもたらします。

国際的な取組は、条約や議定書に基づいて推進されています。既に触れたとおり、気候変動枠組条約と京都議定書は「地球温暖化の防止」、生物多様性条約と名古屋議定書は「生物多様性の保全」に関するものです。オゾン層の破壊防止に関しては、ウィーン条約とモントリオール議定書によってフロン対策が進められています。先進国から開発途上国への「有害廃棄物の越境移動」を禁じている条約が、バーゼル条約です。条約や議定書の名称には、多くの場合、その条約等が採択された会議の開催地が使われます。バーゼルはスイスの都市の名前です。

多数国間の条約の場合、国際交渉を経て条約文が確定され「採択」されると、通常、「条約の趣旨・内容についての基本的な賛意の表明」として「署名」が行われます。続いて、日本の場合、憲法に基づいて条約の締結に関する「国会の承認」が行われ、「条約に拘束されることについての国の同意の表明」として条約が「締結」されます。日本の締結行為が終わっても、発効要件を満たすまで時間を要することがあります。気候変動枠組条約の京都議定書では「採択」から「発効」まで長年月を要していますが、議定書の発効要件である、①55ヶ国以上の国が締結、②締結した附属書Ⅰ国（先進国と市場経済移行国等）の合計の二酸化炭素の1990年の排出量が、全附属書Ⅰ国（先進国及び市場経済移行国など）の合計の排出量の55％以上、という二つの要件のうち、②の要件を満たすまでに時間を要しました。その理由は、当時、二酸化炭素排出量が第1位で世界の排出量の36％を占めていた米国が、京都議定書を離脱したからです。結局、ロシアの参加によって②の要件が満たされ、2005年2月に発効した経緯があります。

図１－11　地球環境問題の連関図

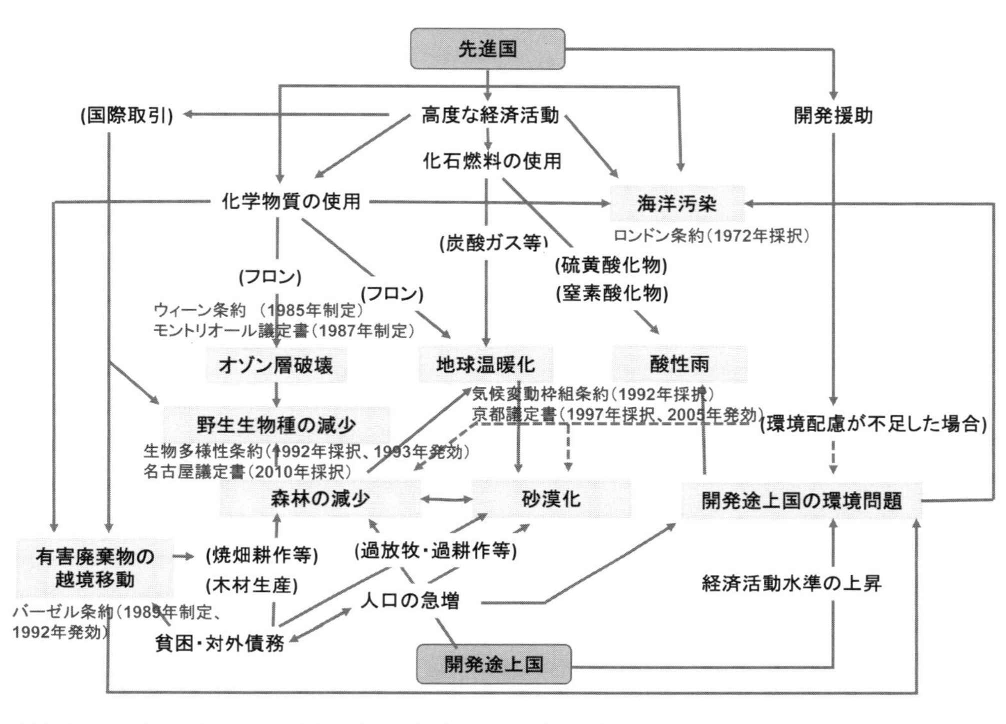

環境省「平成２年版環境白書」第３－１－20図をもとに作成。矢印の実線・点線の区分、図中の条約・議定書等の文言は著者が追記

(3)　日本における環境問題・環境政策の変遷

図１－12のとおり、日本の環境問題は、その時の社会経済や国際状況等を反映して、産業型公害から生活型公害へ、さらに地球環境問題へと変遷を遂げてきました。

工場の排気ガスによる大気汚染や排水による水質汚濁等の産業型公害は、1960年代中頃からの高度経済成長期に集中して発生しました。「四大公害」はその発端となりました。この時期には、環境汚染対策のための法律が数多く制定され、1970年の国会は「公害国会」と称されています。また、環境行政の充実を図るため、環境省の前身の環境庁が発足しました。

経済成長によって生活が豊かになり、都市化が進むにつれて、1970年代頃から日常生活に起因する生活型公害が発生するようになりました。東京では、光化学スモッグが頻発しました。車社会が到来し、米国の自動車排ガス対策として有名なマスキー法に倣った「日本版マスキー法」が告示されました。洗濯機の普及によって大量に使われるようになった合成洗剤のビルダー（合成洗剤の洗浄力向上のために加えられる助剤）にリンが使用されていたため、瀬戸内海等の内湾では富栄養化による赤潮が大発生し、漁業従事者に大きな打撃を与えました。また、電気の変圧器等の絶縁油として使用されているポリ塩化ビフェニール（PCB）等の環境汚染を背景として、環境中での残留性が高く健康に影響を及ぼすおそれのある化学物質を規制するため、新たに製造・輸入される化学物質の事前審査を主眼とした「化学物質審査法（化審法）」が制定されました。

1985年以降は地球環境問題が認識された時期とされています。南極大陸の昭和基地で日本の観測隊員がオゾンホールを発見し、オゾン層破壊が顕在化しました。気候変動に関する政府間パネル（IPCC）が設立され、地球温暖化対策に対する国際的な取組が動き出しました。このような地球環境問題の動きに呼応して、日本では、従来の公害対策基本法が、地球環境問題を盛り込んだ環境基本法に改められ、また、オゾン層保護法や地球温暖化対策推進法が制定されました。

持続可能な社会を目指す21世紀においては、循環型社会の形成も課題とされています。その実現のため、家電等の５つのリサイクル法に加え、循環型社会形成推進基本法が制定されました。また、大気汚染防止法と水質汚濁防止法に30年以上遅れて、土壌汚染対策法が制定され、環境対策の充実が図られました。化学物質対策としては、国際動向を踏まえて環境汚染物質排出・移動登録制度（PRTR）を柱とした化学物質排出把握管理促進法（化管法、PRTR法）が制定され、化学物質による健康・環境影響の未然防止が推進されています。

図１－12　環境問題と環境政策の変遷

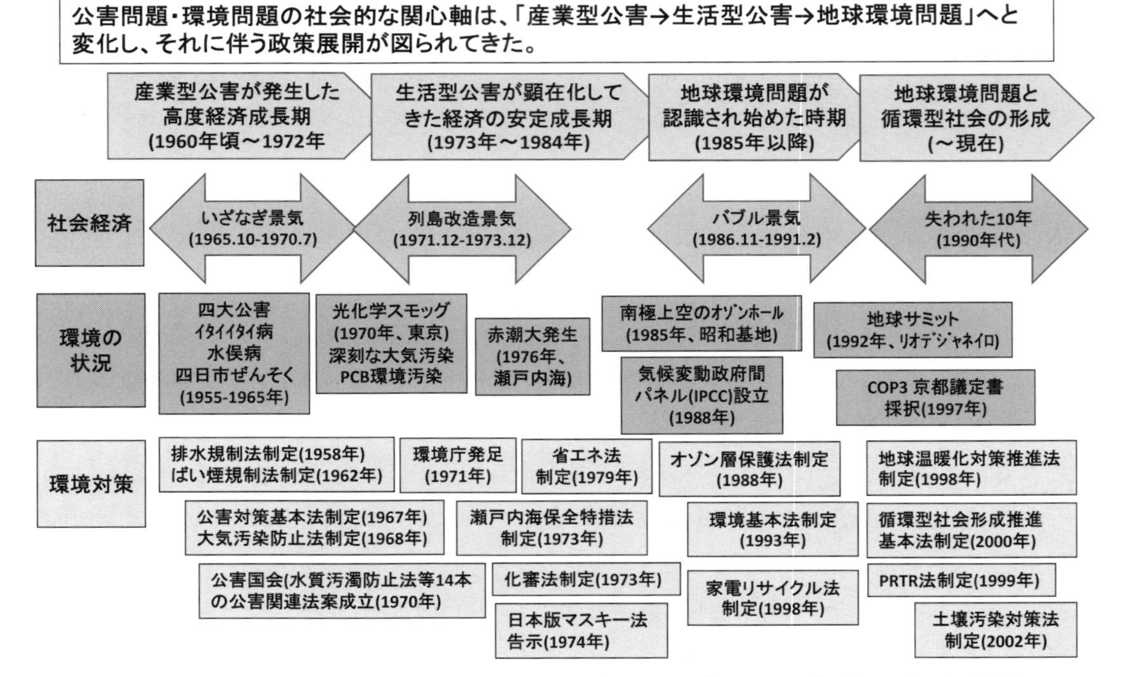

「日本における産業公害対策」（経済産業省産業技術環境局）における「環境問題の位置付けの変遷」の資料（出典：H14環境白書等をもとに作成）を加工して著者作成

コラム　PRTR（環境汚染物質排出・移動登録）制度

PRTR制度は、化学物質を取り扱う事業者の自主的な化学物質の管理の改善を促進し、化学物質による環境保全上の支障を未然に防止することを目的として、1999年に制定された「特定化学物質の環境への排出量の把握等及び管理の改善の促進に関する法律（化管法、PRTR法）」に基づく制度です。PRTR制度では、人の健康や生態系に有害なおそれのある化学物質について、事業所からの環境（大気、水、土壌）への排出量及び廃棄物に含まれる事業所外への移動量を、事業者が自ら把握し、都道府県を経由して国に届け出ます。また、国は届出データや推計に基づき排出量・移動量を集計し公表します。この法律で、PRTR制度の対象となる化学物質は「第一種指定化学物質」として定義されており、人や生態系への有害性があり、環境中に広く存在すると認められる物質として、計462物質（法改正後）が指定されています。24種の対象業種で、かつ常用雇用者が21人以上の事業者は、第一種指定化学物質を年間取扱量１トン以上（特定第一種指定化学物質は0.5トン以上）取り扱う事業所ごとに、毎年、排出量・移動量を届出なければなりません。届出対象外の事業者、自動車、家庭等からの排出量は国が推計します。毎年のデータの概要は、環境省のサイト* に公表されています。自主的な取組によって、制度開始後７年間で全国の化学物質の届出排出量・移動量が約３分の２（2003年の約528,000トンが2009年には約351,000トン）に減少した点は注目に値します。

*http://www.env.go.jp/chemi/prtr/result/index.html

1－6　持続可能な社会を目指して

(1)　持続可能な社会に向けた国際的な動き（図１－13）

現在、世界は持続可能な社会を目指して動いています。持続可能な社会を一言で表すと、「経済の発展と環境の保全が両立する社会」です。

人間の生活は、人口の増加、経済活動の拡大、工業の発展、資源の消費を伴います。これらの人間の活動が原因となって、食料増産のための耕地の拡大、森林の伐採に伴う生態系の破壊が起きます。また、人や物の移動が活発になると輸送に伴う環境汚染が起きます。環境汚染は、工場からの排気ガスや排水によっても起こります。大気の汚染が酸性雨となって森を枯らしてしまいます。さらに、家庭からのゴミや工場から廃棄物が生じます。人間による利便性の追求は、これまでになかったものを発明し、環境に対して思いもよらない負荷を与えます。例えば、冷蔵庫やエアコンの冷媒として使われるフロンは、オゾン層を破壊します。エネルギーの大量消費は、化石燃料から大量の二酸化炭素を発生し、地球温暖化を加速します。

図１－13 「持続可能な社会」を目指した動きの概念

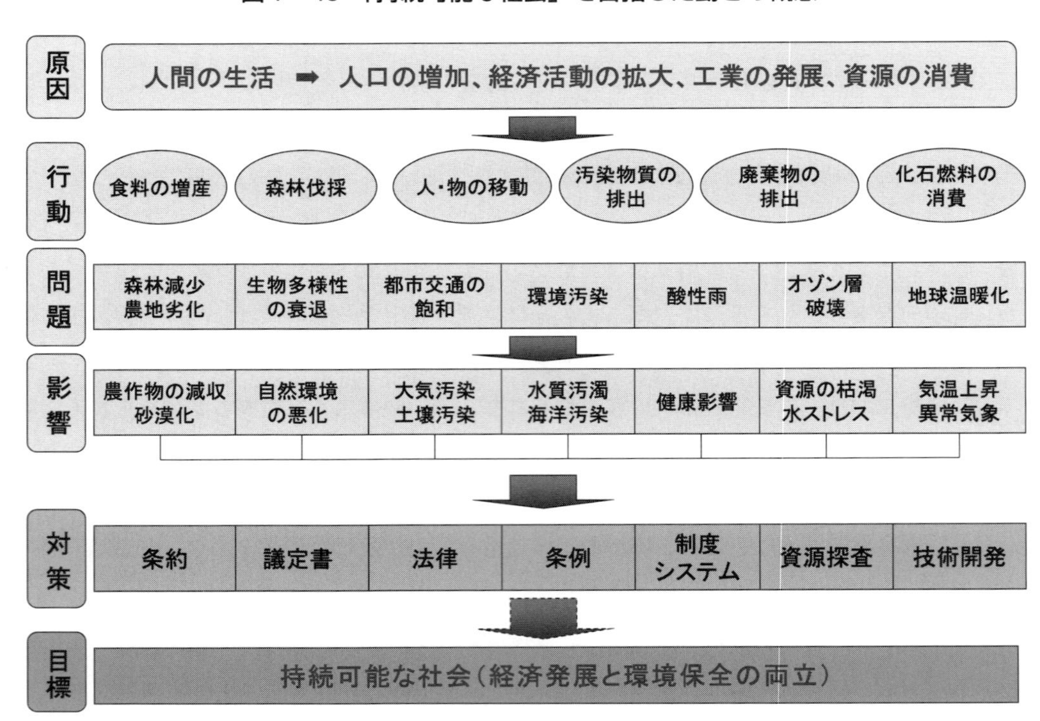

（参考）eco検定公式テキスト（東京商工会議所）

このような事象は、地球や地域の環境、人の健康、生態系に様々な影響を与えます。ある種の生物は絶滅の危機に瀕し、化石燃料等の有限な資源も枯渇する可能性があります。人間の叡智は、このような経済発展に伴う悪影響をなんとか克服しようとします。地球環境問題のようなグローバルな問題に対しては条約や議定書、国内のローカルな環境問題に対しては法律や条例で規制が行われます。併せて、悪影響を未然に防止するための仕組みや制度も作られます。また、人間の叡智は、新しい資源を求めて最新技術を用いた探査により、アメリカのシェールガスや日本のメタンハイドレート等を見つけますし、青色発光ダイオードのような画期的な省エネ技術を生み出すこともできます。こうして新しい資源や新しい技術は雇用や経済の発展をもたらします。

経済発展を優先すると、エネルギー消費の増大を招き、地球温暖化に代表される地球規模の環境問題の解決が遠のきます。一方、環境保全を優先すると、今後著しく人口が増加する新興国や発展途上国においては経済発展が阻害されかねませんし、先進国においては物質的な豊かな生活の恩恵に浸ることができなくなる可能性があります。持続可能な社会における「経済発展と環境保全の両立」は、このように難しい問題をはらんでいますが、健全な「生態系としての地球」を次の世代に引き継ぐため、現代人は最大限努力する必要があります。

表１－３　持続可能な社会の実現に関する主な国際的な動き

年（元号）	条約・会議・レポートの名称	概要
1972年（昭和47年）	国連人間環境会議（ストックホルム会議）	環境問題全般についての初めての大規模な国際会議。「人間環境宣言」「行動計画」を採択。国連環境計画（UNEP）の設立を決定。
1972年（昭和47年）	成長の限界（ローマクラブ）	急速な経済成長や人口の増加に対して、環境破壊、食料の不足問題とあわせて、人間活動の基盤である鉄や石油や石炭などの資源は有限であることを警告。
1992年（平成4年）	環境と開発に関する国連会議（地球サミット：リオ会議）	持続可能な開発に関する世界的な会議。世界の約180か国が参加し、「環境と開発に関するリオ宣言」「アジェンダ21」など、21世紀に向けた人類の取組に関して合意。
1992年（平成4年）	生物多様性条約　採択	生物の多様性の保全、その構成要素の持続可能な利用及び遺伝資源の利用から生ずる利益の公正かつ衡平な配分を目的とした条約。
1992年（平成4年）	気候変動枠組条約　採択	気候系に対して危険な人為的影響を及ぼすこととならない水準において、大気中の温室効果ガス濃度を安定化することをその究極的な目的とした条約。
1997年（平成9年）	気候変動枠組条約　COP3（京都議定書）	条約附属書Ｉ国（先進国等）の第一約束期間（2008年～2012年）における温室効果ガス排出量の定量的な削減義務を定めた京都議定書を採択。
2010年（平成22年）	生物多様性条約　COP10（名古屋議定書）	生物多様性に関する2011年以降の目標である「愛知目標」や遺伝資源へのアクセスとその利益配分に関する「名古屋議定書」等を採択・決定。
2012年（平成24年）	持続可能な開発会議（リオ＋20）	地球サミットから20年という節目の年に開催。①持続可能な開発及び貧困根絶の文脈におけるグリーン経済及び②持続可能な開発のための制度的枠組みをテーマに、政治的文書を作成。
2015年（平成27年）	持続可能な開発のための2030アジェンダ	国連サミットで採択された、2016年から2030年までの国際社会共通の目標であり、17のゴールと169のターゲットから成る。「17のゴールのうち、少なくとも12が環境に関連している。」（環境省）

表１－３に示されるとおり、環境問題が国際的な規模で初めて取り上げられたのは、1972年６月５日にストックホルムで開催された「国連人間環境会議」でした。これを記念して、国連では６月５日を「世界環境デー」としており、日本では環境基本法で「環境の日」と定めています。また、日本では６月を環境月間として、さまざまなイベントが開催されます。因みに、「世界環境デー」の提案は日本が行ったものです。

ローマクラブの「成長の限界」という報告書は、人口の増加、食料の不足、資源の枯渇等に警鐘を鳴らしました。当時の日本では、石油から食料や飼料を作る、いわゆる「石油タンパク」の技術開発が盛んに行われ、人口増加に備える国際的な動きが芽生え始めました。

1992年にブラジルのリオデジャネイロで開催された国連総会で、生物多様性条約と気候変動枠組条約の二つの条約が採択されました。前者は生物多様性の保全、後者は地球温暖化の防止を目指した条約です。同時に採択されたので、「双子の条約」と称されることもあります。条約を締結した国々が一堂に会して議論する場を締約国会議（Conference of the Parties）と称し、英語の頭文字をとってCOP（コップ）と呼びます。また、COPの後に続く数字は、その条約締約国会議が何回目であるかを示します。上記二つの条約については、日本で過去に二度締約国会議が開催されました。

気候変動枠組条約に関しては、1997年に京都でCOP3が開催され、京都議定書が採択されました。

先進国等は、2008～2012年の間に1990年を基準年として５％以上温室効果ガスを削減することとし、各国や地域に目標値が設定されました。日本の削減目標は６％でしたが、果たして達成されたのでしょうか？　また、当時二酸化炭素の排出量が最大であり、削減目標が７％であった米国は、削減に取り組んだのでしょうか？　現在二酸化炭素の排出量が最大の中国は、削減義務を負ったのでしょうか？　地球規模の環境問題に対しては、世界中の国々が一丸となって取り組む必要があると考えます。

生物多様性条約に関しては、2012年に名古屋でCOP10が開催され、名古屋議定書と愛知目標が採択されました。名古屋議定書を巡っては、「遺伝資源の利益配分」が主要な論点になりましたが、先進国と発展途上国の溝がなかなか埋まらず、議長国日本の提案により一定の成果が得られました。「遺伝資源の利益配分」とは、例えば、発展途上国の動植物等の遺伝子を先進国が持ち帰り、その遺伝子から派生した医薬品等が商業化されることによって先進国が利益を得た場合、その利益を発展途上国にどのような考え方でどの程度還元すべきなのかという問題です。生態系の保護という地球人共通の目的があるにもかかわらず、先進国と発展途上国の対立が隘路になっているように思われます。

(2)　持続可能な社会を支える３つの社会

環境省は、持続可能な社会には、低炭素社会、循環型社会、自然共生社会の３側面があり、これらを統合的に推進する必要があると考えています。（図１－14）。

図１－14　持続可能な社会を支える３つの社会

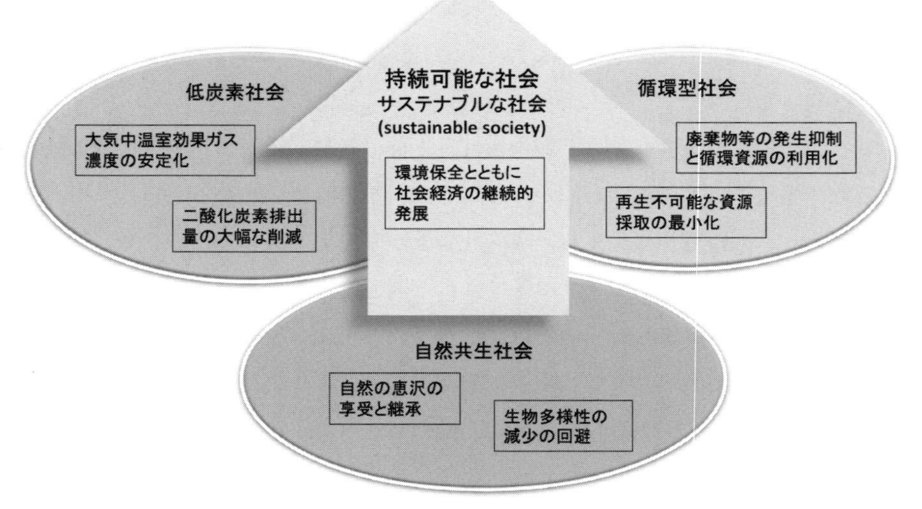

環境省ホームページ　中央環境審議会　21世紀環境立国戦略特別部会（第５回）議事次第・資料
http://www.env.go.jp/council/32tokubetsu21c/y320-05/ref01-3.pdf をもとに作成

低炭素社会は、化石燃料の燃焼に伴って大量に発生する二酸化炭素を大幅に削減し、地球温暖化等の気候変動が生じないレベルに、大気中の温室効果ガスの濃度を安定化させる社会です。二酸化炭素の排出抑制に最も寄与するのは、省エネルギーであり、続いて再生可能エネルギー、原子力という順に位置付けられています。「大気中の温室効果ガス濃度の安定化」は、気候変動枠組条約における究極的な目的とされています。安定化とはどのような状態をいうのでしょうか？　安定化させるためには、地球の平均気温の上昇をどの程度に、いつごろまでに抑えれば良いのでしょうか？　そのためには、二酸化炭素の排出をどの程度に抑制することを目標にすべきでしょうか？目標を達成する手段はあるのでしょうか？　企業活動や日常生活では、どのようなことを実践すれば低炭素社会の実現に役立つのでしょうか？

循環型社会は、有限な天然資源を可能な限り有効に利用し、廃棄物の発生を極力抑えると共に、廃棄物を適正に処理する社会です。日本は、2000年を循環型社会への挑戦の元年と位置づけ、翌年1月1日に循環型社会基本法を施行しました。この法律では、廃棄物の排出抑制に優先順位が設けられており、リデュース（発生抑制）、リユース（再使用）、リサイクル（再資源化）の3R政策が推進されています。廃棄物を巡っては、これまでに不法投棄やダイオキシン等の問題が発生しました。これらの問題の原因は何にあって、どのように解決されたのでしょうか？　どのような資源がリサイクルされ、その効果はどの程度なのでしょうか？　日常生活では、3Rの優先順位を念頭にどのようなことを実践すれば循環型社会の実現に役立つのでしょうか？

自然共生社会は、地球上には多種多様な生物が存在すること、また、人間は自然や多様な生物から様々な恵みを受けていること、それらの恵みを将来の世代に引き継ぐことを意識して行動する社会です。人間の活動が原因で、生物は今までにない速さで減り続けています。かつては3千万種以上の種が地球上に存在していたと言われていますが、現在はわずか約175万の種が確認されているに過ぎません。現在では、1時間に1種類が絶滅の危機にさらされていて、今後、地球温暖化等の環境変化が絶滅の速度を速めるのではないかと懸念されています。生物種の絶滅を防ぐには、どのようなことに留意すべきでしょうか？　日常生活では、どのようなことを実践すれば自然共生社会の実現に役立つのでしょうか？

本書では、持続可能な社会の実現に向けて、ひとり一人が知識を行動に結び付けられることを狙いとして、自然環境に係るさまざまな事象や上述した疑問点に関する解などを大局的に読み解いていきます。

〈参考資料〉

＊1　http://www.biodic.go.jp/

＊2　http://www.nacsj.or.jp/katsudo/iucn/2016/07/post-7.html

＊3　http://www.data.jma.go.jp/cpdinfo/ipcc/ar4/ipcc_ar4_wg1_ts_Jpn.pdf

＊4　http://www.env.go.jp/earth/ipcc/5th/index.html

＊5　https://www.jaif.or.jp/cms_admin/wp-content/uploads/2016/04/worldenergyoutlook2015_summary.pdf

＊6　http://www.data.jma.go.jp/gmd/env/info/wdcgg/wdcgg_bulletin.html

2．地球温暖化と国際的な取組状況

2－1　地球温暖化の現状と将来予測

(1)　地球温暖化のメカニズム

地球は、太陽エネルギーによって暖められていますが、これには地球を取り巻く温室効果ガスが寄与しています。太陽から地球の表面に届いた熱エネルギーは赤外線として宇宙に放出されますが、その過程で、地球を取り巻く大気中の温室効果ガスが赤外線を吸収・再放射するため、地球は常に暖められているのです（図２－１）。仮に、温室効果ガスがなかったら、地球の平均気温は－19℃ほどになると考えられています。従って、適度な濃度の温室効果ガスは、人類や動植物等の生態系構成員にとってありがたい存在なのです。温室効果ガスによって地球の平均気温は約14℃に維持されてきましたが、産業革命以降の人間の活動、特にエネルギー消費による化石燃料からの二酸化炭素の排出量の増加に伴い、大気中の温室効果ガスの濃度が上昇し、地球の平均気温が上昇しつつあります。産業革命当時は約280ppmであった二酸化炭素の濃度が、2015年には400ppmに達しました。温室効果ガスの濃度の上昇は温室効果を以前よりさらに強めるため、地球温暖化が徐々に進んでいます。気候変動に関する政府間パネル（IPCC）の第４次・第５次評価報告書によれば、過去100年程の気温上昇は0.74℃～0.85℃程度であり、１℃にも達していません。この程度の気温上昇がなぜ問題になるのでしょうか？

図２－１　地球温暖化とは？

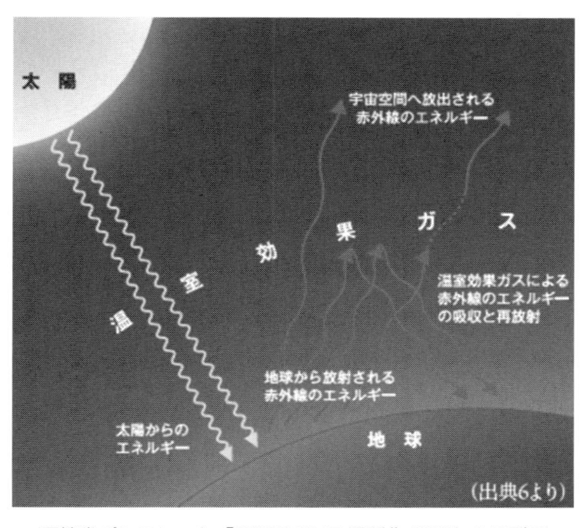

環境省パンフレット「STOP THE 温暖化 2012」より引用

地球温暖化に影響を及ぼす温室効果ガスとして、気候変動枠組条約の京都議定書では、6種類のガスが対象とされています。物の燃焼によって発生する二酸化炭素、天然ガスの主成分であり牛のゲップにも含まれるメタン、ナイロンの製造工程等で生じる一酸化二窒素、オゾン層を破壊しないが温室効果を有するハイドロフルオロカーボン（HFC)、半導体の製造工程等で生じるパーフルオロカーボンと六フッ化硫黄です。後の3種はまとめて「代替フロン等3ガス」と称されます。ガスの種類によって地球温度化への影響度合いは異なります。炭酸ガスを基準（1.0）として、同じガス重量、同じ期間（100年）を前提に、各ガスの影響を相対比較した値を「温室効果係数（GWP)」といいます。代替フロン等3ガスには、二酸化炭素の1万倍を超えるGWPを有するガスもありますが、GWPは「同じガス重量」が前提ですから、地球温暖化に対しては重量が圧倒的に多い二酸化炭素の寄与が最も大きくなります。IPCC第5次評価報告書第3作業部会報告書*[1]では、2010年における世界の温室効果ガスの総排出量490億トン（二酸化炭素換算量）の内、各ガスが占める比率は、二酸化炭素が76％（うち、エネルギー起源が65％、森林・その他土地利用：11％)、メタンが16％、一酸化二窒素が6.2％、フロン等が2.0％の構成になっています（図3－2）。また、2014年度における日本の温室効果ガスの総排出量は、13億6,400万トンでした。このうち、二酸化炭素の排出量は12億6,500万トンで、比率は92.8％（うち、エネルギー起源が87.2％）を占めています*[2]。

(2) 地球温暖化の現状と将来

IPCC第4次評価報告書第1作業部会報告書*[3]には、地球温暖化の確かな証拠として、①1906～2005年の100年間で、世界平均気温が0.74℃上昇したこと、②20世紀の100年間で、世界平均海面水位が17cm上昇したこと、③積雪面積が、北半球では1980年代後半に年平均5％減少したこと、が挙げられています。(図2－2)。

海面上昇が起こる要因には様々なものがあります。地球が温暖化すると海水温度が上がり、熱で海水が膨張します。近年では、このような熱膨張による海面上昇が最大の要因とされています。その他、氷山と氷帽の減少、グリーンランドや南極の氷床の減少等、氷の融解が海面上昇の要因となります。なお、北極海の氷は海に浮いた状態で存在していますので、氷が融解しても海面の水位に影響を与えることはありません。コップに水を入れて氷を浮かべ、溶解前後の水面の位置を比べてみると、位置が変わらないことが分かります。これを「アルキメデスの原理」といいます。北極海の海氷面積の縮小は、海面水位の上昇には直接影響しませんが、北極の温暖化と湿度の上昇をさらに進め、地球全体の気候に影響する恐れがあります。

図２－２　地球温暖化の現状と将来（IPCC第４次評価報告書）

現在（下記1～3は、温暖化の3つの証拠）

1. 1906～2005年の100年間で、世界平均気温は0.74℃上昇
2. 20世紀の100年間で、世界平均海面水位は17cm上昇
3. 積雪面積の減少（北半球は1980年代後半に年平均5%減少）
4. 北極の海氷範囲の減少、南極の棚氷の大規模な崩落
5. 約半世紀の間に、アラスカの氷河の位置や大きさが大きく変化（氷河の消失）
6. 海洋中にとけ込む二酸化炭素による海洋の酸性化（表層海水のpHが0.1低下）
7. 世界各地の異常気象（異常高温、寒波、干ばつ、巨大暴風雨）

将来（温室効果ガスの排出シナリオが左右）

1. 世界平均気温は1.8℃～4.0℃上昇
2. 世界平均海面水位は0.18m～0.59m上昇（小島嶼の浸水）
3. ヨーロッパ・アフリカの水不足、アジアの洪水、アメリカの山火事（水環境への影響）
4. 食料生産量の低下（飢餓、栄養不足への影響）
5. マラリアや熱中症などの増加（健康への影響）
6. サンゴ礁の白化、ホッキョクグマ等の絶滅（生態系への影響）

（参考）環境省ホームページ「IPCC第４次評価報告書　統合報告書概要（公式版）」2007年12月17日 version
http://www.env.go.jp/earth/ipcc/4th/ar4syr.pdf および環境省ホームページ「STOP THE 温暖化 2008」
http://www.env.go.jp/earth/ondanka/stop2008/index.html

現在起きている問題として、海洋の酸性化が挙げられます。大気中の二酸化炭素濃度が上昇すると、海洋に溶け込む二酸化炭素の量が増加します。表層海水のpHは8.1～8.2程度ですが、産業革命以降0.1ほど低下しています。海洋の酸性化が進行すると、炭酸カルシウムを主成分とするサンゴやウニ、貝類やプランクトン等の海の生態系に影響を与えることが懸念されています。この他、環境省のパンフレット*[4]には、世界で起きている異常気象の実態が掲載されています。近年の異常気象については、気象庁のホームページ*[5]で最新情報を把握することができます。

将来の地球温暖化の影響は、世界の国々の温室効果ガスの削減努力にかかっています。IPCC第４次評価報告書統合報告書によれば、化石燃料を重視し経済成長を優先した場合には、21世紀末に、気温は産業革命前に比べて4.0℃上昇し、海面水位は最大で59cm上昇すると予測されています。一方、経済発展と環境保全が両立した持続可能性を重視した場合には、気温の上昇は約1.8℃、海面水位の上昇は18～38cm程度で済むと予測されています。気温は産業革命から既に0.75℃上昇していますから、１℃程度の猶予しかないことになります。

将来の異常気象の増加と相まって、水不足や洪水の頻発、干ばつによる食料不足、食料不足による飢餓の増加が予測されています。健康面では、熱中症の増加やマラリア等の感染症の拡大が、また、生態系への影響として、サンゴ礁の白化やホッキョクグマなどの生物種の絶滅も懸念されています。

2013年９月から2014年４月にかけて、IPCC第５次評価報告書の第１・第２・第３作業部会報告書*[1]が相次いで公表され、その概要が環境省のサイトで順次解説されています。第４次評価報告書と比較しながら、概観してみましょう（図２－３）。

図２－３　IPCC第５次評価報告書の概要

第一作業部会

	【第5次評価報告書（2013年）】	(参考)第4次評価報告書（2007年）
◇過去の気温上昇	0. 85℃（1880～2012年）	0. 74℃（1906～2005年）
◇今世紀末の気温上昇予測	0. 3～4. 8℃*	1. 1～6. 4℃**
◇今世紀末の海面水位の上昇予測	26～82 cm*	18～59 cm**
◇温暖化は人間の影響か	可能性が極めて高い（95%以上）	可能性が非常に高い（90%以上）

*1986年～2005年を基準　**1980年～1999年を基準

(参考)環境省報道発表資料　http://www.env.go.jp/press/press.php?serial=17176

第二作業部会

将来の主要なリスク
- ▽海面上昇、沿岸での高潮被害など
- ▽極端な気象現象によるインフラ等の機能停止
- ▽気温上昇、干ばつ等による食料安全保障への脅威
- ▽沿岸海域における生計に重要な海洋生態系の損失
- ▽大都市部への洪水による被害
- ▽熱波による都市部の脆弱な層における死亡や疾病
- ▽水資源不足と農業生産減少による経済的損失
- ▽陸域及び内水生態系がもたらすサービスの損失

(参考)環境省報道発表資料　http://www.env.go.jp/press/press.php?serial=17966

第三作業部会

- ○気温上昇を産業革命前に比べて2℃未満に抑えられる可能性が高い（66%以上の確率）緩和シナリオは、2100年に大気中の温室効果ガス(GHG)濃度がCO_2換算で約450 ppmとなるものである。
- ○2100年に約450 ppmに達するシナリオは、2010年と比べて2050年の世界のGHG排出量は40～70%低い水準であり、2100年にはほぼゼロ又はマイナスに至る。
- ○2100年に約450 ppmに達する大半のシナリオは、エネルギー効率がより急速に改善され、かつ、再生可能エネルギー、原子力エネルギー、並びに二酸化炭素回収・貯留（CCS）を伴う化石エネルギー等を採用したゼロカーボン及び低炭素エネルギーの供給比率が2050年までに2010年の3倍から4倍近くになっている。
- ○再生可能エネルギー技術は性能向上及びコスト低減の面で大いに進展した。また大規模な普及が可能な成熟度に達した再生可能エネルギー技術の数も増えている(証拠：確実、見解一致度：高い)。
- ○原子力エネルギーは成熟した低GHG排出のベースロード電源だが、世界における発電シェアは1993年以降低下している。低炭素エネルギー供給への原子力の貢献は増しうるが、各種の障壁とリスクが存在する。

（参考）環境省報道発表資料　http://www.env.go.jp/press/press.php?serial=18040

第１作業部会は「気候変動の科学的根拠」を担当しています。第１作業部会報告書では、①1880年から2012年にかけて気温が0.85℃上昇したこと、②21世紀末には1986～2005年を基準として気温上昇が0.3～4.8℃、海面水位上昇が26～82cmに達すること、③地球温暖化は人間の影響であること（95％以上の確かさ）、が報告されました。評価の対象期間や基準時期が異なるため、厳密な比較はできませんが、概ね第４次評価報告書と同様の変動傾向が示されています。原因に関しては、人間の影響が要因である可能性が高まったことが注目されます。

第２作業部会は「影響と適応策（温暖化に伴う災害や凶作などに備える対策）」を担当しています。第２作業部会報告書には、将来の主要なリスクとして８つのリスクが提示されています。第４次評価報告書に比べて目新しさはありませんが、「影響を受けつつある」という前回の表現よりも断定的な表現になっています。なお、環境省が公表した第１作業部会の解説資料[*1]には「我が国における気候変動の影響」が添付されています。日本への影響として、異常気象の頻発、コメの品質低下、洪水被害の増大、熱中症の増加、デング熱を媒介するヒトスジシマカの分布域の北上、サンゴの白化などの生態系への影響が挙げられています。

第３作業部会は「緩和策（二酸化炭素など温室効果ガスの排出を減らして気温上昇を抑える対策）」を担当しています。第３作業部会報告書において、産業革命前に比べて気温上昇を２℃未満に抑えるためには、①現在430ppmである大気中の温室効果ガスの濃度を、2100年には450ppm以内にする必要があること、②そのためには、温室効果ガスの排出を2050年に2010年比で40～70％減らす必要があること、③削減策として、再生可能エネルギーや原子力といった低炭素エネルギー

を大幅に増やすことや、省エネやCO_2回収・貯留（CCS）の普及が有効なこと、④削減策によって、2100年には温室効果ガスの排出はゼロか、大気中からの回収でマイナスにする必要があること、が指摘されました。また、対策の緊急性にも触れ、「2030年以降に対策をとる場合、困難さが大きく増すであろう」と警告し、早期に行動するよう求めています。なお、原子力については、「原子力はベースロード電源として排出削減に貢献できる」としている一方、「さまざまな障害やリスクがある」ことにも言及しています。

2014年11月にIPCC第５次統合評価報告書が公表されました。上記の各作業部会の報告書をまとめたものであり、温室効果ガスの排出による世界的な影響の深刻化を避けるために、国際社会が目指す気温上昇を２℃未満に抑える目標について、「実現への道筋は複数ある」と表明されています。

２－２　地球温暖化の要因

(1)　地球温暖化の要因（図２－４）

IPCC第５次評価報告書第１作業部会報告書において、「地球温暖化は、人間の影響（主に、経済活動と人口増加）が要因である可能性が極めて高い」ことが指摘されました。これは観測値とシミュレーション値との経年比較において、観測結果が自然起源（太陽＋火山の影響）のみを考慮した複数のシミュレーションとは一致せず、自然起源に人為要因（人為起源温室効果ガス等）を加えた場合の複数のシミュレーションの結果と比較的一致したことによります。併せて、太陽活動の変化はエネルギー収支にほとんど寄与していないこと、火山のチリなどの影響は主要ではないことが明らかにされました。また、「北極の海氷」、「世界の気温」、「海洋の貯熱量」の全てが、人為起源の影響を加えないと、観測値と合致しないことから、20世紀半ば以降の地上気温の上昇に、人為起源強制力がかなり寄与していた可能性が高いことも指摘されました。

図２－４　地球温暖化の要因（IPCC第５次評価報告書）

1.温暖化は人間の影響の可能性が極めて高い
①人間の影響が20世紀半ば以降に観測された温暖化の支配的な要因であった可能性が極めて高い(95%以上)。
②太陽活動の変化はエネルギー収支にほとんど寄与していない。(火山のチリなどの影響は小)

2.南極を除く全ての大陸域において、20世紀半ば以降の地上気温の上昇に、人為起源強制力がかなり寄与していた可能性が高い。

3.何が温暖化の要因なのか
①気温に影響を及ぼす要因として、CO_2や太陽光(暖める)、空中のチリ(冷やす)などがある。こうした影響力を放射強制力と呼ぶ。
②全体として放射強制力はプラスとなっていて気候システムによるエネルギーの取り込み(大気や海を暖めている)をもたらしている。
③最大の寄与をしているのは1750年以降の大気中の二酸化炭素濃度の増加である。
④空気中のすすは大気を暖め、チリは冷やす働きをする。(エーロゾル全体としては大気を冷却)

（参考）環境省ホームページ　「第５次評価報告書第１作業部会報告書の主要な結論（速報版）」
http://www.env.go.jp/press/files/jp/23096.pdf

温暖化の具体的な要因に関しては、各要因の放射強制力のプラス・マイナス、強・弱が解析されました。放射強制力は、気温に影響を及ぼすCO_2や太陽光（暖める）、空中のチリ（冷やす）などの影響力を数値化したものです。解析の結果、①全体として放射強制力はプラスとなっていて気候システムによるエネルギーの取り込み（大気や海を暖めている）をもたらしていること、②最大の寄与をしているのは1750年以降の大気中の二酸化炭素濃度の増加であること、③空気中のすすは大気を暖め、チリは冷やす働きをすること、④エーロゾル（空気中のすすやチリ、空中を浮遊する粒子）は、全体としては大気を冷やしていること、が分かりました。最大の要因とされた二酸化炭素については、大気中の濃度は1750年以降増加しており、2011年時点において、濃度の増加分は工業化以前の濃度の40％を超えていると報告されています。以上の知見から、地球温暖化は、人間の活動による温室効果ガス（特に、化石燃料の燃焼による二酸化炭素）の排出量の増加に伴う、大気中の温室効果ガス濃度の上昇が主な要因であると理解できます。大気中の温室効果ガス濃度がこれまでよりも上昇すると、温室効果（太陽からのエネルギーで地表面が暖まり、地表面から放射される熱を温室効果ガスが吸収・再放射して大気が暖まること）がこれまでより強くなり、地表面の温度が上昇して、地球が温暖化します。

化石燃料は、石炭、石油、天然ガスの順に大量消費されるようになりました。図２－５は、それぞれの化石燃料からの二酸化炭素の排出量を経年的に示したものです。20世紀半ば以降に排出量が著しく増加していること、2000年における二酸化炭素の総排出量は約240億トンであり、石油が約50％、石炭が約30％、天然ガスが約15％を占めること等が読み取れます。

図２－５　化石燃料*の消費と二酸化炭素の排出量

*「化石燃料」とは、「石油、石炭、天然ガスなど地中に埋蔵されている再生産のできない枯渇性の燃料資源」をいう

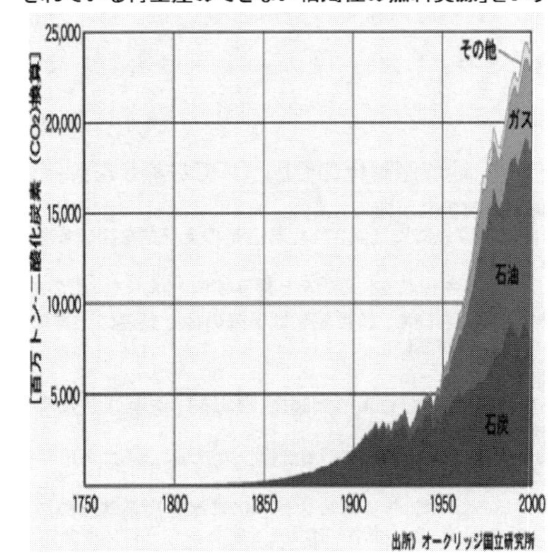

出典：オークリッジ国立研究所　全国地球温暖化防止活動推進センターウェブサイト
（http://www.jccca.org/）より

(2)　二酸化炭素濃度と気温上昇の関連性

二酸化炭素の排出量の増加は、大気中の二酸化炭素濃度の著しい上昇をもたらしました。図2－6は、10000年前から2005年に至る二酸化炭素濃度の推移を示したものです。1800年から徐々に上昇し、1950年以降急激に上昇しています。この上昇傾向は、前ページの二酸化炭素の排出量の傾向と近似しています。2013年における二酸化炭素濃度は世界平均で396ppmでした。産業革命前の280ppmに比べて40％以上、116ppm増加しました。また、2013年に、ハワイのマウナロア観測所では大気中の二酸化炭素濃度が初めて400ppmを超えたことが報じられています。

図2－6　二酸化炭素濃度の推移

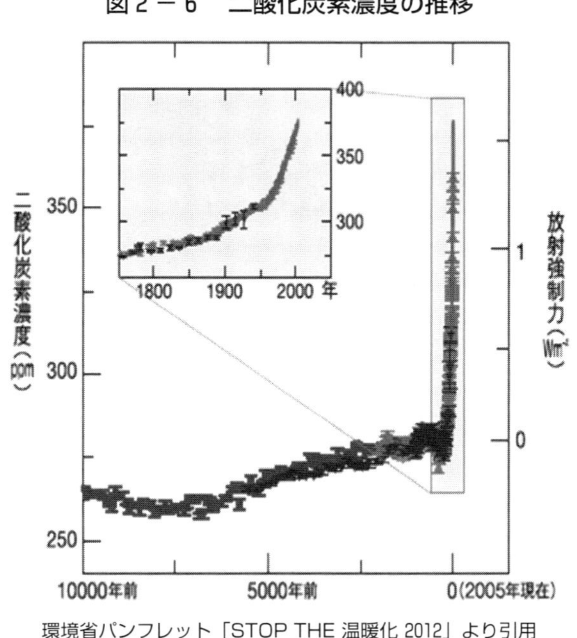

環境省パンフレット「STOP THE 温暖化 2012」より引用

図2－7は、1850年から2000年頃にかけての年平均気温を、1961～1990年の平均気温との温度差で示したものです。過去100年で平均気温が0.74℃上昇していること、また、近似直線の傾きから、近年になるほど平均気温の上昇が加速していることが読み取れます。過去100年で見ると1℃未満の温度上昇に過ぎませんが、過去25年の上昇率を用いると100年で1.77℃も上昇することになります。このような温度上昇の加速化が問題なのです。

世界全体の二酸化炭素の排出量は、1971年に145億トン、1980年に184億トン、1990年に212億トン、2000年に234億トン、2010年に303億トンと、リーマンショックによる一時的な落ち込みを除けば増加の一途をたどってきました。国別の排出量については、環境省のサイトにおける2013年のデータでは、世界の排出量は322億トン（対前年＋5億トン）に達しており、1位の中国が28.0％、

２位の米国が15.9％を占め、２ヶ国だけで約44％を排出しています。日本の排出量は、インド、ロシアに次いで５位の3.8％です（図２－８）。因みに、１人当たり排出量については、日本は米国の1/2強、中国の約1.5倍ほどです。中国の一人当たりの排出量が日本並みに増加すると、中国の国全体の排出量は益々増大することになります。今後、先進国の排出量は横ばいないし漸増が予測され、中国・インド等の新興国の排出量は著しい増大が予測されています。

図２－７　世界平均気温の推移

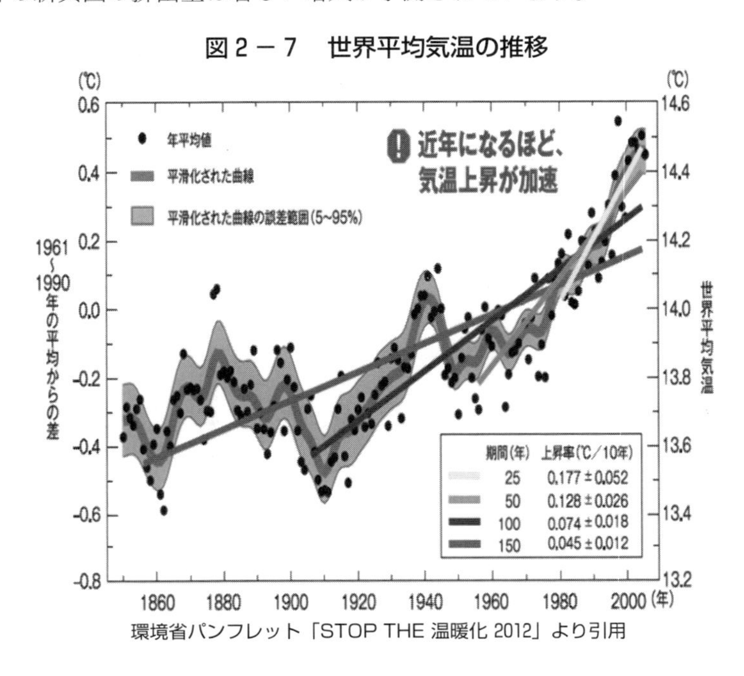

環境省パンフレット「STOP THE 温暖化 2012」より引用

図２－８　エネルギー起源CO_2の排出量（世界2013年）

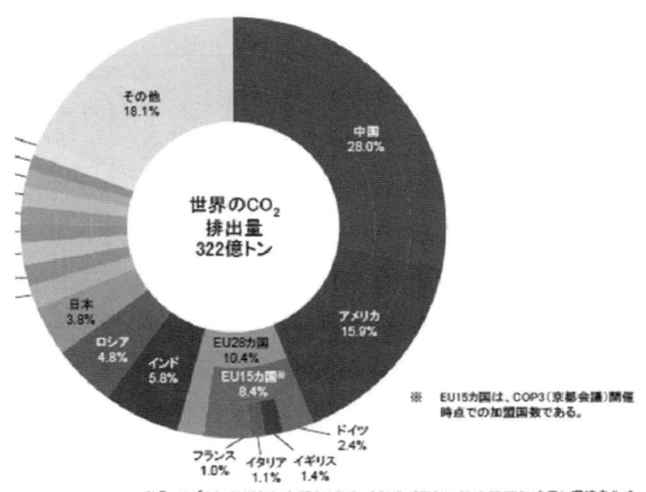

環境省ホームページ「世界のエネルギー起源CO_2排出量」
http://www.env.go.jp/earth/cop/co2_emission_2013.pdf より引用（一部割愛）

IPCC第５次評価報告書第１作業部会報告書*[1]における新しい見解として、「二酸化炭素の累積総排出量とそれに対する世界平均地上気温の応答は、ほぼ比例関係にある。」ことが示されました。また、①2011年までの二酸化炭素の累積排出量は5,150億トン（炭素換算、以下同様）となっていること、②世界のCO_2年間排出量は現状90～100億トン程度であること、③気温の上昇を２℃未満（1861～1880年比）に抑えるためには、今後、排出できるCO_2は残り約2,750億トンとなること（累積蓄積量が約7,900億トンで66％以上の確率の場合）が指摘されています。当然のことですが、２℃未満となる確率は、CO_2の累積排出量が増加するにしたがって低下します。例えば、約8,200億トンの累積排出量では50％以上の確率、約9,000億トンの累積排出量では33％以上の確率に低下します。

２－３　地球温暖化防止に向けた国際的な取組状況

(1)　気候変動枠組条約の概要（図２－９）

気候変動枠組条約は、1992年にブラジルのリオデジャネイロで開催された国連総会で、生物多様性条約と共に採択され、引き続き開催された地球サミットで155ヶ国が条約に署名しました。この条約は地球温暖化の防止を目指したもので、「気候系に対して危険な人為的干渉を及ぼすこととならない水準において、大気中の温室効果ガスの濃度を安定化させること」を究極の目的としています。

図２－９　気候変動枠組条約の概要

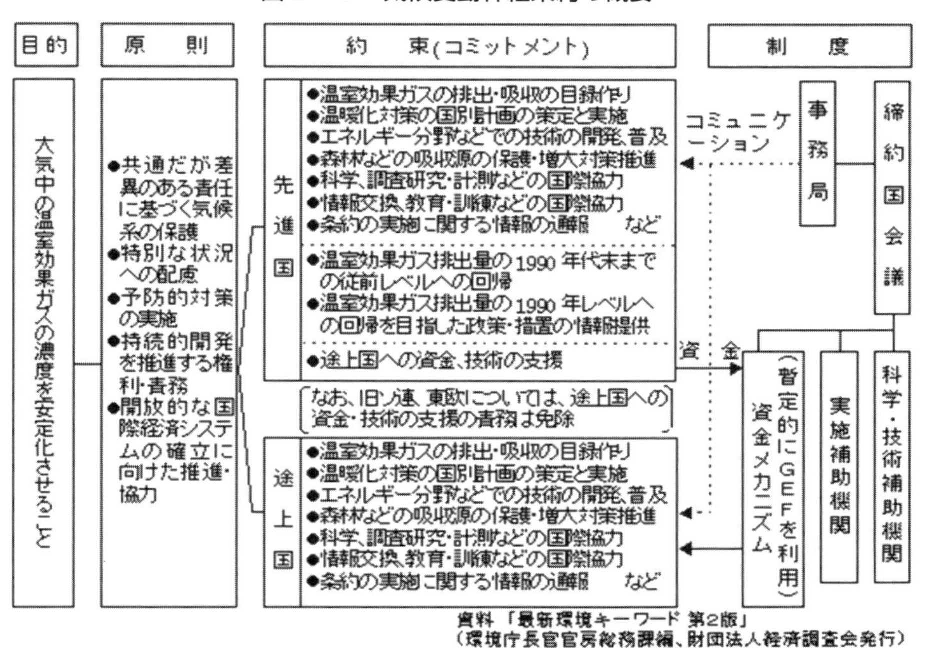

出典：環境省ホームページ「気候変動枠組条約の概要」http://www.env.go.jp/earth/cop3/kaigi/kikou.html

気候変動枠組条約の目的である「大気中の温室効果ガス濃度の安定化」とは、温室効果ガスの排出量と吸収量をバランスのとれた状態にし、大気中の温室効果ガス濃度を増加させることなく一定濃度に維持して推移させるということです。既に学んだように、産業革命以前は、大気中の吸収分と土壌からの溶脱分の炭素９億トンが、海洋からの放出分の炭素７億トンと沈殿分の炭素２億トンとバランスしていたと考えられています（図１－７）。産業革命以降の工業や経済の進展によるエネルギー消費の増大に伴い、大量の二酸化炭素が大気中に排出されるようになりました。排出量の増大に伴って、地球温暖化への寄与が最も大きな大気中の二酸化炭素の濃度は、産業革命以前には280ppm程度でしたが、現在では約400ppmに達しています。

図２－10は、環境省のパンフレットに図示されている「二酸化炭素濃度安定化のイメージ」を転載したものです。2000～2005年の平均値として、人為起源の年間炭素排出量は72億トン（CO_2換算で約264億トン）、自然の年間炭素吸収量は31億トン（CO_2換算で約114億トン）であり、１年間に約150億トンの二酸化炭素が残留すること、また、1995～2005年の平均値として、大気中の二酸化炭素濃度が毎年1.9ppmずつ増加していることが示されています。

このような状況を踏まえて、今後、いつごろまでにどの程度の温室効果ガス濃度に「安定化」させる必要があるかが、重要な課題になります。IPCC第５次評価報告書は、国際目標である「産業革命以前からの気温上昇を２℃未満に抑える」には、2100年の温室効果ガス（GHG）濃度を約450ppm（430－480ppm（CO_2換算））にする必要があることを明らかにしました。

環境省ホームページの「IPCC第５次評価報告書の概要―第３作業部会（気候変動の緩和）―」*[1]には、現在から2100年までの道筋について様々なシナリオが描かれています。ベースラインシナリオ（排出抑制に向けた追加的な努力がなされないシナリオ）では、2030年までに450ppm超、2100年には750～1,300ppm以上に達します。また、450ppmシナリオの大部分、500、550ppmシナリオの多くの場合、一時的に2100年のGHG濃度を超えること（オーバーシュート）が起こり、長期的な排出削減がより急速かつ大きくなり、気温上昇の目標を上回る確率が増大すると考えられています。気温上昇２℃未満、温室効果ガス（GHG）450ppmの目標を達成するためのシナリオでは、CO_2累積蓄積量を2011～2050年に5,500億トン～１兆3,000億トン、2011～2100年に6,300億トン～１兆1,800億トン、GHG削減量を2050年に41～72％（2010年比）、2100年に78～118％（同）という経路が描かれていますが、CO_2累積蓄積量、GHG削減量ともに数値に大きな幅があります。これは、BECCS（バイオエネルギーとCCSの組合せ）の大規模な普及、大規模植林等の二酸化炭素除去技術（CDR技術）の利用可能性と規模が不確かであり、程度は異なるものの、課題・リスクが存在することを意味しています。いずれにしても、2100年の450ppmに行きつく過程でオーバーシュートが起こることが確実視されています。ひとたびオーバーシュートすると、GHGの排出量をマイナスにしない限りGHG濃度を下げることはできません。従って、排出量をマイナスに導くことができるBECCSや大規模な植林の確実な実施が、今世紀中には必須になります。

図２－10　二酸化炭素濃度安定化のイメージ

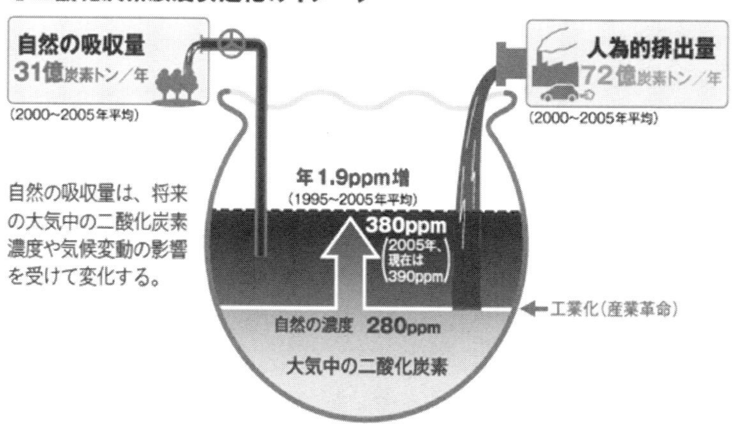

注：濃度安定化のイメージをわかりやすく示すため、陸域・海洋の蓄積量や炭素循環の詳細は省略されている。現在の大気中の二酸化炭素濃度以外は、IPCC第４次評価報告書当時の数字(2000年～2005年)。

温室効果ガス濃度安定化のためには、人為的排出量を、今後の自然の吸収量と同じ量にまで減らさなければならない。

(出典5より作成)

環境省ホームページ「STOP THE 温暖化 2012」より引用

図２－９において、原則の一つに記されている「共通だが差異のある責任」は、地球環境問題に対しては各国に共通責任があるが、責任に対する寄与度は国によって異なるという考え方です。「地球環境問題は全人類の抱える問題であり、この問題に対して先進国はもちろん発展途上国にも共通の責任がある」という、主として先進国側の主張と、「原因の大部分は先進国にあり、また対処能力においても異なっている」とする途上国側の主張があったため、両者の意見を折衷して国際的に合意された考え方です。このような考え方を反映して、「約束（コミットメント）」の欄は、先進国と途上国に分けて表現されています。この中で、「温室効果ガスの排出・吸収の目録作り」、「温暖化対策の国別計画の策定と実施」等は、先進国・途上国を問わず共通した約束事項になっています。また、先進国は、「温室効果ガスの排出量を1990年代末のレベルに回帰することを目指した政策・措置の情報を提供すること」を約束しています。

後述するように、1997年のCOP3で採択された京都議定書においては、先進国のみが削減義務を負い、新興国の中国やインドは途上国に位置づけられているため、削減義務を負いませんでした。加えて、先進国の中で当時二酸化炭素排出量が最も多かった米国は京都議定書を離脱し、国際的な約束に基づく削減義務を負うことを免れました。このようにして、2008～2012年の５年間の第１約束期間は終了し、2013年以降は2020年まで第２約束期間としての取組が始まっています。日本は第

1約束期間に参加し削減目標を達成しましたが、第2約束期間には参加していません。第2約束期間にはEUと一部の国が参加しているに過ぎません。第2約束期間に参加していない国は、法的拘束力を負うことなく2020年までは自主的に排出量を削減していくことになります。2009年のCOP15で示された「コペンハーゲン合意」によってCOP事務局に提出された口上書に基づくと、各国の2020年の自主的削減目標は、「日本が25%（1990年比）、米国が17%（2005年比）、中国が国内総生産（GDP）あたりの二酸化炭素排出量を40～45%（2005年比）」とされています*6。数字だけを見ると中国の削減率が最も大きいように見えますが、誤解しないように注意が必要です。すなわち、中国は日米のような総排出量ではなく国内総生産（GDP）当たりの排出量ですので、GDP当たりの排出量を半減させても、GDP自体が4倍になれば排出量は倍に増加することになるからです。

2020年以降の国際的な取組については、2013年のCOP19（ワルシャワ）で、一部の先進国だけが温室効果ガスの削減義務を負う「京都議定書」に代わり、途上国を含むすべての国が参加し、自主的に削減目標などを決めて取り組むことになりました。それぞれの国情にあわせたやり方は、「共通だが差異ある責任」の考えに適うものであり一定の評価はできますが、自主性によって実効性が損なわれることにならないか、今後の温室効果ガス削減の動向を注視していく必要があります。また、気候変動枠組条約における先進国の約束「温室効果ガスの排出量を1990年代末のレベルに回帰することを目指した政策・措置の情報を提供する」がなおざりにならないように、特に先進国は真摯に取り組む必要があります。

(2) 京都議定書の概要と問題点

気候変動枠組条約については、1997年12月に京都で第3回締約国会議（COP3）が開催され、京都議定書が採択されました。先進国等は、第1約束期間（2008～2012年）の間に1990年を基準年として5%以上温室効果ガス（二酸化炭素など計6種）を削減することとし、各国や地域に目標値が設定されました（図2－11）。

日本の削減目標は6%でしたが、どのようにして達成されたのでしょうか？　また、当時二酸化炭素の排出量が最大であり、削減目標が7%であった米国は、削減に取り組んだのでしょうか？現在二酸化炭素の排出量が最大の中国は、削減義務を負ったのでしょうか？　京都議定書は温室効果ガスの削減に効果があったのでしょうか？　ここではこのような疑問に答えていきたいと思います。

日本の基準年における温室効果ガス排出量は12.61億トンでしたので、第1約束期間の平均で11.86億トンに抑える必要がありました。京都議定書では、①1990年以降の植林等に吸収される温室効果ガスの量を排出量から差し引ける、②自国の努力のみで削減目標を達成できないときは京都メカニズム（排出量取引、共同実施、クリーン開発メカニズム）を活用できる、という仕組みがあります。これらの仕組みの活用により、日本は第1約束期間における目標を達成しました。即ち、第１約束期間における日本の平均排出量は年間12.78億トン（基準年比＋1.4％）でしたが、森林の吸収（基準年比－3.9％）、京都メカニズムの活用（基準年比－5.9％）を差し引くことにより、基準年比－8.4％となり－６％の目標を上回る削減に成功しました*[7]。この達成には、京都メカニズムの排出量取引で1,000億円以上を支払うという代償が生じたことを思い起こす必要があります。この「1,000億円以上」という金額は新聞報道に基づいたものであり、国の資料に基づくものではありませんが、環境省の資料「国際貢献について」（平成24年４月環境省地球環境局）*[8]には、“我が国は、京都議定書の約束を達成するため、国内温室効果ガスの排出削減対策及び国内吸収源対策（以下「国内対策」という）を基本として、国民各界各層が最大限努力していくこととなるが、それでもなお京都議定書の約束達成に不足する差分（基準年総排出量比1.6％）が見込まれる。基準年総排出量比1.6％とは５年分で約１億トンであり、政府は京都議定書目標達成計画にしたがって京都メカニズムを活用したクレジット取得を実施。平成24年４月１日現在で、9,756万トンの契約を締結済みであり、これらの予算措置額は約1,500億円となっている。”との記述があります。

図２－11　京都議定書の概要

対象ガスなど	
対象ガス	二酸化炭素（CO_2）、メタン（CH_4）、一酸化二窒素（N_2O）、ハイドロフルオロカーボン（HFCs）、パーフルオロカーボン（PFCs）、六フッ化硫黄（SF_6）
吸収源の取扱い	1990年以降の新規の植林や土地利用の変化に伴う温室効果ガス吸収量を排出量から差し引く。

↓

削減約束	
基準年	1990年（HFCs、PFCs、SF_6は1995年とすることができる）
第一約束期間	2008年から2012年
削減約束	・先進国全体の対象ガスの人為的な総排出量を、基準年より少なくとも約5%削減する。 ・国別目標（日本6%減、アメリカ7%減、EU8%減など）

↑

京都メカニズム	
排出量取引	先進国が割り当てられた排出量の一部を取り引きできる仕組み。
共同実施	先進国同士が共同で削減プロジェクトを行った場合に、それで得られた削減量を参加国の間で分け合う仕組み。
クリーン開発メカニズム	先進国が途上国において削減・吸収プロジェクト等を行った場合に、それによって得られた削減量・吸収量を自国の削減量・吸収量としてカウントする仕組み。

環境省ホームページ「STOP THE 温暖化 2012」より引用

世界が地球温暖化対策の重要な一歩として注目した京都議定書でしたが、当時最大のCO_2排出国であった米国が2001年３月に議定書の枠組みから離脱しました。加えて京都会議以降、中国やインドなど新興国の経済発展が目覚ましく、特に中国は2007年に米国を抜いて世界最大のCO_2排出国になりました。これらの２大排出国が参加していない点が、京都議定書の最大の問題点です。図２－

12は、1997年と2009年におけるCO_2排出量のシェアーを示したものです。その当時削減義務を負っている国・地域の排出量のシェアーは、1997年で59％だったものが、2009年には26％に低下していたことが示されています。日本は、2013年以降の第２約束期間には参加していません。中国（１位)、米国（２位）に加え、インド（３位）などの新興国や途上国が排出削減義務を負っていない現状に鑑み、日本は、「全ての国が参加する公平かつ実効性のある新たな枠組みの構築を目指す」という考えを表明しています*9。

実効性が疑問視された京都議定書でしたが、2015年２月に国連気候変動枠組条約事務局は、「2014年に京都議定書締約国が提出したデータによれば、第１約束期間（2008～2012年）終了時の温室効果ガス削減の合計は、1990年より22.6％減少した」と発表しました*10。この数値には米国が含まれていないため、当初目標の「先進国全体で５％減」の目標達成を意味するものではありませんが、参加した先進国だけで見た場合には、大幅に目標を上回っていることは注目に値します。その要因として、省エネや再生可能エネルギー等の先進的技術の急拡大、削減率の割当と未達成の場合の法的拘束力が寄与したものと推察されます。

図２－12　京都議定書の問題点

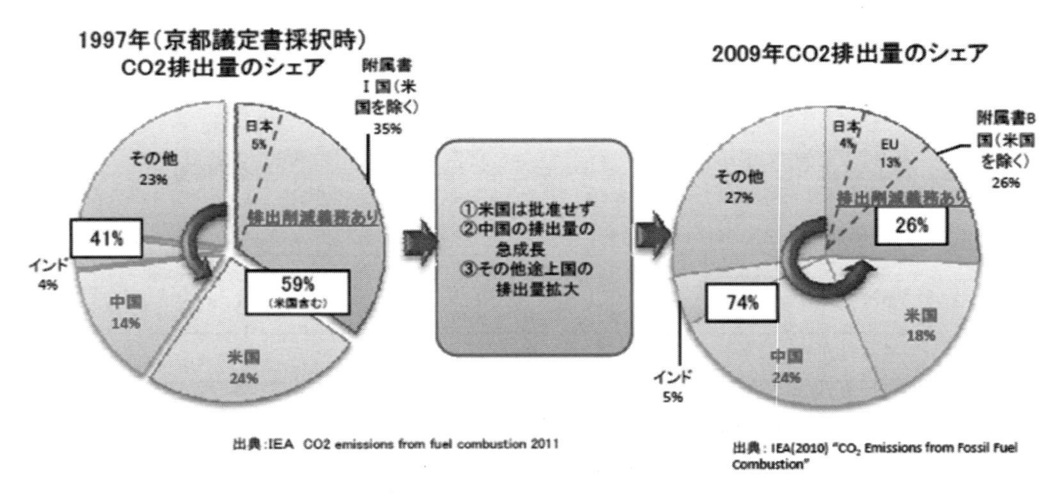

出典：外務省ホームページ
http://www.mofa.go.jp/mofaj/gaiko/kankyo/kiko/cop18/pdfs/qa_jp.pdf

(3) パリ協定の採択

環境省のホームページ*11に掲載されている「地球温暖化対策に係る国際交渉の概況」及びマスメディア等による報道を参考にして、気候変動枠組条約の採択から新しい国際的枠組みに至る流れを、節目ごとに図２－13に示しました。特に、京都議定書の第一約束期間以降の国内外の動向については要点を図中に挿入しました。

図２－13　地球温暖化対策に係る国際的枠組みの流れ

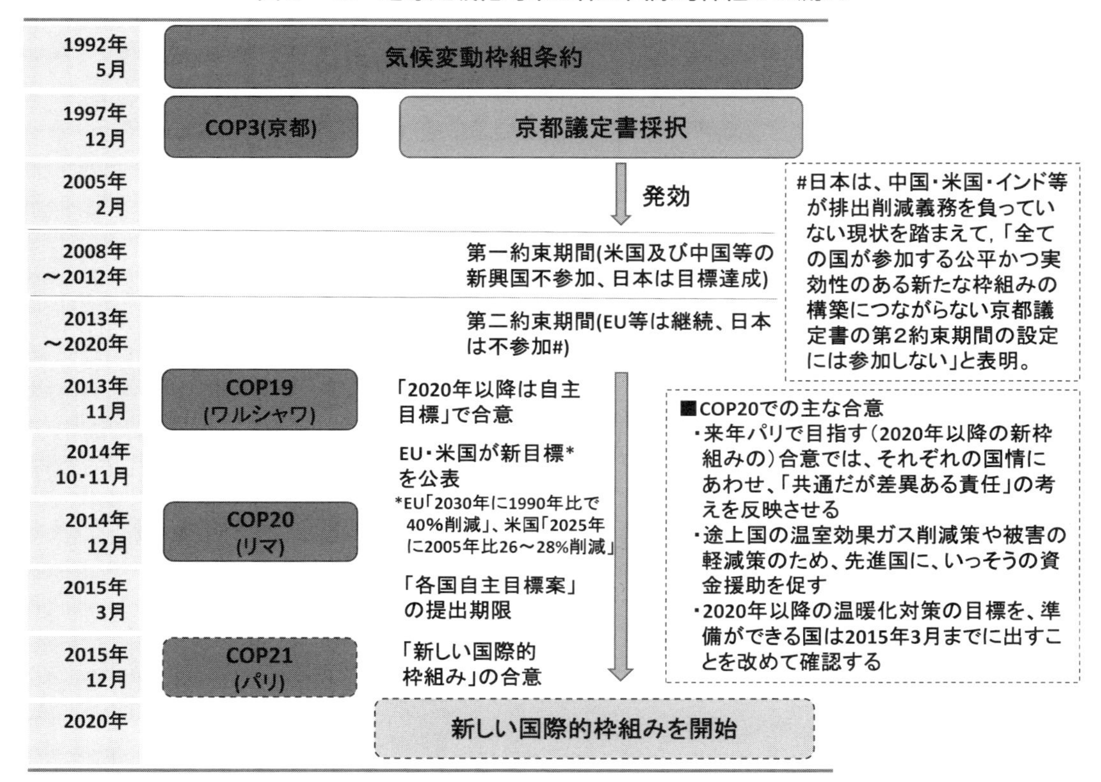

地球温暖化対策に積極的に取り組んでいるEUは、2014年10月に「2030年に1990年比で少なくとも40％削減する」と発表しました。また、2015年２月に、世界全体の温暖化ガスの排出量を「2050年までに2010年比で少なくとも60％減らす」との新たな長期目標をまとめました。IPCCは第５次評価報告書*[1]において、産業革命前に比べて気温上昇を２℃未満に抑えるためには、現在430ppmである大気中の温室効果ガスの濃度を、2100年には450ppm以内にする必要があること、そのためには、温室効果ガスの排出を2050年に2010年比で40～70％減らす必要があること、等を指摘しました。EUが発表した世界の長期目標「温室効果ガスの排出量を2050年に2010年比で少なくとも40％削減する」は、IPCCの報告書を踏まえたものか否か定かではありませんが、IPCCの知見が今後の温暖化対策にどの程度活用されるか注視する必要があります。

米国は、2014年11月のオバマ大統領と習近平国家主席の記者会見で図２－13のような新目標を発表しました。日本は、京都議定書に対して真摯に取り組んできましたが、2011年の東電福島第一原発の事故によってエネルギー政策の見直しを余儀なくされたため、2015年３月末の提出期限には間に合わず、７月に気候変動枠組条約事務局に提出しました。このような経過を経て、2015年11月30日から12月13日まで、フランスのパリで国連気候変動枠組条約第21回締約国会議（COP21）が開催され、途上国を含むすべての国（196ヶ国・地域）が参加する2020年以降の新たな地球温暖化防止のための「パリ協定」が採択されました（図２－14）。

図２－14　国連気候変動枠組条約第21回締結国会議（COP21）の結果について

全体の概要と評価
11月30日から12月13日まで、フランス・パリにおいて、国連気候変動枠組条約第21回締約国会議（COP21）、京都議定書第11回締約国会合（CMP11）等が行われた。

今次会合の成果
(1)「パリ協定」の採択
新たな法的枠組みとなる「パリ協定」を含むCOP決定が採択された。
「パリ協定」においては、
- **世界共通の長期目標として2℃目標のみならず1．5℃への言及**
- **主要排出国を含むすべての国が削減目標を5年ごとに提出・更新すること、共通かつ柔軟な方法でその実施状況を報告し、レビューを受けること**
- **JCMを含む市場メカニズムの活用が位置づけられたこと**
- **森林等の吸収源の保全・強化の重要性、途上国の森林減少・劣化からの排出を抑制する仕組み**
- **適応の長期目標の設定及び各国の適応計画プロセスと行動の実施**
- **先進国が引き続き資金を提供することと並んで途上国も自主的に資金を提供すること**
- **イノベーションの重要性が位置づけられたこと**
- **5年ごとに世界全体の状況を把握する仕組み**
- **協定の発効要件に国数及び排出量を用いるとしたこと**
- **「仙台防災枠組」への言及（COP決定）**

が含まれている。
この中には日本の提案が取り入れられたものも多い。

環境省ホームページ「COP21・CMP11の結果」 http://www.env.go.jp/earth/cop/cop21/index.html より抜粋

パリ協定で注目すべき点は、①世界共通の長期目標として２℃目標のみならず、「1.5℃への努力」にも言及したこと、②主要排出国を含むすべての国が削減目標を５年ごとに提出・更新すること、③共通かつ柔軟な方法でその実施状況を報告し、レビューを受けること等が決められた点です。目標の達成は義務化されていないものの、自主的な各国の削減目標の報告は義務づけられ、世界の視線を浴びる中で５年ごとに点検が行われるようになりました。また、京都議定書と同様に、JCM（二国間クレジット制度）を含む市場メカニズムの活用が位置づけられ、森林等の吸収源の保全・強化の重要性、途上国の森林減少・劣化からの排出を抑制する仕組みも導入されました。「パリ協定」は、発効要件（55ヶ国以上が締結、かつ締結国の排出量が全体の55％以上）が満たされた30日後に発効することになっており、早ければ2018年末にも発効することが期待されていました*[12]。しかし、予想より早く中国、米国、EU等が批准したため、日本が批准を行う前の2016年10月５日に発効要件が満たされましたので、パリ協定は2016年11月４日に発効しました。11月７日からモロッコのマラケシュでCOP22が開催されました。COP22では、パリ協定批准国による第１回締約国会議も持たれましたが、日本は批准が遅れたため、オブザーバー参加に甘んじることになり、議論に参加できない状態に陥りました。また、COP22で世界気象機関（WMO）が、「2011～2015年の世界の平均気温が観測史上最高になり、産業革命前に比べ2015年には気温上昇が1℃を超えた」旨の報告を行いました。パリ協定における「2℃未満の目標」は産業革命前を基準にしていますので、今後の気温上昇は1℃しか許容されないことになります。

COP21に先立って大部分の国・地域が自主目標（「自国が決定する貢献案（intendednationally determined contribution）」、略称「INDC」）を提出しましたが、その主な国・地域の削減目標は表2－1のとおりです。日本のINDCは、“温室効果ガス排出量を2030年度に2013年度比－26.0%（2005年度比－25.4%）の水準（約10億4,200万t-CO_2）とする”というものです*[13]。なお、環境省の「平成28年版環境白書・循環型社会白書・生物多様性白書」*[14]には、すべての国がINDCを達成できても産業革命以前からの気温上昇は2.6～3.7℃になるという、世界の様々な研究機関の分析結果が示されています。従って、各国は現在の削減目標のハードルを更に上げる必要に迫られる可能性があります。

表2－1　国連気候変動枠組条約COP21に先立つ各国の削減目標案

(2015年12月12日現在)

分類	国・地域	約束草案(削減目標案)	提出日
先進国（付属書Ｉ国）	EU	2030年に少なくとも-40%(1990年比)。	2015年3月6日
	米国	2025年に-26%～-28%(2005年比)。 28%削減に向けて最大限取り組む。	2015年3月31日
	ロシア	2030年に-25%～-30%(1990年比)が長期目標となり得る。	2015年4月1日
	日本	2030年度に2013年度比-26.0%(2005年度比-25.4%)。	2015年7月17日
途上国（非付属書Ｉ国）	韓国	2030年までに-37%(BAU*比)。 *特段の対策のない自然体ケースに較べての効果の概念(EICネット)	2015年6月30日
	中国	2030年までにGDP当りCO2排出量-60%～-65%(2005年比)。 2030年前後にCO2排出量のピーク。	2015年6月30日
	インド	2030年までにGDP当りCO2排出量-33%～-35%(2005年比)。	2015年10月1日

注(1)各国はCOP21に十分先立って、2020年以降の約束草案(削減目標案)を提出。<COP19決定>
(2)188カ国・地域(欧州各国を含む)が提出(世界のエネルギー起源CO2排出量の95.6%)
(3)先進国(付属書Ｉ国)は提出済み。途上国(非付属書Ｉ国)も未提出国は8カ国のみ。

環境省ホームページ「COP21の成果と今後」
http://www.env.go.jp/earth/ondanka/cop21_paris/paris_conv-c.pdf を基に作成

〈参考資料〉

*1　http://www.env.go.jp/earth/ipcc/5th/index.html

*2　http://www.env.go.jp/earth/ondanka/ghg/index.html

*3　http://www.env.go.jp/earth/ipcc/4th_rep.html

*4　http://www.env.go.jp/earth/ondanka/knowledge/Stop2015.pdf

*5　http://www.data.jma.go.jp/gmd/cpd/monitor/annual/

*6　http://www.env.go.jp/earth/ondanka/pdf/column6.pdf

*7　http://www.env.go.jp/press/file_view.php?serial=24374&hou_id=18039

*8　https://www.env.go.jp/council/06earth/y060-104/mat04.pdf

*9　http://www.mofa.go.jp/mofaj/gaiko/kankyo/kiko/cop18/pdfs/qa_jp.pdf

*10　http://www.eic.or.jp/news/?act=view&serial=34109&oversea=1

*11　http://www.env.go.jp/earth/ondanka/shiryo.html#01

*12　http://www.env.go.jp/earth/cop/cop21/index.html

*13　http://www.mofa.go.jp/mofaj/press/release/press4_002311.html

*14　https://www.env.go.jp/policy/hakusyo/h28/pdf/1_p1_1.pdf

3．エネルギー利用と省エネルギー

3－1　エネルギー利用と地球温暖化

(1)　エネルギー利用に伴う資源・環境問題

エネルギーは、食料とともに人間の活動に不可欠な物資です。エネルギー消費量は18世紀の産業革命以降の「一人当たりのエネルギー消費量の増加」と「世界の人口の増加」によって相乗的に増大しました。近代におけるエネルギーの大宗は化石燃料ですが、これはいずれ枯渇する有限な資源です。経済産業省資源エネルギー庁のホームページに掲載されている「平成25年度エネルギーに関する年次報告」（エネルギー白書2014）*[1]には、化石燃料の確認可採年数が、石油52.9年、石炭109年、天然ガス56年と算出されており、人口の増加が食料不足のみならず、将来的にはエネルギー不足を招く可能性も懸念されます。即ち、エネルギー問題の一つとして、「化石燃料の枯渇」が挙げられます。また、化石燃料の燃焼は地球温暖化のみならず、燃料に含まれる硫黄の燃焼による硫黄酸化物（SOx）等の排出によって酸性雨を生じる可能性があります。また、再生可能エネルギーの一つであるバイオマスエネルギーの過度な進展は、耕地の拡大による熱帯林の減少を招きかねません。即ち、エネルギー利用における二つ目の問題として「地球環境の悪化」が挙げられます。図３－１には、上記の資源問題と地球環境問題に加え、地球温暖化防止に向けた今後のエネルギー利用のあり方も提示されています。

後述するように、二酸化炭素の排出を著しく抑制する社会を低炭素社会と称しますが、その実現には、省エネルギーの推進、化石燃料の削減、再生可能エネルギーの増大が必要です。問題は原子力です。東日本大震災以降、世界とりわけ日本は、「原子力とどう向き合うべきか」という重い課題に直面しています。エネルギー資源の乏しい日本のエネルギーの輸入依存度は、石炭・ウラン100％、石油99.7％、天然ガス95.9％であり、東日本大震災前の2009年のエネルギー自給率はわずかに約４％（原子力を国産エネルギーとみなした場合には約18％）に過ぎませんでした。そのため、エネルギーの安全保障が重要な課題とされ、2010年に策定された第３次エネルギー基本計画では、自給率と原子力の倍増を目指していました。地球温暖化対策という観点から、原子力は二酸化炭素を排出しない低炭素エネルギーと位置付けられますので、東日本大震災以降の原子力政策の見直しは、日本のエネルギーの安定供給のみならず、地球温暖化対策にも大きく影響することになります。

図３－１　エネルギー利用と資源問題・地球環境問題との関連性

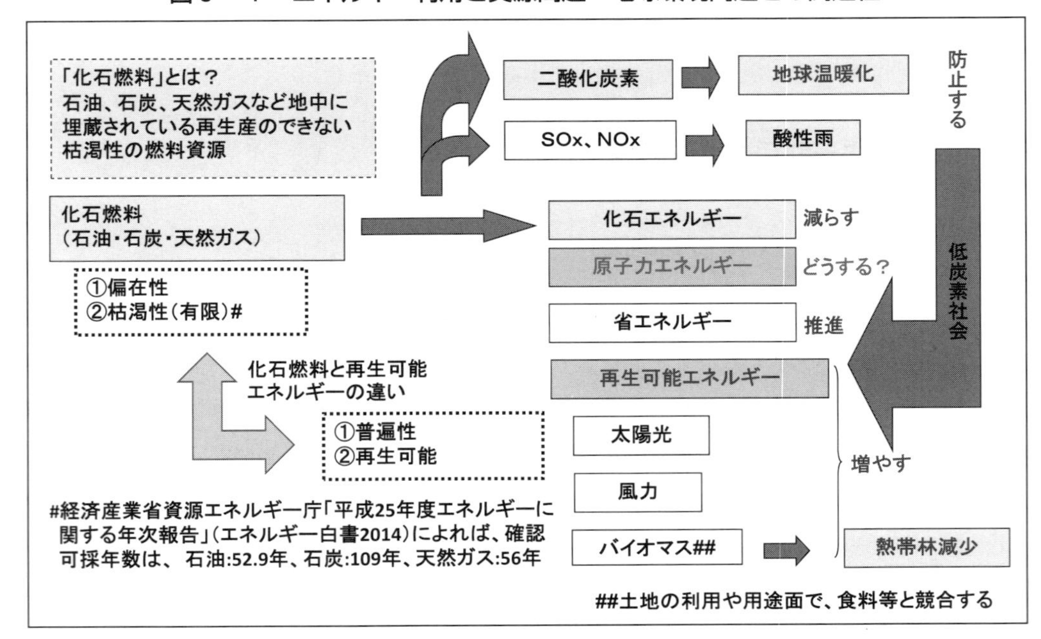

(2)　世界の温室効果ガス排出量の推移

図３－２は、世界の温室効果ガスの排出量の推移を示したものです。1970年に約270億トン（CO_2換算）だった排出量は、1980年の約330億トン、1990年の約380億トン、2000年の約400億トンを経て、2010年には約490億トンに達しました。その構成は、二酸化炭素（CO_2）が76％、メタン（CH_4）が16％、一酸化二窒素（N_2O）が6.2％、代替フロン（HFC）等３ガスが2.0％となっており、とりわけ、化石燃料の燃焼等により排出されるエネルギー起源の二酸化炭素が65％（約320億トンの排出量に相当）と群を抜いているため、その抑制が求められています。

表１－２に示したとおり、世界のエネルギー需要は2035年には2011年に比べ約1.3倍に増大するとされており、それに伴って二酸化炭素の排出量も約1.2倍に増大すると予測されています。その抑制策（IPCCは「緩和策」と表現）として、省エネルギー、再生可能エネルギー・原子力・CCS（二酸化炭素回収・貯留）等の低炭素エネルギーが挙げられます。特に、CCSは「化石燃料を燃焼しても、大気中に二酸化炭素を排出しない技術」であり、エネルギー需要の増大と二酸化炭素の抑制を両立させ得る「第３の道」として期待されていますが、その実用化にはコスト等の課題を克服する必要があり、鋭意、技術開発が進められています（第11章１節）。

図３－２　世界の温室効果ガス排出量の推移（1970～2010年）

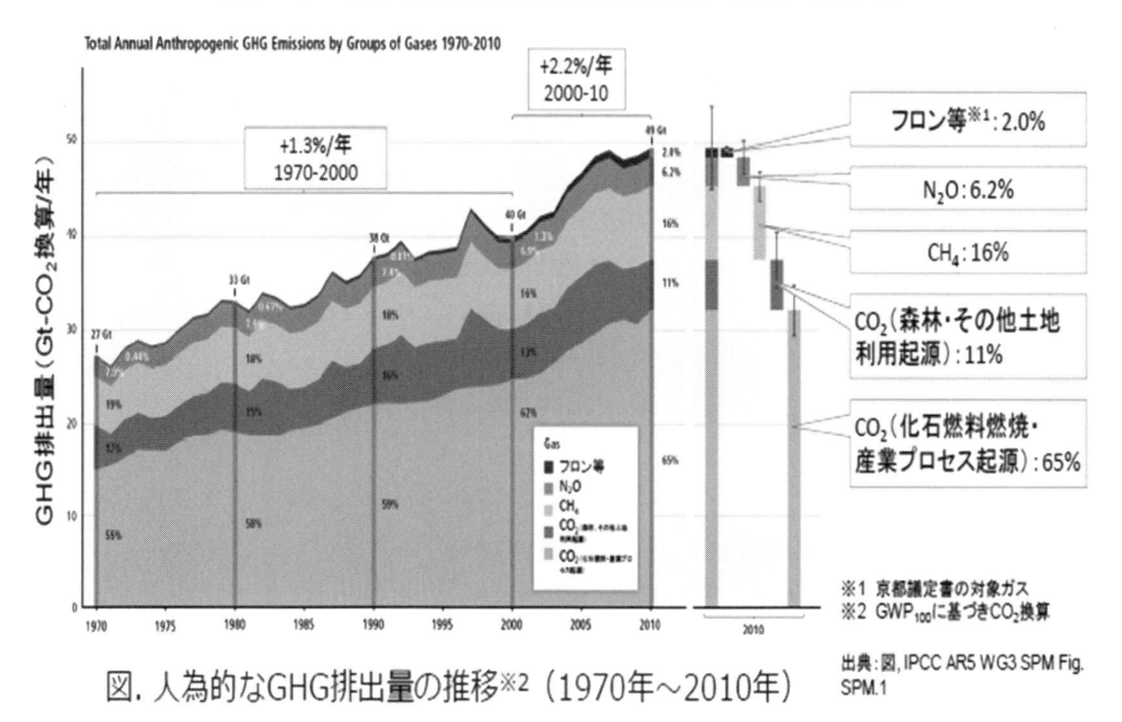

出典：環境省ホームページ「・IPCC第５次評価報告書の概要―第３作業部会（気候変動の緩和）―」
http://www.env.go.jp/earth/ipcc/5th/pdf/ar5_wg3_overview_presentation.pdf

コラム　化石燃料の確認可採年数と非在来型化石燃料

ある年の年末の確認埋蔵量（R＝Reserves）をその年の生産量（P＝Production）で除した数値を、確認可採年数（R／P）といいます。従って、確認可採年数は、年によって多少の変動が見られます。2012年末における各化石燃料の確認埋蔵量と確認可採年数は、石油が１兆1,886億バレルで52.9年、石炭が8,609億トンで109年、天然ガスが約187兆m^3で56年とされています*。確認可採年数は、ある地域や世界で今後何年生産が持続できるかの一つの指標として使われますが、新油田等の発見、採掘技術の進歩、価格や消費量の変動等により変わるため、埋蔵量を評価する絶対値としての役割はそれほどないと考えられています。因みに、石油の確認可採年数は、ここ20年間以上、ほぼ40～45年で推移しています。「石油の確認可採年数52.9年」は、52.9年したら石油がなくなるということを意味する訳ではありませんが、化石燃料が有限な資源であることには違いありませんので、貴重な資源であることを意識して大事に使用していく必要があります。

従来の自噴やポンプアップによって採取可能な石油・天然ガスを在来型資源と呼ぶのに対し、新しい採取技術によって得られるものを非在来型資源と称します。シェールガスやメタンハイドレート等の天然ガス資源が有名ですが、重質油・ビチューメン、シェールオイル等の石油系資源も非在来型資源に含まれます。これらの資源の採掘にはコストと技術がネックになっていましたが、2000年代の在来型資源の価格高騰と技術の進歩により、採算性が見合うようになり市場に登場し始めました**。IEA（国際エネルギー機関）は2011年６月、「天然ガスの黄金時代到来か？」と題するレポートの中で、世界的な天然ガス生産の増大と非在来型ガスの顕著な伸びにより、現在、120年とされる天然ガスの可採年数が非在来型を含めると250年になると予測しています***。このように化石燃料の可採年数は、新しい資源の発見と採掘技術の進歩によって、更に伸長する可能性があります。なお、2013年６月に日本が世界で初めて試掘に成功したメタンハイドレートは、日本近海に日本の天然ガス消費量の100年分が埋蔵されていると推定されています。しかし、実用化にはコストと技術的課題を克服する必要があるため、2023年以降の商業化を目指して技術開発が進められています****。

* http://www.enecho.meti.go.jp/about/whitepaper/2014pdf/whitepaper2014pdf_2_2.pdf

** http://oilgas-info.jogmec.go.jp/pdf/4/4778/1210_motomura.pdf

*** http://www.jogmec.go.jp/library/contents3_06.html

**** http://www.enecho.meti.go.jp/about/whitepaper/2015html/3-1-4.html

３－２　省エネルギーの取組状況

(1)　省エネルギーの位置付け

省エネルギーを略して「省エネ」といいます。当初は、石油や石炭、天然ガスなどの有限な化石燃料の枯渇を防止するため、エネルギーを効率よく使うことを主眼としていましたが、地球温暖化が顕在化した現在、地球温暖化防止の側面が強まっています。即ち、温室効果ガスの大部分を占めるエネルギー起源の二酸化炭素排出削減に向けた省エネの必要性が国際的に高まっています。

図３－３に示すとおり、省エネはどの国や地域においてもCO_2排出削減ポテンシャルの最も大きな取組と位置付けられています。世界を例にとると、2007年に比べて2030年におけるCO_2排出削減に寄与する割合は、省エネが57％、再生可能エネルギー（バイオ燃料を含む）が23％、原子力が10％、CCSが10％と推定されています。日本の場合には、データが東日本大震災前のものであることから、原子力の割合が省エネに次いで２番目になっています。いずれにしても、先進国から発展途上国に至るまで、地球温暖化への寄与が最も大きな二酸化炭素の排出を削減し得るポテンシャルの割合が最も高いものは、省エネであることが分かります。

図３－３　2030年におけるCO_2排出削減ポテンシャル（対2007年比）

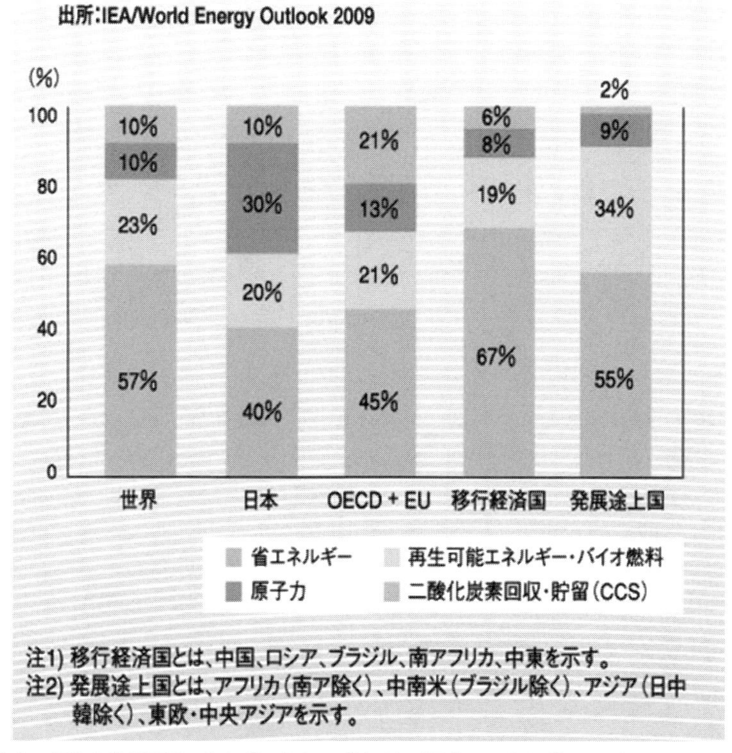

出典：経済産業省資源エネルギー庁ウェブサイト「日本のエネルギー2010」
http://www.enecho.meti.go.jp/category/others/tyousakouhou/kyouiku/panhu/pdf/energy2010.pdf

省エネについては、具体的にどのような二酸化炭素削減策が考えられているのでしょうか？IPCCの第５次評価報告書第３作業部会報告書＊2における緩和策においては、「エネルギー効率向上」、「エネルギー強度改善」という用語で省エネが表現されています。私たちの日常生活と関連の深い部門を中心に、ポイントを拾うと以下のようになります。省エネにおいては、消費者の行動やライフスタイルが鍵を握っていることがうかがえます。

① エネルギー需要部門においては、エネルギー需要を減らすための省エネ行動は重要な緩和である。行動、ライフスタイル、文化が、エネルギー消費・排出量に大きく影響し、技術進歩や社会構造変化が削減ポテンシャルを補う。例えば、消費パターンの変化（交通手段、家庭のエネルギー消費、寿命の長い製品の選択等）、食生活変化や食品廃棄物削減により大幅な排出削減が可能である。

② エネルギー供給部門においては、省エネが大幅に加速されない限り、直接CO_2排出量は、2010年の144億トンから、2050年にほぼ２倍～３倍まで増加する見込みである。発電の低炭素化が、450ppmシナリオの達成に欠かせない緩和戦略の要素である。

③ 輸送部門においては、旅客・貨物活動の世界的増加によるCO_2排出量増加は、燃料の改善（メタン由来の燃料、バイオ燃料）・省エネの推進（公共交通機関や自転車・徒歩利用を促す都市作り、モーダルシフト、単距離航空輸送に代わる高速鉄道）などの緩和策を部分的に打ち消す可能性がある。

④ 建設部門においては、先進国でのライフスタイル・文化・行動の変化によって、短期的には現状比最大20％、今世紀中頃までに最大50％のエネルギー需要削減を達成する可能性がある。建物・機器のライフサイクルの全段階に対処する省エネルギー政策（建築基準や機器性能基準の大幅な強化等）が、野心的な気候目標達成に向けた重要な要素となる。

⑤ 産業部門においては、省エネに加え、GHG排出・資源利用効率の改善、素材・製品のリサイクル・リユース等が排出削減に寄与する。長期的には、低炭素電源へのシフト、新たな産業プロセス、大胆な製品イノベーション（セメントの代替品等）、CCSが大幅な排出削減に寄与するであろう。

(2) 日本のエネルギー政策の変遷

温室効果ガスの原因にもなるエネルギーは、食料と共に国民生活や経済活動の基盤をなす物資であり、その安定供給はどの国にとっても政策の中心的課題です。特に、エネルギーの大部分を海外に依存している日本にとっては、世界情勢の悪化が安定供給に支障を来す場合があり、その典型的な事例として、オイルショック（石油危機。原油価格の高騰と供給削減）が挙げられます。オイルショック以降の日本のエネルギー政策の歩みは、図３－４のとおりまとめられています。

戦後の復興期（1945～1962年）に活躍した国内の石炭に代わって、高度経済成長期（1962～1972年）には、輸入石油が低廉かつ安定的なエネルギーと位置付けられ、国内石炭から輸入石油へとエネルギー転換が図られました。中東からの石油への依存度が高まる中、1970年代に二度の石油危機が起きました。第４次中東戦争を契機に1973年に発生した第１次石油危機は、当時石油依存度が７割を超えていた日本の国民生活及び経済に大きな衝撃を与えました。政府は危機に対処するため、消費節約運動の展開、石油・電力の使用節減等の行政指導を行うと共に、並行して石油の安定供給等に関する立法作業を進め、関連法を制定しました。また、国際協定を受けて、1975年に石油備蓄法を制定し、90日備蓄増強計画を策定・推進しました。第１次石油危機以降、エネルギー安定供給の確保への取組を進めていた日本は、イラン革命による第２次石油危機を経て省エネルギーの重要性を改めて認識することとなり、1979年に「エネルギーの使用の合理化に関する法律」（省エネ法）を制定・施行しました。技術開発については、1978年に「ムーンライト計画」がスタートし、エネルギー転換効率の向上、未利用エネルギーの回収・利用技術の開発などが進められました。一方、代替エネルギーによる石油依存度の低下を図るため、1980年に「石油代替エネルギーの開発及び導入の促進に関する法律」（代エネ法）が制定されました。日本は２度の石油危機を経験することにより、①石油の安定供給の確保、②石油代替エネルギーの開発導入の促進、③省エネルギーの推進を３つの柱とする総合エネルギー政策の体系を確立しました*[3]。

図３－４　日本のエネルギー政策の変遷

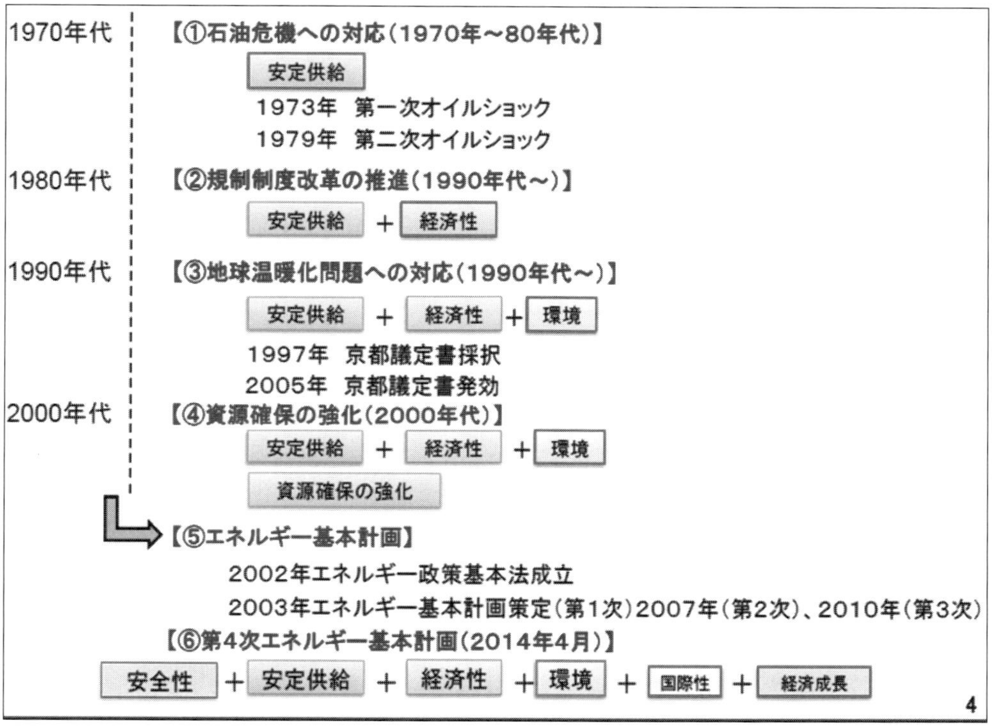

1970年代
【①石油危機への対応（1970年～80年代）】
安定供給
1973年　第一次オイルショック
1979年　第二次オイルショック
1980年代
【②規制制度改革の推進（1990年代～）】
安定供給 ＋ 経済性
1990年代
【③地球温暖化問題への対応（1990年代～）】
安定供給 ＋ 経済性 ＋ 環境
1997年　京都議定書採択
2005年　京都議定書発効
2000年代
【④資源確保の強化（2000年代）】
安定供給 ＋ 経済性 ＋ 環境
資源確保の強化
【⑤エネルギー基本計画】
2002年エネルギー政策基本法成立
2003年エネルギー基本計画策定（第1次）2007年（第2次）、2010年（第3次）
【⑥第4次エネルギー基本計画（2014年4月）】
安全性 ＋ 安定供給 ＋ 経済性 ＋ 環境 ＋ 国際性 ＋ 経済成長
4

出典：経済産業省資源エネルギー庁ウェブサイト「エネルギー白書2014」
http://www.enecho.meti.go.jp/about/whitepaper/2014html/3-1.html

近年、エネルギー政策の新たな課題として、エネルギー起源の二酸化炭素の排出等に起因する地球温暖化問題への対応が浮上してきました。図３－４に示された通り、1990年代に「安定供給」と「経済性」に加えて、「環境適合性」という視点が必要とされるようになりました。1997年に、先進国の温室効果ガスの削減を約束した京都議定書が採択され、参加各国は目標達成に向けた温室効果ガス削減に取り組みました。この中で、日本は、省エネ法の改正、新エネ法の制定、地球温暖化対策推進法の制定・改正、地球温暖化対策推進大綱の策定等により、対策・施策を進めてきました。既に学んだとおり、日本は第一約束期間（2008～2012年）における基準年比６％削減の目標を達成しました*[4]。

2002年に制定されたエネルギー政策基本法に基づき、エネルギー政策の基本的な方向性を示すため、数年ごとにエネルギー基本計画が政府によって策定されてきました。東日本大震災前の2010年に策定された第３次エネルギー基本計画においては、「エネルギー政策の基本である3E（エネルギーセキュリティ Energy security、温暖化対策（環境との調和 Environment)、効率的な供給（経済効率性 Economic efficiency))」を基本的視点として、「①エネルギー自給率（現状18％）及び化石燃料の自主開発比率（現状約26％）を倍増し、自主エネルギー比率を現状の38％から70％程度（OECD諸国の平均値）まで向上する、②ゼロ・エミッション電源（原子力及び再生可能エネルギー由来）の比率を現状の34％から約70％に引き上げる」等、2030年度までの目標が示されました[*5]。

2011年３月の東日本大震災以降、原子力発電に対する国民の不安感の増長と信頼性の喪失を踏まえて、図３－５に示した現状認識の下、第４次エネルギー基本計画[*6]が2014年４月に策定されました。

第４次基本計画においては、基本的視点に「安全性」が加えられ、日本のエネルギー政策の視点は「3E＋S」になりました。しかし、第４次基本計画では、第３次基本計画に見られたような定量的な数値（例えば、電源構成における再生可能エネルギーや原子力発電の比率等）が示されておらず、省エネの目標や二酸化炭素の削減目標も明らかにされませんでした。

図３－５　日本のエネルギー政策の現状

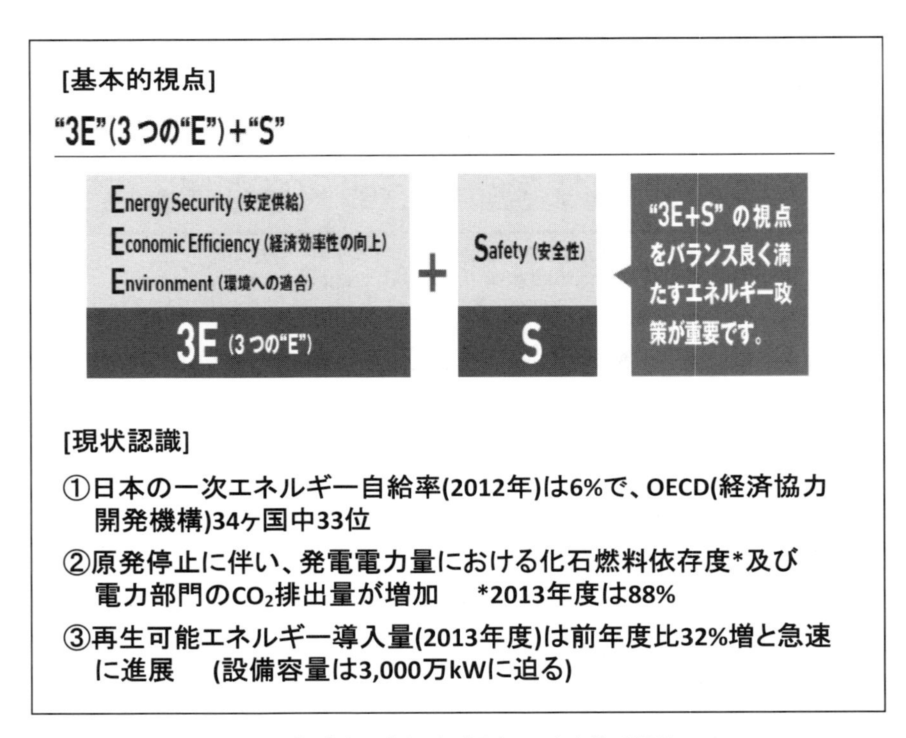

経済産業省資源エネルギー庁ウェブサイト「日本のエネルギー2014」
http://www.enecho.meti.go.jp/about/pamphlet/pdf/energy_in_japan2014.pdf
を基に作成

(3) 日本の省エネ政策

日本の省エネ政策は、地球温暖化防止対策として開始された訳ではなく、1970年代に二度起きた石油危機が契機となっています。当時の一次エネルギーの大宗は石油であり、その依存度が中東中心であったことから、中東で起きた二度の騒乱によって石油製品の価格が急騰し、いわゆる「トイレットペーパー騒ぎ（石油が不足し、トイレットペーパーの入手が困難になるという噂が広まり、人々が小売店等に殺到し争奪戦を繰り広げた事案）」を引き起こしました。エネルギーが断たれると日常生活に影響が出るというリスクを国民が強く意識することとなり、危機を契機に「エネルギーは貴重であり、大切に使わなければいけない。」という機運が芽生えました。このような背景の下、日本政府は1979年に省エネ法を制定し、部門別に効果的な省エネ政策を展開してきました。当初は産業部門の省エネにウェイトが置かれていましたが、次第に運輸部門や民生部門に軸足が移っていきました。省エネ法に基づく様々な仕組みのうち、最も注目される取組はCOP3を受けて1998年に設定された「トップランナー基準・制度」です。現在の省エネはエネルギー安定供給確保と地球温暖化防止の両面の意義をもっているとされていますが、このころから地球温暖化防止のウェイトが高まりました。

京都議定書における第1約束期間開始の前々年2006年における日本の二酸化炭素の部門別排出量*7、産業部門（対基準年比4.6％減）で減少した一方、運輸部門（同12.7％増）、業務部門（同39.5％増）、家庭部門（同30.0％増）で増加という状況にあったことから、2008年の省エネ法改正によって、業務・家庭部門（民生部門）における省エネの強化が図られました。

1970年代の石油危機以降、精力的な省エネへの取組を行った結果、日本は、1979年から2009年までの30年間にエネルギー効率（実質GDP当たり一次エネルギー消費量、単位：石油換算百万トン/兆円）が約33％改善し、世界最高水準のエネルギー効率を実現しました。「エネルギー白書2014」*1には、「一次エネルギー供給量（石油換算トン）/実質GDP（米ドル、2005年基準）」を指標とした2011年における主要国との比較で、日本はイギリスに続いてドイツと並ぶ第2位となっています。日本は米国、中国に次ぐ世界第3位の経済大国ですが、日本の指標を1.0とした場合、米国は1.7、中国（含む、香港）は6.2であり、エネルギー効率に優れた日本の経済活動が裏付けられています。

第4次エネルギー基本計画*6において、地球温暖化対策に最も寄与すると考えられる省エネに関しては、これまで推進してきた「部門ごとの省エネの取組を一層加速するために、目標となる指標を速やかに策定する」とされています。例えば、業務・家庭部門の省エネに関しては、建築物・住宅の省エネ化を眼目に、断熱材や高性能な窓等をトップランナー制度の対象としたり、LED照明の普及を促進したり、といった施策が行われてきましたが、今後は、2020年までに、高断熱・高気密化や高効率空調機、全熱交換器、人感センサー付LED照明等の省エネルギー技術の導入により、新築公共建築物でネット・ゼロ・エネルギー・ビル（ZEB）を実現し、標準的な新築住宅でネット・ゼロ・エネルギー・ハウス（ZEH）を目指すという方向性が示されています。

また、経済産業省資源エネルギー庁は2015年７月に発表した「長期エネルギー需給見通し」*8において、今後目指すべき日本の「省エネ」の目標に関し、“最終エネルギー消費で5,030万kL程度（原油換算量、以下同様）の省エネルギーの実施（図３－６）によって、2030年度にかけて35％の大幅なエネルギー効率（エネルギー効率＝最終エネルギー消費量/実質GDP）の改善の実現を目指す”としています。これらの数値は、技術的にも可能で現実的な省エネルギー対策として考えられ得るものをそれぞれ積み上げて算出されています。例えば、業務・家庭部門における省エネについては、建築物・住宅に対する省エネ基準の義務化、LED等高効率照明の普及、HEMS（ホーム・エネルギー・マネジメント・システム）等の活用、国民運動の推進等によって、2,386万kL程度の省エネが可能と見込まれています。また、運輸部門においては、次世代自動車の普及・燃費改善等により1,607万kL程度の省エネが期待されています（図12－３）。

図３－６　2030年度のエネルギー需要の見通し（日本）

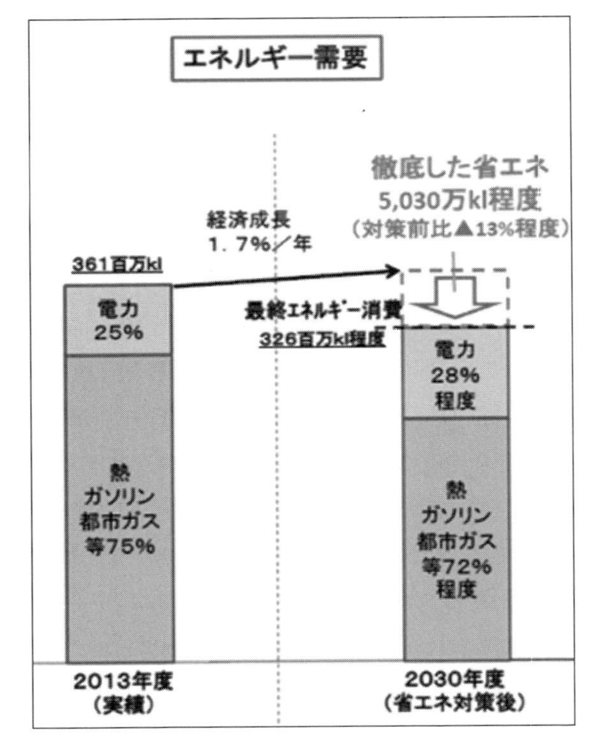

出典：経済産業省資源エネルギー庁ウェブサイト「長期エネルギー見通し関連資料」
http://www.enecho.meti.go.jp/committee/council/basic_policy_subcommittee/mitoshi/pdf/report_02.pdf

3－3　日本の業務・家庭部門における省エネルギー

(1)　長期優良住宅と省エネルギー

前述したように、IPCCの第５次評価報告書[*2]には、“先進国では、建設部門におけるライフスタイル・文化・行動の変化によって、短期的には現状比最大20％、今世紀中頃までに最大50％のエネルギー需要削減を達成する可能性がある。“旨、記されています。また、日本の第４次エネルギー基本計画、長期エネルギー需要見通しにおいても、建築物・住宅の省エネルギー政策が具体的に方向付けされています。そこで、ZEHやHEMSといった新しい用語も含めて、住宅政策の現状と将来展望を学ぶことは、地球温暖化対策を講じる上でも意義があることと考えられます。

国土交通省のパンフレット「長持ち住宅の手引き」[*9]によれば、日本では、取り壊される住宅の平均築年数は約30年で、米国の約55年、英国の約77年に比べると著しく短い現状にあります。日本の住宅が長持ちしない要因として、「住宅を購入するとしたら、新築が良い」という国民の根強い新築志向があります。これまでの日本は、順調に経済成長を遂げてきましたが、今後は人口減・世帯数減に伴う成熟社会の到来により、従来の右肩上がりの成長は望めそうにありません。住宅についても可能な限り長く使うという考え方が求められます。また、地球温暖化対策につながる住宅の省エネや住宅の取り壊しによる建築廃材の排出削減は、低炭素社会や循環型社会の形成にも寄与します。

このような社会情勢を背景に、日本では省資源・長寿命住宅の必要性が高まり、2008年に「長期優良住宅の普及の促進に関する法律」が制定されました。長期優良住宅とは、「長期にわたり良好な状態で使用するための措置が講じられた住宅」のことです。住宅を長持ちさせるための要件として、①耐震性（大地震に強い）、②耐久性（100年近くもつ）、③維持管理容易性（メンテナンスし易い）、④可変性（間取りを変えやすい）が、また、長持ちする住宅に求められる要件として、①省エネルギー、②バリアフリー、③住環境への配慮が、例示されます。住宅面積が条件を満たし、長期優良住宅の要件に基づく建築計画の認定を申請して認められると、最長50年の長期住宅ローンが組めるほか、税制上の優遇措置も受けられます。このように消費者にとって有利な制度であるため、長期優良住宅の建築計画の認定数は2009年以来順調に推移し、2015年12月末までの累計（一戸建て住宅及び共同住宅）で約67万1,000件に達しています[*10]。なお、長期優良住宅の対象は新築に限られていましたが、2013年度の補正予算から中古住宅のリフォームにも適用が拡大され、2014年度から本格的に始動しています。

住宅を長持ちさせると、①住居費の負担が軽減する、②住宅が資産になる、③環境への負荷が低減する、というメリットが生じると考えられています。③の「住宅を長持ちさせると環境負荷が低減する」ということに関し、パンフレット[*9]には、①住宅・建築部門のCO_2排出量がエネルギー起源CO_2排出量の1/3を占め、年々増加していること、②住宅解体に伴って産業廃棄物が大量に排出されていること、③資源の無駄遣いが低減できること、が挙げられています。先ず、②の廃棄物については、2005年度の産業廃棄物の総量は4億2,200万トンで、その内建設業は18.0％占めています。建設業の廃棄物7,700万トンの中では、公共土木関係の廃棄物が最も多く、それに次いで多いのが住宅関係の廃棄物で1,720万トンを占めます。これまで30年だった住宅の寿命が、今後は100年まで伸びると仮定すると住宅関係の廃棄物の量は、1/3以下の約600万トン弱で済むことになります。従って、「環境負荷の低減」が定量的に理解できます。また、③についても、同様に長寿命化によって1/3以下の資源投入で済むことになります。

省エネにも繋がる①のCO_2排出量については、比較的新しい2014年度のデータ*[11]に基づくと、温室効果ガスの総排出量13億6,400万トン（前年度比－3.1％、2005年度比－2.4％、1990年度比＋7.3％）の内、二酸化炭素の排出量は12億6,500万トンでした。この内、エネルギー起源二酸化炭素の排出量は11億8,900万トンであり、業務その他部門が2億6,100万トンで21.9％、家庭部門が1億9,200万トンで16.1％を占めており、両部門とも2005年度に比べて大きく増加しています。一方、産業部門、運輸部門の割合は減少していますので、業務その他部門及び家庭部門における省エネの推進が求められます。住宅を長持ちさせると家庭部門及び業務その他部門の二酸化炭素排出量がどの程度削減されることになるかの試算は見当たりませんが、長期優良住宅の要件の一つに省エネルギー対策（「必要な断熱性能等の省エネルギー性能が確保されていること」）がありますから、長持ちする住宅の志向は、断熱等の省エネによるエネルギー起源CO_2排出量の削減効果をもたらすことが期待されます。

(2) 省エネ住宅とネット・ゼロ・エネルギー・ハウス（ZEH）

経済産業省資源エネルギー庁のウェブサイト*[12]には、住宅そのものを省エネ住宅にする「住宅による省エネ」として、「断熱」（特に冬）、「日射遮蔽」（特に夏）、「気密」3つのポイントを掲げています。日本の家庭のエネルギー消費では、冷暖房が約30％を占めていますので、冷暖房のエネルギー消費を抑えることが肝要です。夏は室外の熱気を室内に入れないこと、冬には室内の暖気を逃がさないことによって、冷暖房のエネルギー消費を抑えることができます。そのために重要なのが「断熱」であり、他に冬のすきま風を防ぐ「気密」、夏に熱の侵入を防ぐ「日射遮蔽」があります。「断熱」とは、壁、床、屋根、窓などを通しての住宅の内外の熱の移動を少なくすることです。手段としては、住宅の外気に接している部分（床・外壁・天井又は屋根）は断熱材で包み、窓には、木やプラスチックでできた断熱サッシを使ったり、ペアガラスを入れたりすることが挙げられます。「気密」とは、隙間を通しての空気の出入りによる熱の移動を少なくすることですので、窓等の隙間を減らすことが気密対策になります。「日射遮蔽」とは、夏の室温の上昇を抑えるために日射を遮蔽し、外部からの日射熱を防ぐことです。手段としては、家の外壁に高反射性・遮熱塗料を塗ったり、窓用の日射遮蔽フィルムを貼ったりすることが挙げられます。住宅の構造とは直接関係しませんが、昔ながらのすだれやよしず、ゴーヤやヘチマ等による「緑のカーテン」等の活用も侮れません。

2008年7月に、地球温暖化対策を主要な議題とした「北海道洞爺湖サミット」が開催されました。経済産業省と（独）新エネルギー・産業技術総合開発機構と（独）産業技術総合研究所は共同で、日本の優れたエネルギー・環境技術を発信するため、国際メディアセンター（IMC）の隣接地に、太陽光発電、燃料電池、有機EL照明等の先端技術を備えた住宅『ゼロエミッションハウス』を設置し、内外報道関係者等に対する展示を行いました。ゼロエミッションハウスは、エネルギーを全て自然エネルギーでまかなうとともに、「新エネルギー技術」、「省エネルギー技術」、「環境技術」の3つの技術を集結した、美しい日本の伝統と未来の革新技術を融合した近未来型エコ住宅であり、実質的に二酸化炭素を排出しない住宅です*13。ゼロエミッションハウスの展示は、約8年前のことですが、当時から見ると近未来に当たる今日、それぞれの設備や技術がどの程度実現されたか比べることによって、次の近未来がイメージできるように思われます。

経済産業省は、ゼロエミッションハウスの延長とも言える「ネット・ゼロ・エネルギー・ハウス（ZEH）」の支援事業を2012年度から推進しています。ZEHは、「省エネに加え、太陽光発電などによりエネルギーを生み出すこと（創エネ）で、住宅の年間のエネルギー消費量が正味（ネット）でゼロとなる住宅」*14を指します。ZEHの推進事業は、第4次エネルギー基本計画の「2020年までに標準的な新築住宅で、2030年までに新築住宅の平均でZEHの実現を目指す」との方針に合致するものです。また、新築の住宅や店舗などの建築物における一層の省エネを図るため、経済産業省は、新築の建築物について、省エネルギー基準の適合を義務化する方針を固め、具体的な制度を順次整えつつ、2020年までに段階的に義務化を進めていくことになりました。*15。

(3) スマートハウスとスマートコミュニティ

国や企業が、スマートハウスの実用化に取り組むようになったのは2000年頃で、主な目的は地球温暖化対策でした。政府の掲げたスマートハウスの普及促進の下、住宅、電機、IT、自動車などの業界が実証実験などを進めてきました。当時、消費者の注目はそれほどでもありませんでしたが、東日本大震災後に問題となった電力需給のひっ迫が契機となって、電力消費を効率化でき、単独でも電力を賄えるスマートハウスに一気に消費者の関心が高まりました。

スマートハウスとは、図3－7に見られるように、ICT（情報通信技術）を駆使して家庭内のエネルギー消費を最適に制御した住宅であり、具体的には、太陽光発電システムや蓄電池などのエネルギー機器、家電、住宅機器などをコントロールし、エネルギーマネジメントを行うことで、CO_2排出の削減を実現する創エネ・省エネ住宅のことを指します。スマートハウスの中核技術はホーム・エネルギー・マネジメント・システム（HEMS）であり、HEMSにより最適化されたエコ住宅がスマートハウス（＝賢い住宅）と言えそうです。スマートハウスは、スマートシティ（スマートコミュニティ）の最小単位としても注目されています。

図３－７　スマートハウスのイメージ

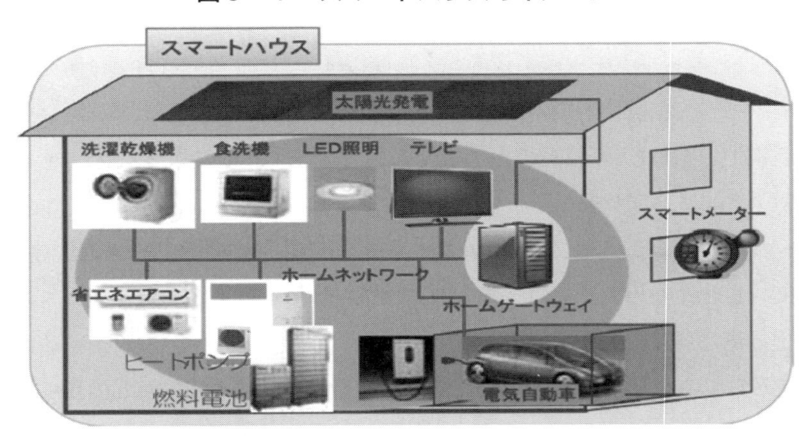

スマートハウスイメージ（経済産業省ホームページより抜粋）
http://www.meti.go.jp/policy/energy_environment/smart_community/

経済産業省ウェブサイト「スマートコミュニティフォーラムにおける論点と提案
～新しい生活、新しい街づくりへの挑戦～」（平成22年６月15日フォーラム事務局）
http://www.meti.go.jp/report/downloadfiles/g100615a01j.pdf より抜粋

「NEDO再生可能エネルギー技術白書」[*16]では、スマートコミュニティを、「進化する情報通信技術（ICT）を活用しながら、再生可能エネルギーの導入を促進しつつ、交通システムや家庭、オフィスビル、工場、ひいては社会全体のスマート化を目指した、住民参加型の新たなコミュニティ」と定義しています。スマートシティは、ICTを駆使して電力の需給を最適化するスマートグリッド（次世代送電網）を基盤として、太陽光等で発電したり、蓄電池に電気をためて複数の区画に融通し合えたりできる、エネルギー効率の高い環境型都市（地域）ということができます。各戸に付けられたスマートメーターを通して、各戸の電力消費の情報が随時電力会社に送られることによって、電力会社は次世代送電網（スマートグリッド）を利用して、その時々で最も余裕のある電気（例えば、晴れた昼間であれば太陽光発電による電気）を優先して必要な分だけ送ることができます。電力の需要と供給をリアルタイムに調整して送配電網の効率を最適化できるため、電力の無駄を最小化できることになります。新聞報道によれば、2014年７月に千葉県柏市に日本で最初のスマートシティが始動しました。中心街区と商業施設には太陽電池のほか、一般的な家庭用蓄電池の３千倍にあたる容量の蓄電池が設置されていて、余裕があるときに電気をためて、平日はオフィス、休日は商業施設、災害時は住宅など、必要な施設に効率的に電気を送ることができるようです。こうした仕組みで使う電気を最大使用時で26％減らせるほか、災害時に電力会社からの電力供給が止まっても、スマートグリッドによって街への電力が供給できるそうです。

スマートハウスの中核技術はHEMSであり、HEMSのデータを電力会社に送る役割を担うのがスマートメーターです。スマートメーターは、通信機能を備えた電力メーターで、電力会社と需要者の間をつないで電力使用量などのデータをやり取りしたり、需要先の家電製品などと接続してそれを制御したりすることができるメーターであり、再生可能エネルギー活用の要として注目されるスマートグリッド（次世代送電網）を整備・構築していく上で、送電網や配電網の自動化と共に必要不可欠のものとされています。これまでは、各家庭がどれだけ電力を使ったかを把握できる方法は、月に１回の検針だけでしたが、通信機能のあるスマートメーターがあれば、電力の利用状況がすぐに確認できるようになるため、家庭等においてもきめ細かい節電ができるようになります。特に、ピーク時間帯を意識して節電に取り組めば、全体の電力需給の調整にも貢献することができます。このように、節電・省エネにおいて大きな役割を担うスマートメーターの設置については、第４次エネルギー基本計画*[6]のp36に、“2020年代早期に、スマートメーターを全世帯・全事業所に導入するとともに、電力システム改革による小売事業の自由化によって、より効果のある多様な電気料金設定が行われることで、ピーク時間帯の電力需要を有意に抑制することが可能となる環境を実現する。”と記述されています。大手電力会社10社は、2024年度末までに全ての家庭にスマートメーターを設置する計画であり、東京電力は2020年度末までの設置を目指しています。

⑷　家庭生活における省エネルギー

近年の省エネは地球温暖化防止にウェイトが置かれていますので、家庭における省エネを実践するときにも、先ず、エネルギー消費に伴う二酸化炭素の排出実態を把握して、見える化する必要があります。図３－８は、2012年の日本の家庭における１世帯当たりの年間二酸化炭素排出量を、燃料の種類別に示したものです。二酸化炭素の年間排出量は5,720kgであり、電気がその50.8％を占めます。家庭のコンセントから二酸化炭素が発生している訳ではなく、電気からの二酸化炭素排出量は、火力発電所で発電時に排出される二酸化炭素の量として、消費電力量（kWh）にCO_2排出換算係数（kg-CO_2/kWh）を掛けて算出されるのです。東日本大震災以降は原発が停止し、代わりに天然ガスを主体とした火力発電で賄われていますので、おのずからCO_2排出換算係数は増大しています。因みに、経済産業省資源エネルギー庁のウェブサイト*[17]では、例えば「CO_2排出換算係数：電気0.487kg-CO_2/kWh（出所：電気事業における環境行動計画2013　電気事業連合会）」のようにCO_2排出換算係数が明示されています。

図３－８　家庭からの二酸化炭素排出量―燃料種別内訳―

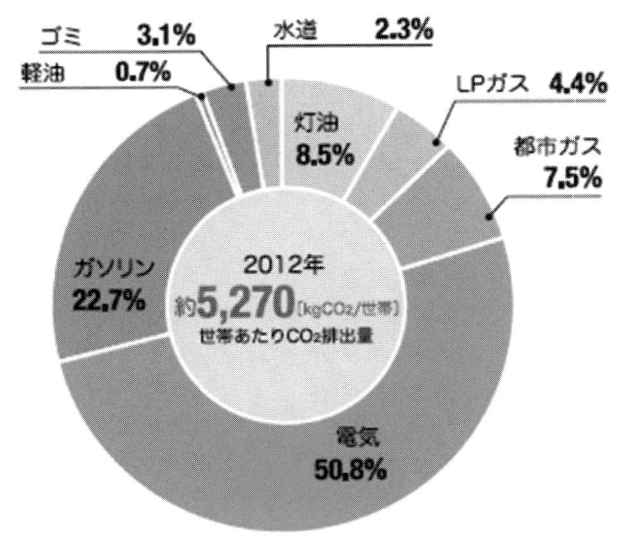

出典：経済産業省資源エネルギー庁ウェブサイト「省エネ性能カタログ2014年冬版」
http://www.enecho.meti.go.jp/category/saving_and_new/saving/general/more/pdf/winter2014.pdf

家庭における省エネのポイント*9は、地域・世帯人数・住宅の種類等により異なりますが、共通項として、①家電製品や車は省エネ型のものを選ぶ、②住宅は断熱や遮光等に配慮する、③車の利用を控え、エコドライブを心がける、④省エネナビやHEMS（ホームエネルギーマネージメントシステム）を活用してエネルギー消費を見える化する、⑤無駄な電気の使用をやめ、コンセントをこまめに抜く等により節電する、等が挙げられます。これらの省エネの取組が効果を上げるためには、たゆみない技術開発と時宜にかなった仕組み作りが欠かせません。

1998年に、特に民生・運輸部門のエネルギー消費の増加を抑えるため省エネ法が改正され、エネルギーを多く使用する機器ごとに省エネルギー性能の向上を促すための目標基準（「トップランナー基準」）が設けられました。トップランナー方式の対象となる特定機器（エネルギー多消費機器のうち省エネ法で指定するもの）は、３要件（①我が国において大量に使用される機械器具であること、②その使用に際し相当量のエネルギーを消費する機械器具であること、③その機械器具に係るエネルギー消費効率の向上を図ることが特に必要なものであること）を満たすものと定められており、自動車・家電製品・事務機器等28機器が該当します。

2000年８月には「省エネラベリング制度」が日本工業規格（JIS）によって導入されました。この制度は、家庭で使用される製品を中心に、トップランナー基準を達成しているかどうかを製造事業者等がラベル（「省エネラベル」）に表示するもので、消費者が製品を選ぶ際の省エネ性能の比較等に役立ちます。

2006年４月に施行された改正省エネ法によって、小売事業者の情報提供の取組（「小売事業者表示制度」）である「統一省エネラベル」が規定されました。製品個々の省エネ性能を表す省エネラベリング制度、市販されている製品の中で相対的にその製品の性能を位置づけた多段階評価制度、年間の目安電気料金（または目安燃料使用量）等の表示制度から成り、図３－９のようなラベルが製品本体またはその近くに表示されます。なお、「統一省エネラベル」が表示される製品はエアコン、電気冷蔵庫、テレビ、電気便座、照明器具（蛍光灯器具のうち家庭用に限る）の５製品に限られていますが、その他の機器についても、省エネラベルや年間の目安電気料金（ガス調理機器、ガス石油温水機器については年間の目安燃料使用量）の情報を、店舗独自の様式の簡易版ラベルなどで表示することになっています。

図３－９　統一省エネラベルの例（電気冷蔵庫）

出典：経済産業省資源エネルギー庁ウェブサイト「小売事業者表示制度」
http://www.enecho.meti.go.jp/category/saving_and_new/saving/data/retailers.pdf

コラム　エコな住宅

地球環境問題が顕在化している状況下、これからは、環境にやさしい「エコな住宅」に住むことによって、多少なりとも地球環境の保全に貢献することも念頭に置く必要があると考えます。ここでは、朝日新聞に連載された「エコな住宅」をかいつまんで紹介します。①「原子力や化石燃料になるべく頼らず、自然エネルギーを取り入れた暮らし」を実現した住宅があります。琵琶湖のそばに落葉樹に囲まれて建っているこの住宅は、夏には涼しい風が吹き抜け、落葉樹が日差しを遮り、冬にはペアガラスで気密性を保持した部屋に、葉を落とした太陽の光と熱が入るように立地されています。また、照明の大半にLEDが使われ、南側の屋根には太陽光発電パネルのほか、太陽熱を利用する温水器も備えています。冷暖房には温度が年中一定している地下14mの地下水熱を熱交換器で回収し、床下から送風するシステムが採用されています。このような地域特性に応じたエコハウスのモデル事業が環境省によって進められており、全国に20棟が建てられています*。②日本の家庭のエネルギー消費では、冷暖房が約30％を占めており、冷暖房のエネルギー消費を抑えることが効果的であることは既に学びました。夏の冷房時に室内に入る熱の73％、冬の暖房時に室内から逃げ出す熱の58％が窓を経由するそうですから、窓の断熱性能は特に重要です。ポイントは、サッシとガラスとの組み合わせで、サッシは熱を通しにくいプラスチックや木製の製品、ガラスはペアガラスにすると良いとされています。③太陽光発電のパネルを設置すれば、地球温暖化の原因となる二酸化炭素を出さずに電気をつくることができます。太陽光発電協会によると、容量1kWの太陽電池は条件で異なりますが年間1,000kWhほどの電力を生みます。一般住宅に平均的な4kWのシステムなら、家庭の標準的な消費電力量（5,650kWh）の7割をまかなうことができますし、余った場合は電力会社に買い取ってもらうこともできます。④エコな家づくりには、建物そのものに加え、家電製品など設備の省エネ化も大切です。夏の日中の消費電力の6割はエアコンが占めますので、使用を控え設定温度を28℃以上にすると共に、「統一省エネルギーラベル」等をチェックして省エネが進んだ最新型のエアコンを購入する等も効果的です。年間を通じ、家庭で最も電力を使うのは冷蔵庫で全電力消費量の14％を占めますが、最新の製品は10年前と比べて65％も省エネになっていますので、買い替え時には積極的にエコ商品を選ぶと省エネにつながります。エコな住宅には出費を伴いますが、地球家族の一員になった気分になれれば、充実感を味わえることと思います。

* http://www.env.go.jp/policy/ecohouse/introduction/index.html

コラム　省エネ行動とCO_2削減効果

家庭部門における省エネの効果は、一人ひとりの問題意識と不断の努力に委ねられます。経済産業省資源エネルギー庁のウェブサイトの「家庭の省エネ百科」*（データは、（一財）省エネルギーセンターの実測値が使用されており、居住地域・住宅などにより異なる）に掲載されている「省エネ行動と省エネ効果（CO_2削減量）」の例をいくつか抜粋してみましょう。

① エアコン（9時間/日の運転）の場合、冷房期間3.6ヶ月で設定温度を27℃から28℃にするとCO_2削減量は14.7kg、暖房期間5.5ヶ月で設定温度を21℃から20℃にするとCO_2削減量は25.9kgです。

② 照明の場合、54Wの白熱電球から9Wの電球形LEDランプに交換するとCO_2削減量は43.8kgです。

③　液晶テレビ（32V型）の場合、1日1時間テレビを見る時間を減らすとCO_2削減量は8.2kg、パソコン（デスクトップ型）の場合、1日1時間使用時間を減らすとCO_2削減量は15.4kgです。

④　冷蔵庫の場合、設定温度を「強」から「中」にすることによって30.1kg、壁から適切な間隔で設置することによって22.0kg、物を詰め過ぎないことによって21.3kgのCO_2削減につながります。

⑤　電気ポットの使用時に、ポットに満タンの水2.2Lを入れ沸騰させ、1.2Lを使用後、㋐6時間保温状態にした場合と、㋑プラグを抜いて保温しないで再沸騰させて使用した場合を比較すると、㋑は㋐よりCO_2が52.3kg削減されます。

⑥　入浴のときに、㋐2時間放置により4.5℃低下した湯（200L）を追い焚きする場合（1回/日）と、㋑間隔を空けずに入る場合を比較すると、㋑は㋐よりCO_2が87.0kg削減されます。

⑦　自家用車の場合、「eスタート」で194.0kgのCO_2削減等、エコドライブの実践によって大幅な燃費向上が可能です。また、移動手段については、公共交通機関の利用や低公害車の活用が省エネに有効です。

省エネは、一つのことだけを実行すれば十分と思わずに、一人ひとりがあらゆる場面で敏感に意識し、省エネ行動を積み重ねていくことが大切です。因みに、上記のCO_2削減量を全て足した約500kgを1年間1世帯当たりのCO_2削減量と仮定すると、日本の全世帯（総世帯数：5,558万世帯（出所：住民基本台帳に基づく人口・人口動態及び世帯数（平成25年3月31日現在））**で実践した場合、約2,800万トンのCO_2削減につながります。この削減量は、2013年度における日本の温室効果ガス総排出量の約2％に相当します。

* http://www.enecho.meti.go.jp/about/pamphlet/pdf/katei_hyakka.pdf

** http://www.enecho.meti.go.jp/category/saving_and_new/saving/general/index.html

〈参考資料〉

*1　http://www.enecho.meti.go.jp/about/whitepaper/

*2　http://www.env.go.jp/earth/ipcc/5th/index.html

*3　http://www.enecho.meti.go.jp/about/whitepaper/2005html/0-2.html

*4　http://www.env.go.jp/press/press.php?serial=18353

*5　http://www.meti.go.jp/committee/summary/0004657/energy.html

*6　http://www.enecho.meti.go.jp/category/others/basic_plan/#head

*7　http://www.env.go.jp/earth/ondanka/stop2008/full.pdf

*8　http://www.enecho.meti.go.jp/category/others/basic_plan/#energy_mix

*9　http://www.mlit.go.jp/jutakukentiku/house/tebiki.pdf

*10　http://www.mlit.go.jp/report/press/house04_hh_000650.html

*11 http://www.env.go.jp/earth/ondanka/ghg/2013sokuho.pdf

*12 http://www.enecho.meti.go.jp/category/saving_and_new/saving/general/housing/

*13 http://www.nedo.go.jp/news/press/AA5_0507A.html

*14 http://www.meti.go.jp/press/2013/01/20140120003/20140120003.html

*15 http://www.enecho.meti.go.jp/category/saving_and_new/saving/pdf/2016_03_shoueneseisaku_juutaku.pdf#

*16 http://www.nedo.go.jp/content/100544825.pdf

*17 http://www.enecho.meti.go.jp/category/saving_and_new/saving/general/

4．再生可能エネルギーの導入と普及

4－1　再生可能エネルギーの位置付け

図3－3に示したとおり、省エネに次いでCO_2排出削減ポテンシャルの大きな取組は「再生可能エネルギー」です。「再生可能エネルギー」とは、「自然エネルギー」とほぼ同義であり、自然のプロセス由来で絶えず補給される太陽、風力、バイオマス、地熱、水力等から生成されるエネルギーを言います。①枯渇しない、②二酸化炭素の排出が少ない、③国産エネルギーである、という長所に対し、④コストが高い、⑤供給できるエネルギー量が少ない、⑥太陽光や風力などは自然条件に左右され出力が不安定である、という短所を有します。

図4－1には、日本における再生可能エネルギーの位置が示されています。石油および石油代替エネルギー（石炭、天然ガス、原子力）、ならびに再生可能エネルギーの内の水力発電、地熱発電は、経済性があって十分普及しているエネルギーと位置付けられています。なお、石油、石炭、天然ガスはまとめて「化石燃料」と称しますが、ウランという鉱物資源を利用する原子力は「化石燃料」には含まれませんので、注意が必要です。

図4－1　再生可能エネルギーと新エネルギー

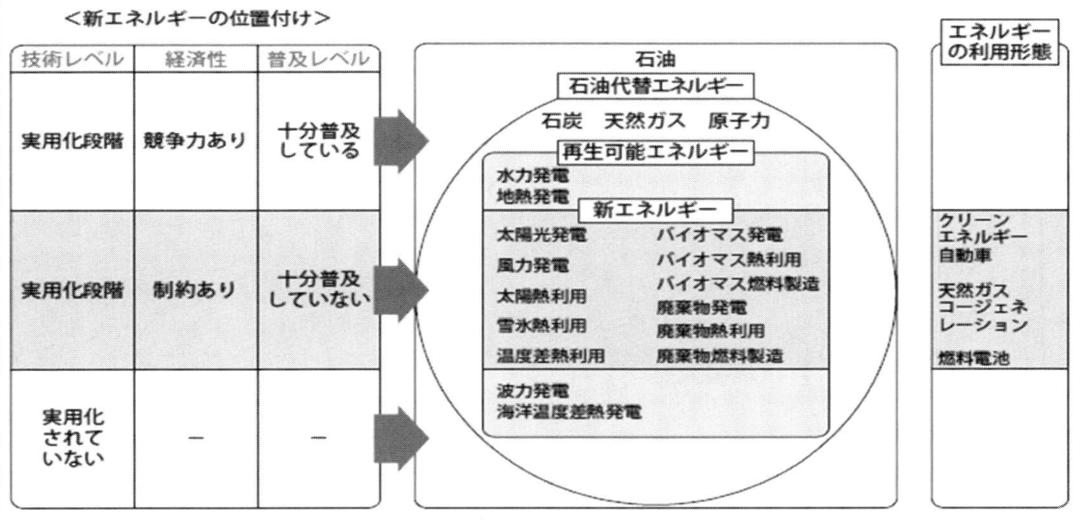

出典：経済産業省資源エネルギー庁ウェブサイト「エネルギー白書2006年版」
http://www.enecho.meti.go.jp/about/whitepaper/2006pdf/whitepaper2006pdf_4_sekiyuizon_teigen.pdf

再生可能エネルギーの内、経済的な制約があり、普及に時間を要するものは「新エネルギー」と呼ばれます。新エネルギーは、1997年に制定された「新エネルギー利用等の促進に関する特別措置法（新エネルギー法）」で、「技術的に実用段階に達しつつあるが、経済性の面での制約から普及が十分でないもので、非化石エネルギーの導入を図るために必要なもの」と位置付けられており、再生可能エネルギーでは、太陽光発電、風力発電、バイオマス発電など、図4－1に示された11項目のエネルギーが掲げられています。また、クリーンエネルギー自動車、天然ガスコージェネレーション、燃料電池は、「新エネルギー」には指定されていませんが、従来型エネルギーの新しい利用形態として、位置付けられています。なお、再生可能エネルギーのうち、実用化に長期的な技術開発を要するもの（新エネルギーに該当しないもの）として、波力発電、海洋温度差発電が例示されています。

東日本大震災後、原子力に代わる低炭素エネルギーとして再生可能エネルギーが注目されています。図4－2には、各国の全発電量に占める再生可能エネルギーの発電量の割合が示されていますが、再生可能エネルギーの先進国であるドイツにおいては約22%程度を占めており、原子力を上回っています。一方、日本における再生可能エネルギーの発電量の割合は2013年度で約10%ですが、その大半は水力発電によるものであり、水力を除いた再生可能エネルギーの発電量に占める割合は2.2%に過ぎません。東日本大震災前の原子力発電の割合は約30%でしたから、再生可能エネルギーが原子力にとって代わるためには、大幅な発電設備の設置と送電網の整備が急務になります。

図4－2　発電電力量に占める再生可能エネルギーの割合の国際比較

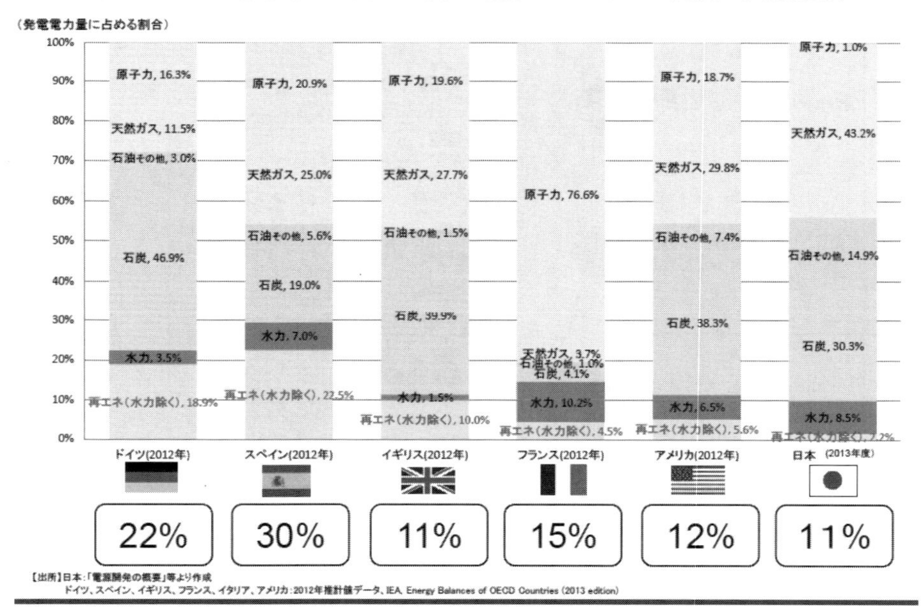

出典：経済産業省資源エネルギー庁ウェブサイト「再生可能エネルギーを巡る現状と課題」（平成26年6月17日）
http://www.meti.go.jp/committee/sougouenergy/shoene_shinene/shin_ene/pdf/001_03_00.pdf

表４－１は、経済産業省資源エネルギー庁の資料「エネルギー基本計画の概要」[*1]を参考に、第４次エネルギー基本計画における各エネルギー源の位置付け及び政策の方向性を概略的にまとめたものです。

表４－１　エネルギー基本計画における各エネルギーの位置付けと方向性

エネルギー	位置付け	今後の方向
再生可能エネルギー	有望かつ多様で、重要な低炭素の国産エネルギー源。	３年間、導入を最大限加速。その後も積極的に推進。これまでのエネルギー基本計画を踏まえて示した水準※を更に上回る水準の導入を目指し、エネルギーミックスの検討に当たっては、これを踏まえる。 ※「長期エネルギー需給見通し（再計算）」（2020年13．5%（1，414億kWh））、「2030年のエネルギー需給の姿」（2030年約2割（2，140億kWh））
原子力	優れた安定供給性と効率性を有しており、運転コストが低廉で変動も少なく、運転時には温室効果ガスの排出もないことから、安全性の確保を大前提に、エネルギー需給構造の安定性に寄与する重要なベースロード電源。	いかなる事情よりも安全性を全てに優先させ、国民の懸念の解消に全力を挙げる前提の下、原発の安全性については、原子力規制委員会の専門的な判断に委ね、規制委員会により世界で最も厳しい水準の規制基準に適合すると認められた場合には、その判断を尊重し原発の再稼働を進める。原発依存度については、省エネ・再エネの導入や火力発電所の効率化などにより、可能な限り低減させる。
石炭	安定性・経済性に優れた重要なベースロード電源として再評価。	高効率火力発電の有効利用等により環境負荷を低減しつつ活用していくエネルギー源。
天然ガス	ミドル電源の中心的役割を担う。	ミドル電源の中心的役割を担う、今後役割を拡大していく重要なエネルギー源。
石油	運輸・民生部門を支える資源・原料として重要な役割を果たす一方、ピーク電源としても一定の機能を担う。	今後とも活用していく重要なエネルギー源。

経済産業省ウェブサイト
http://www.meti.go.jp/policy/energy_environment/energy_policy/energy2014/seisaku/pdf/ene_basic_plan.pdf
を参考に作成

先ず、①再生可能エネルギーは、「有望かつ多様で、重要な低炭素の国産エネルギー源」と位置付けられ、今後３年間、導入を最大限加速し、その後も積極的に推進するとされています。導入量に関しては、「これまでのエネルギー基本計画を踏まえて示した水準（2020年度に13.5％、2030年度に20％を更に上回る水準を目指す」とされています。なお、再生可能エネルギーのうち、水力と地熱はベースロード電源（比較的安価で供給が安定している電源）に位置づけられています。

次に、原子力は、「安全性の確保を大前提に、エネルギー需給構造の安定性に寄与する重要なベースロード電源」と位置付けられています。原発依存度については、「省エネ・再エネの導入や火力発電所の効率化などにより、可能な限り低減させる」という方針が示されていますが、原発ゼロの目途については記載がありません。

また、化石燃料については、それぞれの資源によって位置づけと方向性が異なります。石炭は、「安定性・経済性に優れた重要なベースロード電源であり、高効率火力発電の有効利用等により環境負荷を低減しつつ活用していくエネルギー源」とされています。天然ガスは、「ミドル電源の中心的役割を担う、今後役割を拡大していく重要なエネルギー源」、石油は、「運輸・民生部門を支える資源・原料として重要な役割を果たす一方、ピーク電源としても一定の機能を担う、今後とも活用していく重要なエネルギー源」とされています。

第４次エネルギー基本計画は、東日本大震災後に初めて策定されたものであり、特に再生可能エネルギーや原子力発電等の電源構成に関心が持たれましたが、この基本計画の位置付けは「2018～2020年までの新たなエネルギー政策の方向性を示すもの」にとどまっており、定量的な電源構成は提示されませんでした。

4－2　代表的な再生可能エネルギーの特徴

日本は再生可能エネルギーの普及・導入を促進するため、2012年７月に「電気事業者による再生可能エネルギー電気の調達に関する特別措置法」（略称：再生可能エネルギー特措法）を施行し、固定価格買取制度を導入しました。この制度によって、再生可能エネルギーの経済的デメリットを補完し、導入を促進する仕組みが設けられています。しかし、この法律では全ての再生可能エネルギーが対象とされている訳ではありません。図４－３において、太陽光、風力、地熱、中小規模水力、バイオマスによる発電は法の対象とされていますが、大規模水力発電と、空気熱・地中熱の利用は再生可能エネルギー特措法の対象外とされています。

図４－３　代表的な再生可能エネルギーの特徴

太陽光	○大幅な発電コスト低下が期待。住宅・非住宅とも潜在的 な導入量が大きい。産業の裾野が広い。 ○発電原価が他の発電方式に比べ高い。
風力	○相対的に発電コストが低く、事業採算性が高い。洋上風力などの新技術も登場。 ○立地制約（風況・自然公園・景観・バードストライク・騒音問題等）、発電コストの逓増。
地熱	○安定的な発電が可能であり、技術的にも成熟。国内に豊富に存在。 ○立地制約（自然公園、温泉地域等）が大きく、今後発電コストが逓増する可能性が高い。
水力*	○安定的な発電が可能であり、技術的にも成熟。中小水力発電への関心の高まり。 ○立地制約が大きく、今後発電コストが逓増する可能性が高い。
バイオマス	○種類・利用方法によりコストが大きく異なる。 ○今後の支援制度如何によって、輸入原料の導入が増え、国内のバイオマス産業に影響を及ぼす。発電・熱利用・マテリアル利用などと競合する可能性あり。 ○バイオ燃料については、LCAでの十分な温室効果ガス排出削減効果、エネルギーセキュリティ、コスト低減を確保しつつ、持続可能な形での導入が必要
空気熱*、地中熱*	○給湯器・空調等に利用されるヒートポンプ技術は国際的に優位。 ○燃焼式暖房・給湯に比べて初期コストが高い。

*大規模水力発電、空気熱、地中熱は、再生可能エネルギー特措法の対象外

経済産業省資源エネルギー庁ウェブサイト「エネルギー白書2010概要版」
http://www.enecho.meti.go.jp/about/whitepaper/2010gaiyou/whitepaper2009pdf_h21_nenjihoukoku.pdf に著者が「*印部分」を加筆

太陽光発電は、民家の屋根にも付けられており良く見かけますし、事業者による大規模なメガソーラーも全国的に実用化されています。しかし、価格が高いという問題があるため、2014年10月時点の1kWhあたり23円の発電コストを2020年に業務用電力価格並みの14円に、2030年に火力発電並みの7円に下げることを目標に技術開発が進められています*2。

風力発電は風況・景観・バードストライク（鳥が風車にぶつかること）・騒音問題等の制約があるため、増設がやや停滞気味ですが、今後は洋上風力発電に期待がかかっています。例えば、福島沖で日本独自の浮体式（従来のように海底に固定せず、海に浮かぶ）洋上風力発電「ふくしま未来」の実証試験が行われています。

火山国である日本の地熱発電の潜在能力は2,300万kW（原発20基相当）に上り、米国とインドネシアに次ぐ世界第3位の規模ですが、全国17ヶ所の設備容量は52万kW程度です。2010年度の発電電力量は約28億kWhで日本の電力需要の約0.3%を賄っているに過ぎません*3。潜在能力に対して設備容量が小さい原因として立地制約の問題が挙げられます。国立・国定公園内や温泉地近傍にエネルギー源があるため、地熱発電は自然公園法や温泉法の法規制や温泉組合の反対等によって制約を受けてきました。しかし、最近になって、設置基準の規制が緩和されつつあり、今後の増大が期待されます。

日本の国土は山々に囲まれ、河川は急流が多く、水力発電に適しているため、再生可能エネルギーによる発電のうち、約80%は水力発電が占めています。大規模水力発電は既に成熟した状態にありますので、再生可能エネルギー特措法では、30,000kW以下の「中小水力発電」が対象とされています。中小水力発電も水の流れで水車（タービン）を回して発電する原理は大規模発電と同じですが、ダムのような大規模構造物を必要としない点が異なります。中小水力発電で利用する水には、渓流水、農業用水、上下水道、工場内水などが考えられています*4。

バイオマスは、動植物起源の再生可能な有機資源の呼称です。バイオマスは、食料や紙や木材等として利用される他、木炭等の固体燃料、エタノール等の輸送用バイオ燃料、汚泥由来のメタンガス等、電力以外の固体・液体・気体の様々なエネルギーを得ることもできます。この内、間伐材等の木材（木質バイオマス）、稲わら等の農作物残さ、建設資材廃棄物、メタン発酵ガス等を燃やして得られる蒸気により発電される電気のみが、再生可能エネルギー特措法の対象とされています。第4次エネルギー基本計画には、地域特性に応じた分散型エネルギーとして、未利用材の安定的・効率的な供給による木質バイオマス発電等が例示されています。

地中熱は、地下の土壌が太陽エネルギーを蓄えることで生じる熱をヒートポンプという技術で利用するもので、年間を通して地中の温度があまり変わらないため、夏は冷房、冬は暖房として、また、道路の融雪等にも使われています。2011年末時点で日本全国に約4,700ヶ所の地中熱利用施設があります。また、エアコンのように排熱を出さないため、ヒートアイランド対策にもなると期待されています*5。

4－3　再生可能エネルギーの導入・普及状況

再生可能エネルギーの導入促進を図るには、技術革新・低コスト化・大型化等の技術開発と共に、経済的補助等の普及を促す仕組み作り・制度設計が必要とされます。図4－4には、導入・普及における制度設計の重要性が示されています。

図4－4　再生可能エネルギー導入・普及の動向

1. 技術開発
 ①太陽光発電（低コスト化が課題）
 世界の累積設備容量は、2014年で1億7700万kW。
 現在の導入量世界1位はドイツ（1991年に買取制度を導入し、2000年に固定化）。
 ランキングはドイツ（22%）、中国（16%）、日本（13%）、イタリア（11%）、米国(10%)、の順。
 ②風力発電（洋上風力発電に期待）
 世界の.累積設備容量は、2014年で3億6960万kW 。
 ランキングは、中国(38%)、米国(18%)、ドイツ(11%)、スペイン(6%)、インド(6%)の順。
 （日本は0..8%）

2. 制度設計
 ①RPS（Renewable Portfolio Standard）制度
 電気事業者に新エネルギー等から発電される電気を一定割合以上利用することを義務づけ、新エネルギー等の一層の普及を図る制度。
 日本では2003年4月にRPS法を施行したが、下記②の特措法の施行に伴い廃止。
 ②固定価格買取制度（フィード・イン・タリフ＝FIT）
 電気事業者に一定の価格での新エネルギー等の買取を義務付ける制度。
 日本では2012年7月1日に「電気事業者による再生可能エネルギー電気の調達に関する特別措置法（略称：再生可能エネルギー特措法）」を施行。
 再生可能エネルギー特措法における固定価格買取制度の対象は、太陽光、風力、地熱、中小水力、バイオマスによる発電が対象（大型水力は対象外）

（参考）経済産業省資源エネルギー庁「エネルギー白書2016」
http://www.enecho.meti.go.jp/about/whitepaper/2016pdf/whitepaper2016pdf_2_2.pdf

太陽光発電を例にとると、2004年までは技術開発の進んでいた日本が累積導入量世界一でしたが、固定価格買取制度をいち早く取り入れたドイツに2005年に抜かれて以来、日本は多くの国の後塵を拝すことになりました。その後、日本にも固定価格買取制度が導入されたため、2014年の世界の太陽光発電累積導入量が1億7,700万kWであるのに対し、日本の導入量は2,341万kW（約13%）を占めるまで増加し、世界第3位まで順位も回復しました。風力発電については、2014年の世界の導入量が3億6,960万kWであるのに対し、日本の設備容量はわずか279万kWで1％未満に過ぎません。日本の風力発電は、2000年代に着実に導入が進みましたが、諸外国に比べて平地が少なく地形が複雑等の理由から伸びが鈍化し、2012年度末時点の導入量は1,913基、設備容量約264万kW（新エネルギー・産業技術総合開発機構（NEDO）調べ）でしたから、この2年間でほとんど伸長していない状況にあります。

再生可能エネルギーの導入促進のため、欧米諸国で始められていたRPS（Renewables Portfolio Standard）制度（電力会社に、販売する電力量に応じて新エネルギー等を一定割合導入する義務を課す制度）が、日本では、2003年４月から「電気事業者による新エネルギー等の利用に関する特別措置法（RPS法）」のもと開始されました。その後、RPS法は次に述べる「電気事業者による再生可能エネルギー電気の調達に関する特別措置法（再生可能エネルギー特措法）」の施行に伴い廃止されました＊6。

もう一つの導入促進策である固定価格買取制度（FIT）は、ドイツでは2000年に開始されましたが、日本では、2012年７月に施行された再生可能エネルギー特措法の下に開始されました（図４－５）。FITは、再生可能エネルギー源（太陽光、風力、水力、地熱、バイオマス）を用いて発電された電気を、国が定める固定価格で一定の期間、電気事業者が買い取ることを義務づけるものです。買取対象の電気は全量、電気事業者によって買い取られますが、住宅用など10kW未満のものについては、自分で消費した後の余剰分が買い取り対象になります。電気事業者が買い取った電気は、送電網を通じて私たちの使用する電気として供給されます。電気事業者が買取りに要した費用は、電気料金の一部として、賦課金という形で利用者が負担することになっています。

図４－５　固定価格買取制度の仕組み

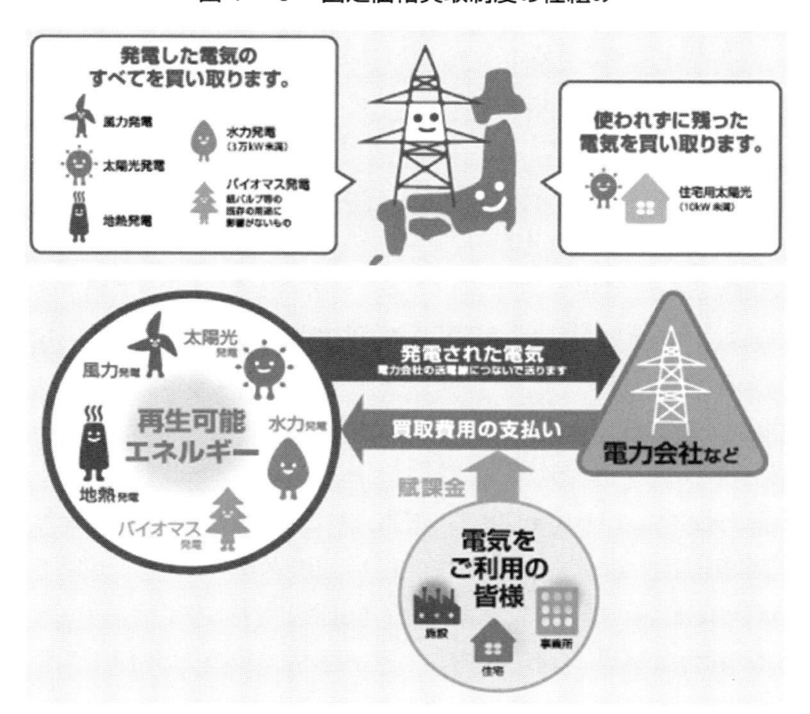

経済産業省資源エネルギー庁ウェブサイト「再生可能エネルギー固定価格買取制度ガイドブック」
http://www.enecho.meti.go.jp/category/saving_and_new/saiene/data/kaitori/kaitori_jigyousha2013.pdfより抜粋

FIT開始前における経済産業省資源エネルギー庁の参考資料「再生可能エネルギーの全量買取制度の導入に当たって【参考資料】」*7によれば、“制度導入後10年目には、再生可能エネルギー導入量は3,200万～3,500万kW程度（太陽光：2,780万kW、風力：280万～530万kWなど）増加しCO_2は2,400万～2,900万トン削減される見込み。なお、買取費用の負担は標準的な家庭において約150～200円/月程度。”と試算されていました。ところが、FITが開始されて2年を経た2014年夏ごろに早くも綻びが出始めました。買取価格の高い太陽光発電に新規発電事業者が殺到したため、いくつかの電力会社が供給面の不安定さと電気料金への影響等を理由に、買取を中断したのです。そのため、経済産業省は出力抑制（火力発電を最大限減らしても、電気が余る時に、無償で太陽光や風力の発電を一時的に止めてもらう仕組み）のルールを設け、2015年4月申込分から適用すると共に、2015年度の太陽光発電の買取価格だけを3年連続で引き下げることにしました。因みに、FITの制度開始以降2016年4月末までに認定を受けた設備の容量（新規認定容量）は8,686万kWであり、太陽光がその大部分の7,945万kwを占めており、先の試算で示された導入見込量を既に大幅に超えています*8。なお、大規模水力を除く再生可能エネルギーの発電電力量の割合は、FITの導入によって、導入前の1.4％（2011年度）から4.7％（2015年度）へと飛躍的に増大しました*9。

2015年4月に経済産業省が「長期エネルギー需給見通し小委員会」で示した電源構成（エネルギーミックス）案によると、2030年度における総発電電力量1兆650億kWhの内、再生可能エネルギーは22～24％（水力8.8～9.2％、太陽光7.0％、バイオマス3.7～4.6％、風力1.7％、地熱1.1～1.2％）となっています。原子力は20～22％の構成割合となっており、東日本大震災前の10年間の平均（約27％）より低めに設定されています*10。これらの電源構成や省エネ、森林整備等を踏まえて、政府は2030年における温室効果ガスの削減目標を2013年比で26％削減することを決定し、2015年7月に国連気候変動枠組条約締約国会議事務局に提出しました。

2015年7月に経済産業省が策定した「長期エネルギー需給見通し」の「長期エネルギー需給見通し関連資料」*11には、図4－6のとおり、2030年の電源構成・発電電力量が具体的に示されています。この中で、“2030年度の再生可能エネルギーの導入量は、国民負担の抑制とのバランスを考慮し、FIT買取費用は、3.72兆円～4.04兆円の範囲において、全体で2,366億～2,515億kWhの導入が見込まれる。原発を代替する地熱・水力・バイオマスの買取費用の合計は約1.0兆円～約1.3兆円、火力を代替する自然変動再エネ（自然条件によって出力が大きく変動する太陽光発電・風力発電）の買取費用は約2.7兆円以下となる。”と記されています。再生可能エネルギーが原子力にとって代わるほど普及するためには、コストと安定供給が大きな課題とされます。例えば、太陽光電池の高効率化、蓄電池の低廉化、蓄電器に代わる蓄電システム等が、今後の技術開発の重要な課題と考えられます。

図４－６　電源構成と発電電力量（2030年度）

電源構成・発電電力量（億kWh）

	2030年度	
石油	315	3%
石炭	2,810	26%
LNG	2,845	27%
原子力	2,317～2,168	22～20%
再エネ	2,366～2,515	22～24%
合計	10,650	100%

	2030年度	
太陽光	749	7.0%
風力	182	1.7%
地熱	102～113	1.0～1.1%
水力	939～981	8.8～9.2%
バイオマス	394～490	3.7～4.6%

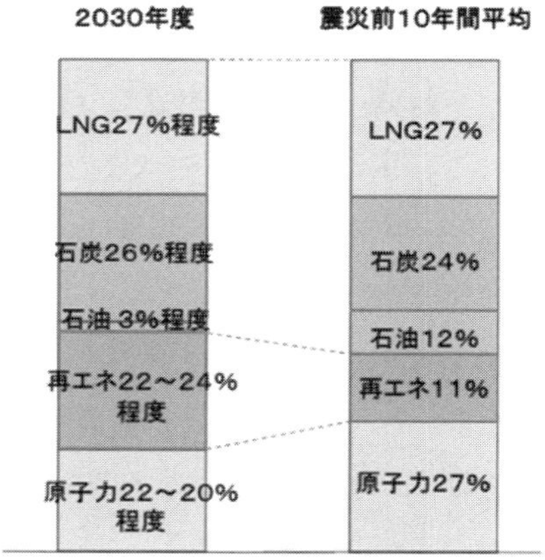

※各数値はいずれも概数。

2030年度
LNG27%程度
石炭26%程度
石油 3%程度
再エネ22～24%程度
原子力22～20%程度

震災前10年間平均
LNG27%
石炭24%
石油12%
再エネ11%
原子力27%

出典：経済産業省資源エネルギー庁ウェブサイト「長期エネルギー需給見通し関連資料」（平成27年７月）
http://www.meti.go.jp/committee/sougouenergy/shoene_shinene/shin_ene/pdf/001_03_00.pdf

コラム　電力（kW）と電力量（kWh）

電気の単位でよく使われるのがkWとkWhです。kW（キロワット）はその瞬間に使われる電気を示し、kWh（キロワット時）はkWに時間をかけた電気の量を示します。電気を供給する発電設備に関しては、設備容量がkW、１年間の発電電力量（以下、「電力量」という）がkWhで表され、その関係は「電力量kWh＝設備容量kW×365日×24時間×設備稼働率（％）÷100」の式のように、距離と速度のような関係にあります。再生可能エネルギーの固定価格買取制度がスタートした数ヶ月後に、ある新聞で“経済産業省は、認定した太陽光や風力などの再生可能エネルギーによる発電能力が、８月末時点で130万kW（メガソーラーなどの非住宅向けの太陽光が72.5万kW、住宅用の太陽光が30.6万kW、風力が26.2万kW、バイオマス0.6万kW、中小水力0.1万kW）に達したと発表した。７月の制度開始から２ヶ月間で大型原発１基分に相当する再生可能エネルギーを確保したことになる。”という報道がなされました。この記事の前段は事実ですが、後段の下線部が問題です。この表現では、再生可能エネルギーの設備容量が原発１基分に相当するのか、電力量が原発１基分に相当するのか不明です。人によっては、電力量が同じと理解して、再生可能エネルギーによる原発の代替が案外早く行えそうだと思ったかも知れません。原発は運転を開始すれば、定期点検を除き24時間、365日発電し続けることができます。一方、太陽光発電は、夜間は発電できない上、天候や日照によって電力量が左右されますし、風力発電は風況によって電力量が左右されます。経済産業省資源エネルギー庁の「長期エネルギー需給見通し関連資料」*では、発電コストの感度分析（2014年モデルプラント）において、それぞれの設備稼働率を太陽光発電（メガ）14%、太陽光発電（住宅）12%、風力発電（陸上）20%、原子力発電70%として試算を行っています。これらの設備稼働率を用いて、前述の新聞記事における「経済産業省が認定した再生可能エネルギー」の電力量を計算した結果、太陽光及び風力（バイオマスと中小水力は割愛）の電力量は約16.7億kWhと算出されました。一方、同じ設備容量129.3万kWの原子力発電の電力量は、約79.3億kWhと算出されました。129.3万kWという設備容量はほぼ大型原発１基分に相当しますが、電力量は大型原発１基分の年間発電量の1/5程度に過ぎないことが明らかとなりました。このことを「大型原発１基分に相当する再生可能エネルギーを確保したことになる。」と新聞記事は表現していますが、正しいと思いますか？　数字を、見るときには単位に注意して、数値の比較は同じ単位で行うことを習慣として身に着けましょう。因みに、FITの制度開始以降2016年４月末までに認定を受けた太陽光発電の設備容量は7,945万kWですが、これらがすべてメガソーラー（設備稼働率14%）と仮定して電力量を計算すると、約974.4億kWhになります。これは、「長期エネルギー需給見通し」における2030年の電力量10,650億kWhの約9.1%、大型原発（約80億kWhと仮定）の約12基分に相当します。

* http://www.enecho.meti.go.jp/committee/council/basic_policy_subcommittee/mitoshi/pdf/report_02.pdf

〈参考資料〉

*１　http://www.meti.go.jp/policy/energy_environment/energy_policy/energy2014/seisaku/pdf/ene_basic_plan.pdf

*２　http://www.nedo.go.jp/content/100080327.pdf

*３　http://geothermal.jogmec.go.jp/geothermal/world.html

*４　http://www.env.go.jp/earth/ondanka/shg/page01.html

*５　http://www.env.go.jp/water/jiban/pamph_gh/system/full_a.pdf

*６　http://www.rps.go.jp/RPS/new-contents/top/main.html

*７　http://www.meti.go.jp/committee/summary/0004629/framework03.pdf

*８　http://www.fit.go.jp/statistics/public_sp.html

*９　http://www.fepc.or.jp/about_us/pr/pdf/kaiken_s3_20160520_1.pdf

*10　http://www.jaif.or.jp/ja/news/2014/doukou2014-press_release.pdf

*11　http://www.enecho.meti.go.jp/committee/council/basic_policy_subcommittee/mitoshi/pdf/report_02.pdf

5．原子力利用と安全確保

5－1　原子力発電の位置付けと概況

IEA（国際エネルギー機関）の報告書「World Energy Outlook 2009」によれば、2030年における世界のCO_2排出削減ポテンシャル（対2007年比）の数値は、大きな順に省エネ57％、再生可能エネルギー23％、原子力10％と試算されています。また、IPCC第５次評価報告書*1では、気温上昇２℃以内を実現するには、大気中温室効果ガスの濃度を2100年に450ppm以内に抑える必要があり、削減策として、再生可能エネルギーや原子力といった低炭素エネルギーを大幅に増やすことや、省エネやCO_2回収・貯留（CCS）の普及が有効なことが記されています。また、IPCCは、“原子力は成熟した低温室効果ガス排出のベースロード電源であるが、世界の発電電力量に占めるシェアーは1993年以降減少している。原子力はエネルギー供給の低炭素化に更なる貢献をなし得るが、様々な障壁やリスクが存在し、主な障壁・リスクとして、オペレーショナルリスク、ウラン採掘・金融・規制に関するリスク、未解決の放射性廃棄物管理問題、核兵器拡散の懸念、世論の逆風がある”としています。このように、国際機関は原子力による低炭素化、地球温暖化対策としての有効性に対し一定の評価をしていますが、原子力のリスクも認識すべきことを指摘しています。

2014年１月１日現在、世界の運転中（休止中のものを含む）の原子炉は426基で、出力は約３億8,600万kWです。国別基数で、日本（48基）は、アメリカ（100基）、フランス（58基）に次いで第３位となっています。東日本大震災（以下、「震災」という）に伴う東京電力福島第一原発の事故を踏まえて、ドイツ・イタリア・スイスが脱原発を決定しましたが、世界の原子力発電の建設は継続的に増加しており、建設中の原発は、中国の31基を含めて世界の６割強をアジア地域が占めています*2。

震災前の日本は、原子力を「安定供給可能で、経済性に優れた準国産エネルギーであり、発電過程でCO_2を排出しない低炭素電源」と位置づけていました。また、エネルギー安全保障上「エネルギー自給率の低さ」が最大の問題点であると認識し、核燃料サイクルに基づく原子力の推進により、自給率の向上を目指す政策がとられてきました。1973年に9.2％だったエネルギー自給率（原子力を国産エネルギーとみなした場合）は、震災前の2010年には19.9％に改善されました。しかし、震災後の2012年には原子力発電の停止が響いて6.0％に低下し、OECD（経済協力開発機構）34ヶ国中33位となっています（「エネルギー白書2014年」*3）。

図５－１は、石油危機直後の1973年度、震災直前の2010年度、震災後の2013年度における電源構成を示したものです。電力の化石燃料依存度は80％、62％、88％と変化しており、原子力発電の増加に伴う火力発電の減少、原子力発電の稼働停止に伴う火力発電の増加という変遷を把握すること

ができます。因みに、日本の二酸化炭素排出量は、2010年度は11億9,200万トンでしたが、2013年度には13億1,000万トンと著しく増大しています。なお、再生可能エネルギーについては、大規模水力発電を除き、この間に1.1％から2.2％に増加したに過ぎませんでした。この程度のペースでは原子力に置き換わるのに長年月を要すことになりますが、2012年７月に固定価格買取制度が開始されて以降は、2014年３月末時点で既に2,955万kWに達し、設備容量は前年度比32％上昇のペースで急増しています＊[4]。地球温暖化の防止、エネルギー自給率の向上の観点からは、原子力と再生可能エネルギーへの期待が高まりますが、両者の折り合いをどのようにつけていくべきか、その道筋を描くことが日本にとっての大きな課題となってきました。

図５－１　東日本大震災前後の電源構成の比較

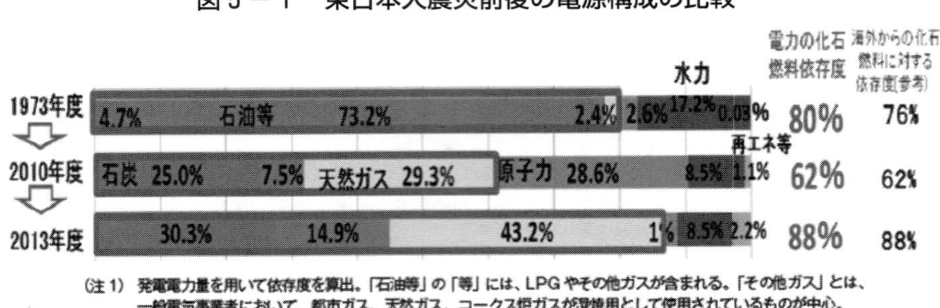

出典：経済産業省資源エネルギー庁ウェブサイト「エネルギー白書2014」
http://www.enecho.meti.go.jp/about/whitepaper/2014pdf/whitepaper2014pdf_1_1.pdf

５－２　日本の原子力政策

(1)　核燃料サイクル政策

日本はウラン資源が乏しいため、全量を海外から輸入しています。輸入されるウランには、天然ウランと濃縮ウランの二つの形態があり、形態によって輸入先が異なります。天然ウラン（ウラン鉱石を製錬し、六フッ化ウランに転換したもので、ウラン235の含有量が0.7％）は主にカナダから、濃縮ウラン（ウラン235の含有量が３％）は、主にアメリカ、フランスから輸入されています＊[5]。

１kgの重量から得られる電力量は、石炭が３kWh、石油が４kWh、天然ウランが50,000kWhと、ウランが化石燃料を圧倒的に凌駕します。しかし、ウランも化石燃料と同様に有限な資源であり、いつかは枯渇します。今後、中国やインドでの原子力発電所の増設でウランの可採年数は更に縮まるかも知れません。2009年のデータでは、確認埋蔵量は640万トンであり、可採年数はワンスルー（再処理せずに使用済燃料をそのまま処分する）の場合で100年、プルサーマルの場合で130年とされています*6。

ウランの枯渇期限を延ばす技術開発として、高速増殖炉（発電しながら消費した以上の燃料を生成できる原子炉）の研究が各国で進められています。この技術開発に成功すれば、ウランの可採年数は3000年超となると予測されており、日本では「もんじゅ」での実験が続けられてきました。しかし、2016年９月に、廃炉を含めて見直すという政府の方針が明らかにされました。なお、海水に溶存しているウラン（総量45億トン）を回収する研究も進められていますが、実用化への道のりは更に長そうです*6。

日本では、天然資源の有効活用とエネルギー資源の安定確保の観点から、使用済燃料全てを再処理して、回収したウランやプルトニウムを再び燃料として利用する方針をとっています。図５－２は、海外で採掘・精製し輸入したウランをウラン燃料工場で加工し、原子力発電所で発電を行った後、再処理工場で使用済燃料を再処理し、得られたプルトニウムをMOX燃料加工工場でウランと混合してMOX燃料（使用済燃料から取り出したプルトニウムを、ウランと混合して作る燃料のこと）に加工して、再び原子力発電所においてプルサーマル（MOX燃料を原子力発電所（軽水炉）で利用すること）で発電するという、現状の「核燃料サイクル」を示します。将来、高速増殖炉の技術開発に成功すれば、MOX燃料は高速増殖炉で再利用されて、同様のサイクルに組み込まれる計画です。

図５－２　核燃料サイクル（現状）

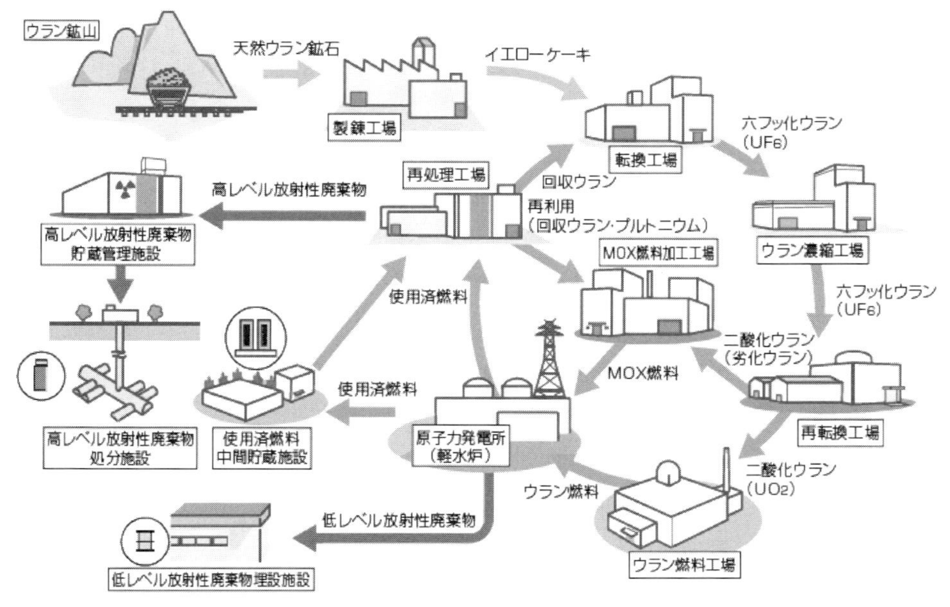

出典：　電気事業連合会「原子力・エネルギー図面集（2012年版）」を基に作成

出典：経済産業省資源エネルギー庁ウェブサイト「エネルギー白書2014」
http://www.enecho.meti.go.jp/about/whitepaper/2014pdf/whitepaper2014pdf_2_1.pdf

使用済燃料の再処理に伴って高レベル放射性廃棄物が大量に発生します。高レベル放射性廃棄物は、20秒の曝露で100％の人が死亡するほどの高い放射線量を有しています。再処理によって生じるのは液体の廃棄物ですので、ガラスで固めてガラス固化体に加工し、金属容器に入れて、順次、貯蔵することになっています。2014年４月末時点で、原子力発電の運転により生じた使用済燃料は約17,000トンが保管されています。この使用済燃料から換算されるガラス固化体の本数は、既に再処理された分も合わせるとガラス固化体にして約25,000本の高レベル放射性廃棄物に相当します。ただし、この約25,000本というガラス固化体の本数は、使用済燃料全てを固化体にしたと仮定して算出されたもので、実態とは異なります。なお、出力100万kWの原子力発電所を１年間運転した場合、ガラス固化体の本数は約30本に相当するとされています[*7]。

本来、使用済燃料は各原子力発電所での冷却を経た後、再処理工場（青森県六ヶ所村）に移送され貯蔵プールで保管され、再処理されることになっています。しかし、再処理工場はトラブル続きで再処理が行えないため、再処理工場の貯蔵プールは貯蔵量に余裕のない状態となっています。そのため、各電力会社では使用済燃料を各原子力発電所内の使用済燃料プール等に貯蔵しており、全国の原発のプールは、平均すると約７割が埋まっている現状にあります[*8]。また、再処理工場の不調は、経済的にも負担を強いています。再処理工場の建設費は当初の３倍に上り、1969年以降イギリス・フランスに委託してきた再処理費用も年々コストが上昇しています。更に、MOX燃料を利用するプルサーマル計画も頓挫しているため、日本国内に10.8トン、英仏に37.1トン、計47.9トンのプルトリウムが貯まっており[*9]、自然災害のみならずテロ等のリスクにも備える必要があります。因みに、このプルトリウムの量は、長崎の原子爆弾5,500発以上に相当すると報じられています。

高レベル放射性廃棄物の最終処分は、原子力を利用した我々の世代が考えていかなければならない問題です。しかし、最終処分地は未定で、処理技術についても検証が必要な現状にあります。2015年２月、経済産業省は、総合資源エネルギー調査会 放射性廃棄物ワーキンググループの会合で、基本方針の改定案[*10]を示しました。改定案では、①特定放射性廃棄物の処分はそれを発生させた現世代の責任であり、将来世代に負担を先送りしない、②最終処分地の選定において、国は、安全性の確保を重視し、科学的により適性が高いと考えられる地域（科学的有望地）を示す、③原子力発電環境整備機構（NUMO）は、特定放射性廃棄物が最終処分施設に搬入された後においても、最終処分施設の閉鎖までの間の廃棄物の搬出の可能性（回収可能性）を確保する、等が示されています。基本方針は、特定放射性廃棄物最終処分法という法律に基づくもので、一般から意見を募集したうえで、５月22日に閣議決定されました。なお、原発の廃炉に伴って生じる高レベル放射性廃棄物の処分については、2016年８月に、原子力規制委員会は、「地震等の影響を受けにくい土地の70mより深い地中に埋め、電力会社に300～400年間管理させ、その後は国が引き継いで10万年間、掘削を制限する。」という処分方針を示しました[*11]。

⑵　原子力発電の安全確保と再稼働の仕組み

2011年３月11日の東北地方太平洋沖地震を契機とした東京電力福島第一原発の事故によって、原子力発電の安全神話はもろくも崩壊しました。事故原因の究明と並行して、安全確保体制と安全基準の見直しが行われ、新たな仕組みが作られました（図５－３）。

図５－３　原子力規制委員会（発足：2012年９月）

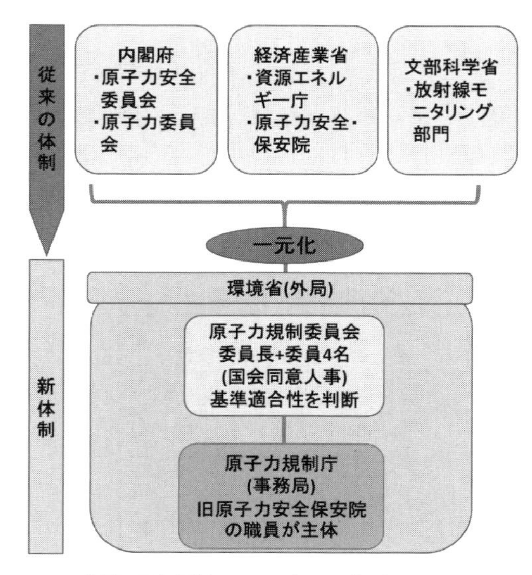

首相官邸ホームページ「原子力規制のための新しい体制について」
http://www.kantei.go.jp/jp/headline/genshiryokukisei.html　を参考に作成

安全確保体制については、先ず、2012年６月に原子力規制委員会設置法が制定されました。この法律によって、これまでの経済産業省原子力保安院を中心とした、いわゆる縦割り行政に代わって、原子力利用における安全の確保を図るための施策を、新設された原子力規制委員会（以下、「規制委員会」という）が一元的に司ることになりました。規制委員会は委員長及び４名の委員から成り、直近３年以内に原子力事業者（電力会社等）の役員・従業員だった者等を不適格とし、人事については国会の同意を得て総理大臣がメンバーを任命します。また、規制委員会は独立しており、技術的・専門的な判断の内容に係る事項には、総理大臣の指示権が及ばないこととされています。2012年７月に民主党野田内閣は、初代委員長に前内閣府原子力委員長代理の田中俊一・高度情報科学技術研究機構顧問を起用する人事案を固めましたが、田中氏は旧・日本原子力研究所の副理事長や原子力委員会の委員長代理を務めたことがあり、問題視する声が起きました。結局、９月に、国会同意がないままに首相が任命できる例外規定が適用され、野田内閣の人事案通りに田中俊一委員長と委員４人が決定しました（その後、2013年２月に自民党安倍内閣が国会で事後承認）。

2012年９月19日に規制委員会が発足しました。10月31日には新しい原子力災害対策指針を決定し、従来の原発から８～10km圏内であった防災重点区域を、原発から半径30kmに拡大しました。2013年７月８日に、規制委員会は過酷事故対策を義務づけ、地震・津波対策を大幅に強化した「原発の新規制基準」（図５－４）を施行しました。規制委員会は、新規制基準を、「東京電力福島第一原子力発電所の事故の反省や国内外からの指摘を踏まえて、以前の基準の主な問題点を解消して策定された。」と位置付ける一方、「この新規制基準は原子力施設の設置や運転等の可否を判断するためのものであり、これを満たすことによって絶対的な安全性が確保できるわけではない。」とも記しています*12。

図５－４　新規制基準（施行：2013年７月）

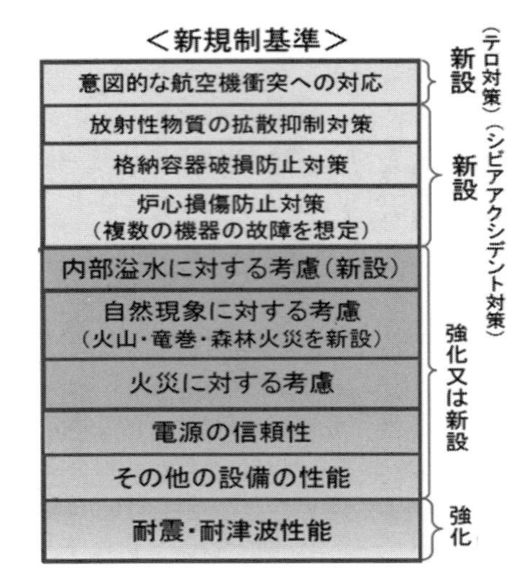

出典：原子力規制委員会ホームページ
https://www.nsr.go.jp/data/000070101.pdf

規制委員会は、2014年９月10日に、九州電力川内原子力発電所１、２号機（鹿児島県薩摩川内市）の安全対策が新規制基準を満たしていると判断し、審査書を正式に了承しました。これが東日本大震災以降の再稼働に向けた安全審査の合格第１号となりました。この審査に関連した新聞報道を総括すると、規制委員会は安全を判断していないにもかかわらず、政府は安全が確認されたと認識し、地元は安全を信じているという構図が見てとれます。「絶対的な安全はない＝リスクはゼロではない」はリスク論の常識ですが、この常識を盾にして規制委員会は安全を判断せず、自ら策定した新規制基準を満たすか否かを判断しているに過ぎない印象を受けます。今回改めた事項について、従来の基準と新規制基準を比較してリスクがどの程度低減されたか、根拠を明らかにしてリスクを定量的に示すことが科学的なあり方と考えます。規制委員会は再稼働の是非も判断していないようですので、再稼働は誰が判断するのか、万一、福島のような事故が起きた時には誰が責任を負うのか、が不明です。安全の判断や事故への責任が曖昧なまま原発の再稼働が進んでいくことは、社会的に好ましい姿とは言えません。

第４次エネルギー基本計画*[13]のp.43には、原発の再稼働について、“いかなる事情よりも安全性を全てに優先させ、国民の懸念の解消に全力を挙げる前提の下、原子力発電所の安全性については、原子力規制委員会の専門的な判断に委ね、原子力規制委員会により世界で最も厳しい水準の規制基準に適合すると認められた場合には、その判断を尊重し原子力発電所の再稼働を進める。その際、国も前面に立ち、立地自治体等関係者の理解と協力を得るよう、取り組む。”と記述されています（下線は著者が加筆）。いろいろな問題が潜む原子力安全確保の仕組みではありますが、この文言が「絵に描いた餅」にならないように、規制委員会、国、立地自治体等の関係者にはそれぞれの責任を自覚して真摯に取り組んでいただきたいと考えます。また、国民はそれを見届けていかなければなりません。

５－３　日本の電源構成の将来像

表５－１は、エネルギーの「3E（Energy security：安定供給、Environment：環境適合、Economic efficiency：経済性）+S（Safety：安全性）」の視点から、３種の発電方式のメリットとデメリットを概観してみたものです。

表５－１　発電における各エネルギーのメリット（光）とデメリット（影）

エネルギー	3E（Energy security、Environment、Economic efficiency）の視点			備考（デメリット）
	エネルギーセキュリティ	環境への適合	経済効率性	
原子力	○燃料ウランの安定供給	○CO_2排出量が少ない	○コストが安い*	放射性廃棄物処理の問題や、事故時に放射性物質が拡散
化石燃料	○高い供給力	×CO_2排出量が多い	○コストが安い	資源枯渇の問題、それがいずれ、価格上昇を誘発する要因
再生可能エネルギー	×安定供給に課題	○CO_2排出量が少ない	×コスト高、技術開発が課題	天候に左右されるため、電力の安定供給に悪影響の可能性

（参考）日経BP環境フォーラムレポート　2011年４月15日（東京工業大学　柏木孝夫教授）

原子力発電は、燃料となるウランが安定して供給されますので、稼働が順調であれば昼夜を問わず安定して電力が供給されます。しかも、発電時には二酸化炭素の排出がありません。これらのメリットに対し、使用済燃料の再処理によって高レベル放射性廃棄物が発生する上、その処分場所が決定されていません。また、再び福島第一原発のような事故が起きれば放射性物質が拡散し、周辺住民が危険にさらされ、ふるさとを奪われる等、放射性物質に由来するデメリットがあります。コストについては、政府は他の発電よりも安価としていますが、廃炉費用や事故時の補償などの扱いも含めて異を唱える専門家もいます。因みに、2016年12月に経済産業省は、東京電力福島第一原発の廃炉や事故の賠償、除染などの事故処理費用の総額が当初の想定を大幅に上回り、21.5兆円に達する見通しであることを明らかにしました。このような事故対策費を加味しても原子力が安価といえるか否か、更に精査する必要があると考えます。コストはエネルギー政策における判断因子の要のひとつだからです。

化石燃料による火力発電は、燃料の石炭や天然ガスが豪州等から安定的に供給されますし、石油を除き比較的コストが安いというメリットがあります。デメリットとして、地球温暖化の元凶である二酸化炭素の排出が第一に挙げられます。将来的には、資源の枯渇が懸念されますので、燃料価格の高騰によるコスト高というデメリットを生じる可能性があります。なお、原子力発電の稼働停止に伴う火力発電の燃料費の増加額は、2012年度は約3.1兆円、2013年度には約3.8兆円に上ると試算されています。

再生可能エネルギーによる発電は、環境への適合性に優れている点がメリットですが、供給の不安定さとコストの高さがデメリットになります。例えば、太陽光発電は昼間に限られますし、発電量は天候に左右されます。風力発電も天候や立地に左右されます。また、太陽光発電は特に設備コストが高いため、コスト低減を目指した技術開発が必要です。なお、水力については、今後の大規模なダム建設は困難視されています。日本は世界第３位の地熱エネルギー保有国ですので、昼夜を問わず安定供給可能な地熱発電に見直しの気運があります。バイオマス発電は、地域エネルギーとしての利用に留まっている現状にあります。

第４次エネルギー基本計画*[13]において、原子力、石炭火力、再生可能エネルギーの内の水力と地熱は、安定性・経済性に優れた重要な「ベースロード電源」に、石油火力、再生可能エネルギーの内の太陽光、風力、揚水式水力は、コストが高く出力変動可能な「ピークロード電源」に、それぞれ位置付けられています。なお、IPCC第５次評価報告書第３作業部会報告書においても、原子力は成熟した低GHG（温室効果ガス）排出の「ベースロード電源」とされています。

経済産業省は、2015年７月に発表した「長期エネルギー需給見通し」*[14]の中で、①原子力の安全性については、“世界最高水準の規制基準に加え、自主的安全性の向上、安全性確保に必要な技術・人材の維持・発展を図る。”、②安定供給については、“エネルギー自給率を東日本大震災以前を更に上回る水準（おおむね25％程度）まで改善する。”、③経済効率性については、“電力コストを現状よりも引き下げる。”、④環境適合については、“欧米に遜色ない温室効果ガス削減目標を掲げ世界をリードすることに資する長期エネルギー需給見通しを示す。”という方針を示しました。このような方針の下、2030年度における日本の一次エネルギー需給や電力需要・電源構成について、図５－５のような見通しが示されました。2030年度の電力の需給構造については、“東日本大震災前に約３割を占めていた原発依存度は、20％～22％程度へと大きく低減する。また、水力・石炭火力・原子力等によるベースロード電源比率は56％程度となる。”と記しています。原発依存度を30％から20％にすることが、「大きく低減する」という評価に当たるか否か、見解が分かれるところです。

図５－５　日本の電力需要と電源構成（2013年、2030年）

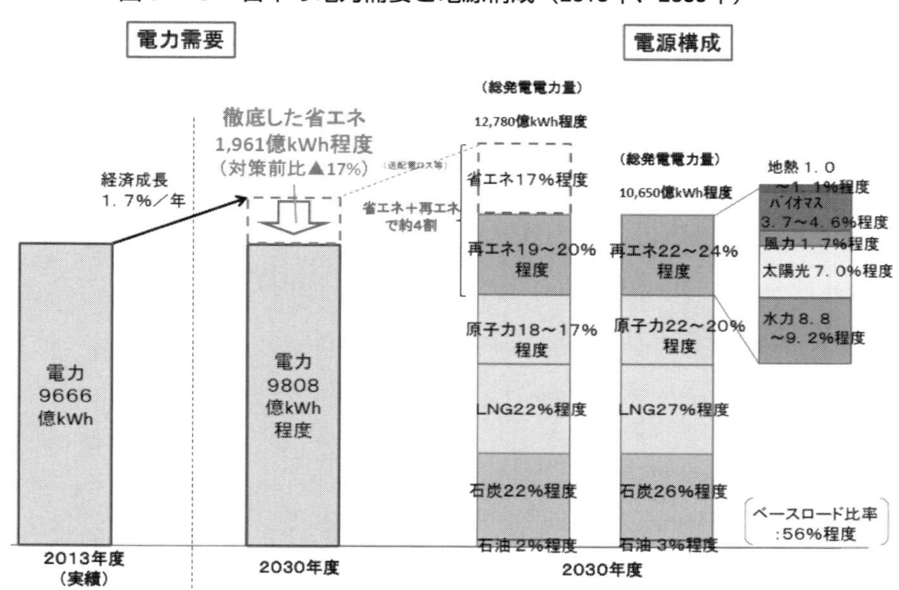

出典：経済産業省資源エネルギー庁ウェブページ「長期エネルギー需給見通し関連資料」
http://www.enecho.meti.go.jp/committee/council/basic_policy_subcommittee/mitoshi/pdf/report_02.pdf

コラム　原子力発電（原発）と原子爆弾（原爆）の違い

原発と原爆には、「原子」という用語が共通して使われています。原子は陽子・中性子・電子からできていて、各原子の固有の性質は、陽子の数によって違ってきます。陽子の数をその原子の背番号のようなものととらえ、原子番号と呼びます。同一の原子番号を持つ原子のグループを元素といい、現在、118種類の元素が知られています*。元素は、メンデレーエフの周期表で原子番号順にアルファベットを組み合わせて表記されます。同一の元素に属する原子は、すべて同一の数の陽子を持ちますが、中性子の数がみな同一であるとは限りません。原子番号が同一（同じ元素）でありながら、中性子数の異なる原子を同位体といいます。同位体には安定なものと不安定なものがあり、不安定なものは時間とともに放射性崩壊して放射線を発します。これが放射性同位体です。原発と原爆に共通する元素はウランであり、共に放射性同位体ウラン235の核分裂によって生じるエネルギーが利用されます。核分裂は、ウラン235などに中性子をぶつけると原子核が分裂して中性子を放出する現象です。核分裂のときに出てくる中性子が別のウランにぶつかって次々と核分裂の連鎖反応が起こります。核分裂がおこると非常に大きなエネルギーが放出されます。原発では、核分裂しやすいウラン235を３～５％含み、残りを核分裂しにくいウラン238が占める燃料を使って、制御しながらゆっくりした核分裂の連鎖反応を持続させ、得られた熱を利用して蒸気タービンを回して発電します。一方、原爆では、ウラン235がほぼ100％のものが使われ、急激な核分裂の連鎖反応を起こして、一気に大量のエネルギーを放出します**。原発は閉鎖系の反応であり、原爆は開放系の反応であることも大きく異なる点です。人類が初めて原子力エネルギーを利用したのは、不幸にも第二次世界大戦における原爆でした。広島ではウラン235を使った原爆が、長崎ではプルトニウム239を使った原爆が投下されました。唯一の被爆国である日本は、非核三原則を堅持し、平和目的に限定して原子力を利用しています。

* http://www.mext.go.jp/a_menu/shinkou/ryoushi/detail/1326302.htm

** https://www.jaea.go.jp/04/ztokai/kiso/1-6.html

〈参考資料〉

*1　http://www.env.go.jp/earth/ipcc/5th/index.html

*2　http://www.jaif.or.jp/ja/news/2014/doukou2014-press_release.pdf

*3　http://www.enecho.meti.go.jp/about/whitepaper/

*4　http://www.meti.go.jp/committee/sougouenergy/shoene_shinene/shin_ene/pdf/001_03_00.pdf

*5　http://www.nirs.qst.go.jp/db/anzendb/NORMDB/PDF/32.pdf

*6　http://www.aec.go.jp/jicst/NC/tyoki/hatukaku/siryo/siryo8/siryo2.pdf

*7　http://www.enecho.meti.go.jp/category/electricity_and_gas/nuclear/rw/

*8　http://www.aec.go.jp/jicst/NC/tyoki/hatukaku/siryo/siryo8/siryo3-2.pdf

*9　http://www.aec.go.jp/jicst/NC/iinkai/teirei/siryo2013/siryo34/siryo1.pdf

*10　http://www.meti.go.jp/committee/sougouenergy/denryoku_gas/genshiryoku/houshasei_haikibutsu_wg/pdf/017_01_00.pdf

*11　https://www.nsr.go.jp/disclosure/committee/kisei/00000162.html

*12　https://www.nsr.go.jp/activity/regulation/tekigousei/shin_kisei_kijyun.html

*13　http://www.enecho.meti.go.jp/category/others/basic_plan/#head

*14　http://www.enecho.meti.go.jp/committee/council/basic_policy_subcommittee/mitoshi/pdf/report_01.pdf

6．オゾン層破壊と対応策

6－1　オゾン層の形成と破壊

オゾンは酸素原子３個からなるガスで、太陽の紫外線による化学反応で酸素から生成します。オゾンは太古から自然界に存在していましたが、約160年前に発見されました。強力な酸化力を有しており、水道水の高度浄化、工場の悪臭防止、食品工場の衛生管理、医療施設の環境管理、家電製品（洗濯機、エアコン）等、さまざまな施設や製品で脱臭、除菌などに利用されています。

オゾンは36億年前に誕生したらん藻類の光合成により生じた酸素からでき始め、現在のようなオゾン層の形成は約４億２千万年前と考えられています。オゾン層が出現し、生物が太陽の有害な紫外線から守られようになった結果、陸上生物の生存が可能になりました。図６－１に示したとおり、大気中のオゾンのうち約10％は対流圏に、残りの約90％は成層圏に分布しています。成層圏に分布するオゾンをオゾン層と呼んでいます。

図６－１　大気中のオゾンの分布

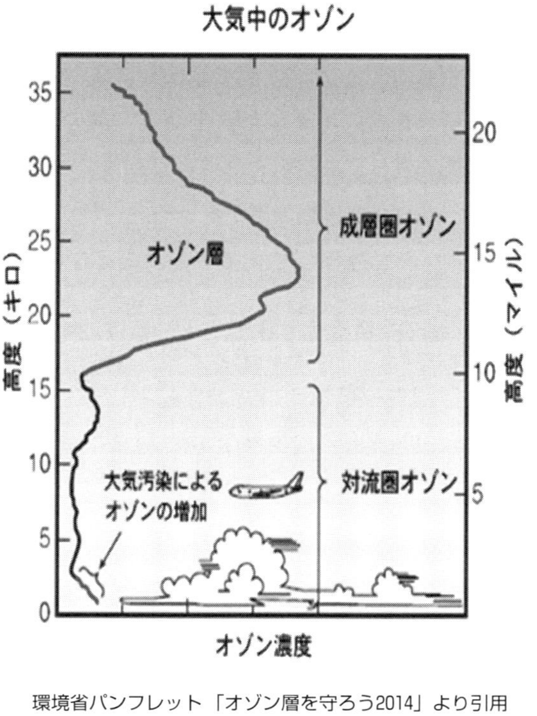

環境省パンフレット「オゾン層を守ろう2014」より引用

オゾン層は、「フロン」という「フッ素と炭素の化合物（フルオロカーボン類）」によって破壊されます。フロンは、1928年に人工的に作られた物質で、燃えにくい、分解しにくい、人の体に害がない等の優れた性質を持っているため、冷蔵庫やエアコンの冷媒、スプレー類、電子部品の洗浄剤などとして広く大量に用いられてきました。しかし、1974年に、カリフォルニア大学のローランド教授らによって、有害な紫外線から生物を守るオゾン層が環境中に排出されたフロン（クロロフルオロカーボン：CFC）によって破壊される可能性が指摘され、それを契機としてフロンがオゾン層破壊の原因物質であると判明しました。

使用中の機器等からの漏出や、廃家電製品等からの放出によって環境中に排出されたフロンは、上空のオゾン層に到達し、強い紫外線を受けて分解され、塩素原子を生じます。この塩素原子が触媒となってオゾンが酸素に変化する反応を促進するために、オゾン層が破壊されます。オゾン層が破壊されると、有害な紫外線であるUV-Bが増え、その結果、人の皮膚がんや白内障が増加することが懸念されています。環境省の平成15年度年次報告書*[1]には、オゾン層におけるオゾン濃度が１％減少すると、UV-Bの増加によって皮膚ガンの発症が２％増加し、白内障の発症が0.6～0.8％増加するとの記載があります。また、生態系への影響については、地上や海面に降り注ぐUV-Bの増加によって、植物の成長が阻害される、落ち葉等の分解者である微生物が減少する、海の食物連鎖が乱れる等の影響が起こると指摘されています。

オゾン層を破壊する原因物質の主なものはCFC・HCFC等のフロンですが、ハロン、1,1,1-トリクロロエタン、四塩化炭素、臭化メチルもオゾン層を破壊します*[2]。フロン類は主に冷蔵庫やエアコンの冷媒として、ハロンは消火性能にすぐれた安全な化学消火剤として、また、1,1,1-トリクロロエタンは電子部品等の金属洗浄剤として使用されてきました。これらの物質に共通している原子は塩素や臭素です。フロンを含め、塩素・臭素原子を含む化学物質が上空で紫外線によって分解され、生じた塩素・臭素原子がオゾンを分解して酸素を生じる反応を加速することが知られています。

最初に実用化されたフロンであるCFCは、強いオゾン層破壊力を有するためモントリオール議定書によって2010年までに生産・消費が世界的に全廃されました。CFCに続いて、オゾン層破壊力の比較的弱いハイドロクロロフルオロカーボン（HCFC）が使用されましたが、やはりオゾン層を破壊する問題があるため段階的な削減と2020年（発展途上国は2030年）までの全廃が決定されています。また、前述したハロン等のオゾン層破壊物質のうち、HCFC以外の物質は2015年までに全て生産・消費が全廃されています。

南極上空でオゾン層のオゾンが急速に減少している領域をオゾンホールといいます。南極上空では、毎年９月から10月にかけてオゾン総量の急激な減少が起こり、ぽっかり穴があいたようにオゾンの少ない領域が出現します。この領域をオゾンホールと呼んでいます。この南極のオゾンホールの現象は、1982年に南極大陸の昭和基地で日本の観測隊員によって発見されました。オゾンホールの大きさが、オゾン層破壊の状況を把握する上で、一つの目安とされています。図6－2に見られるように、南極オゾンホールの大きさの変化を長期的にみると、1980年代から1990年代半ばにかけて急激に規模が大きくなりましたが、その後、拡大傾向はみられなくなっています。これは、オゾン層破壊防止対策が功を奏した現れと考えられます。

図6－2　オゾンホール面積の年最大値の推移

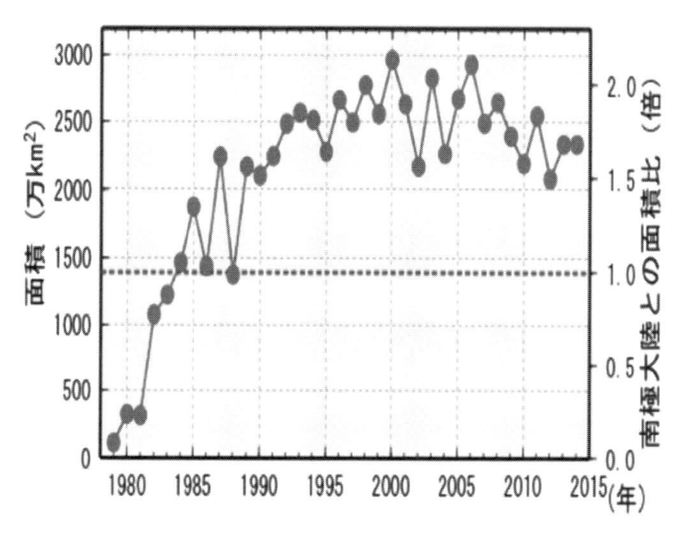

出典：http://www.data.jma.go.jp/gmd/env/ozonehp/link_hole_areamax.html
「オゾンホール面積の年最大値の推移」（気象庁ホームページより）

6－2　オゾン層保護に向けた国際的な取組状況

地球環境問題のひとつであるオゾン層破壊の三要素は、フロン、オゾン、紫外線です*3。フロンはオゾン層破壊の原因物質で、フッ素と炭素の化合物（フルオロカーボン類）の総称、オゾンは成層圏のオゾン層に存在し、フロンによって分解されるガス、紫外線は可視光線よりも波長が短く、オゾン層破壊により有害性が増加する光線です。

フロンを原因としたオゾン層破壊→UV-Bの増加→UV-Bによる皮膚がん等の悪影響という流れを断つためには、おおもとのフロンを削減する必要があるという認識の下、1985年にウィーン条約が採択され、1987年のモントリオール議定書によって国際的な対策が講じられるようになりました。最初に実用化されたフロン（クロロフルオロカーボン、CFC、特定フロン）は強いオゾン層破壊力を有するため、CFCの生産と消費は、モントリオール議定書に基づいて先進国では1995年末までに、途上国では2009年末までに全廃されました。CFCに続いて、1980年代からはオゾン層破壊係数の小さいフロン（ハイドロクロロフルオロカーボン、HCFC、指定フロン）が開発され、CFCに代わって用いられるようになりました。オゾン層破壊は、フロンに含まれる塩素原子によって起こります。HCFCにも塩素原子が含まれるため、多少はオゾン層破壊を引き起こしますので、HCFCに続いて塩素原子を含まず全くオゾン層を破壊しないフロン（ハイドロフルオロカーボン、HFC、代替フロン）が開発されました。このようにフロン対策においては、次々と新しい化学物質に置き換える方策がとられました。

代替フロンHFCはオゾン層破壊には全く影響しない優れた物質ですが、思わぬ死角のあることが分かりました。他のフロンと同様に、地球温暖化係数（温室効果係数、GWP）が比較的大きいため、地球温暖化を促進する懸念が生じました。そこで、HFCについては、モントリオール議定書ではなく、気候変動枠組条約の京都議定書によって削減に向けた国際的な取組が行われています（図６－３）。

図６－３　フロン使用の変遷と規制の概要

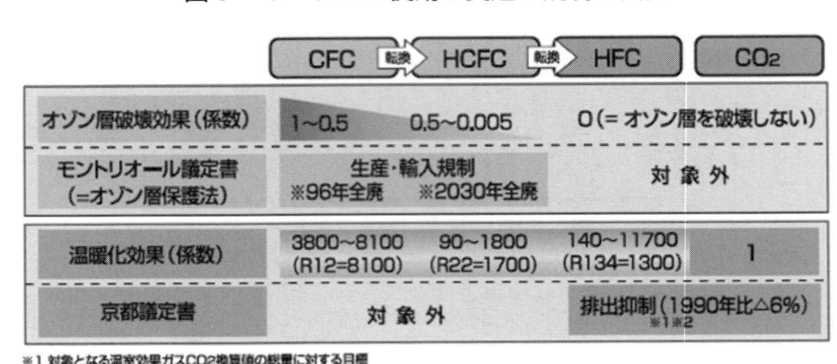

※1 対象となる温室効果ガスCO2換算値の総量に対する目標
※2 代替フロン等3ガス（HFC、PFC、SF6）については、地球温暖化目標達成計画（平成20年3月全部改定）により、95年比△1.6%を目標

出典：経済産業省 国土交通省 環境省「フロン回収・破壊法詳細版パンフレット（2013年９月）」
http://www.env.go.jp/earth/ozone/cfc/law/kaisei/pamph1309/full.pdf

国連環境計画（UNEP）と世界気象機関（WMO）が発行した「オゾン層破壊の科学アセスメント：2014」*4には、“モントリオール議定書の下で規制されている物質の対流圏中の量は減少し続けている。主な規制対象オゾン層破壊物質の大部分は予想どおりに大きく減少した。モントリオール議定書が完全に遵守されれば、地球の大部分でオゾン全量は1980年レベルに回復するであろう。”と記されており、モントリオール議定書に基づいた国際社会の行動が効を奏した現れと評価されます。

表６－１の年表は、モントリオール議定書を中心とした国際的なフロン規制の経緯を示したものです*5。国際的な取組は、1974年のローランド教授らの指摘が契機となったことを忘れてはなりません。また、議定書の改正によって、規制対象の化学物質の拡大、規制の前倒し実施等、国際社会が真摯に取り組んだ足跡がうかがえます。

表6－1　モントリオール議定書によるオゾン層保護対策の経緯

1974年	米国カリフォルニア大学ローランド教授とモナ博士がCFCによるオゾン層の破壊及びその結果として人や生態系への影響が生じる可能性を指摘した論文を発表
1985年	「オゾン層保護のためのウィーン条約」採択1987年「オゾン層を破壊する物質に関するモントリオール 議定書」採択
1988年	ウィーン条約発効
1989年	モントリオール議定書発効
1990年	モントリオール議定書第2回締約国会合開催（ロンドン） 特定フロンの2000年全廃、1,1,1 ートリクロロエタンの規制物質へ追加等を合意
1992年	モントリオール議定書第4回締約国会合開催（コペンハーゲン） CFCの1996年全廃、HCFC、臭化メチルの規制物質への追加等を合意
1999年	ウィーン条約第5回締約国会議及びモントリオール議定書第11回締約国会合開催（北京） HCFCの生産量規制導入等を合意
2007年	モントリオール議定書第19回締約国会合 開催（モントリオール） HCFCの規制スケジュール前倒しを合意

（参考）「平成25年度オゾン層等の監視結果に関する年次報告書」

図6－4は、モントリオール議定書及びその改正によって、成層圏における実効的な塩素濃度（EESC：塩素と臭素（塩素と同様にオゾン層を破壊する原子）によるオゾン破壊効率が異なることを考慮して、臭素濃度を塩素濃度に換算して求めた成層圏での塩素・臭素濃度のこと）が、今後どのように変化するかを予測したものです。表6－1を参照しながら図6－4を見てみると、①議定書による規制がなかった場合には、実効的な塩素濃度が一気に上昇すること、②特定フロン、CFCを規制対象とした1990年のロンドン改正では効果が不十分で、HCFC等を対象に加えた1992年のコペンハーゲン改正で有効な手を打てたこと、③1999年の北京改正、2007年のモントリオール改正によるHCFC規制の具体化が更に削減効果をもたらしたこと、が読み取れます。

環境省の平成26年度年次報告書*[5]には、“オゾン層を破壊するCFCの生産と消費は、モントリオール議定書に基づいて先進国では1995年末までに、途上国では2009年末までに全廃されたが、大気中寿命が非常に長いため、今後、CFCの大気中濃度は極めてゆるやかに減少していくと予測されている。一方、CFCと比べるとオゾン層破壊係数の小さいHCFCについては、議定書の規制スケジュールに従って生産・消費が進められている途中段階にあり、HCFCの大気中濃度は引き続き増加するが、今後20～30年でピークに達し、その後減少すると予測されている”との記述があります。

モントリオール議定書による規制によって、皮膚がんはどの程度防止できたのでしょうか？　国立環境研究所のウェブサイト*[6]に、モントリオール議定書の環境影響評価パネル（EEAP）が著わした評価報告書の概要が紹介されており、“報告書によると、議定書の成功で、紫外線の増加は南極に限られ、北極でも数回の短期的影響にとどまっている。2030年までに、年間最大200万例の皮膚ガンが防止できるという。今後も議定書の効果的な実施が続けば、極地以外での紫外線の変化はオゾンではなく気候変化や大気汚染等が要因となって発生し、極地での紫外線レベルはオゾン層の回復および雲や地表反射率の変化で決まると指摘している”と記述されています。また、ローランド教授らの指摘を契機とした、ウィーン条約やモントリオール議定書によるフロン規制が、人の皮膚がんの発症リスクを大幅に低減したことが環境省の平成16年度年次報告書*7に示されています。このようにオゾン層破壊防止に係るウィーン条約は成功をもたらしつつあります。

図６－４　モントリオール議定書のEESCの削減効果

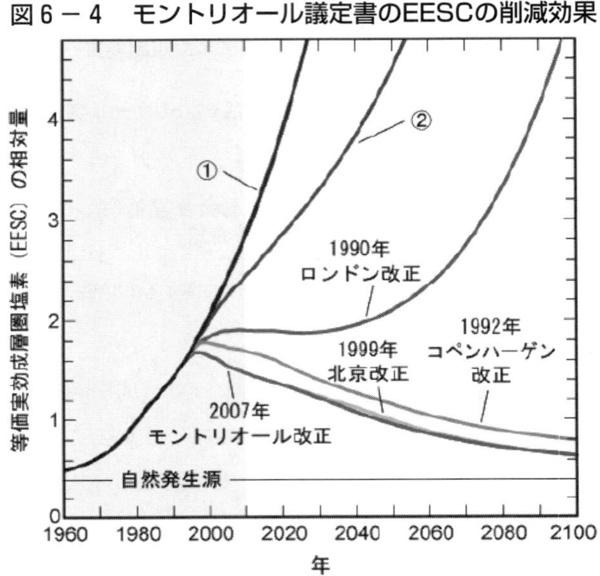

オゾン層破壊物質の量に関する将来予測をEESCで示したもの。モントリオール議定書が採択されていないと仮定した場合(①)、モントリオール議定書採択当時(1987年)の規制に即した場合(②)及びその後の改正・調整による場合別にEESCの予測量が表されている。(出典)Scientific Assessment of Ozone Depletion: 2010(WMO, 2011)より作成

出典：環境省ホームページ「平成25年度オゾン層等の監視結果に関する年次報告書」
https://www.env.go.jp/earth/report/h26-03/4_chapter4.pdf

６－３　日本におけるオゾン層保護対策の動向

国際的な取組を受けて、日本では、モントリオール議定書に基づくオゾン層破壊物質の生産及び消費を規制し、その需要を円滑かつ着実に削減していくために、1988年にオゾン層保護法が制定されました。この法の下、オゾン破壊係数の比較的大きいCFCは、1980年代のピーク時には毎年約15万トン出荷されていましたが、1995年末には全廃されました。オゾン破壊係数の比較的小さいHCFCは、1990年代後半に日本で約50,000トン（オゾン破壊係数を加味した量）が出荷されていま

したが、2004年の出荷量は約20,000トンまで減少し、今後、段階的に出荷量が削減され、2020年には全廃される計画になっています*[8]。

日本の冷媒分野における機器内のCFC残存量は2000年末現在で約22,000トン、また、発泡分野における断熱材中のCFC残存量は2000年末現在で約40,000トンと推計されています*[9]。また、過去に生産され、機器等に封入されて現在日本で使用されているフロン類の量は約33万トン以上に達し、うち約7割が冷媒用途であると推計されています*[8]。フロンが全廃されても、CFCやHCFCを使用した電気製品等を使い続ける限り、使用時や廃棄時におけるフロンの環境への排出は避けられません。また、環境中に排出されたフロンは、分解しにくいという“すぐれた性質”のため、長い間環境中に漂い続けることが環境省のパンフレット*[3]に示されています。従って、オゾン層を保護するためには、フロンの生産規制だけでは不十分であり、使用時や廃棄時におけるフロンの環境への排出を防止する必要があります。

日本では、家電リサイクル法による冷蔵庫・エアコンからのフロン回収、フロン回収・破壊法による業務用冷凍空調機器からのフロン回収・破壊、自動車リサイクル法によるカーエアコンからのフロン回収が相次いで法定化され、フロンの回収が行われてきました。図6－5には、フロン規制に係る国際的な取組と国内の取組の枠組みを示しました。

図6－5　フロン規制に係る国内外の取組の枠組

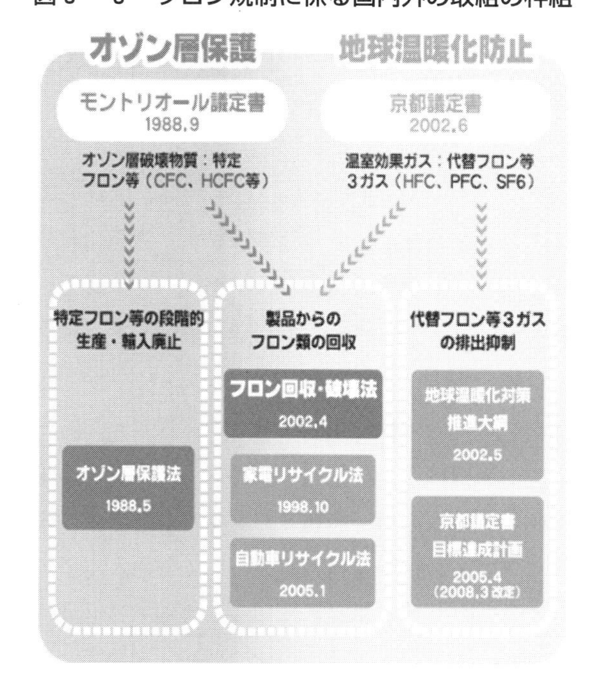

出典：経済産業省 国土交通省 環境省「フロン回収・破壊法詳細版パンフレット（2013年9月）」
http://www.env.go.jp/earth/ozone/cfc/law/kaisei/pamph1309/full.pdf

2001年４月に完全施行された家電リサイクル法によって冷蔵庫・エアコンからのフロン回収が開始されました。家電リサイクル法では、循環型社会形成の一環として、エアコン、テレビ、冷蔵庫、洗濯機の４品目の家電製品が対象とされています。これらの家電４品目については、小売業者による引取りと消費者への管理票の発行、製造業者等によるリサイクルが義務付けられ、消費者には、廃棄する際の収集運搬料金とリサイクル料金の支払いなどの役割が定められています。製造業者等には引き取った廃家電製品のリサイクル率の達成、エアコン、冷蔵庫からのフロン類の回収が求められています。

2002年４月に施行されたフロン回収・破壊法では、フロン類の大気中への放出を抑制するため、業務用冷凍空調機器に冷媒として使用されているCFC、HCFC、ハイドロフルオロカーボン（HFC）の３種類のフロン類を対象としています。フロン類を大気中にみだりに放出することを禁止し、機器の廃棄の際のフロン類の回収・破壊を義務づけています。また、2007年の法改正によって、機器廃棄時の行程管理制度の導入、機器整備時の回収義務の明確化等の措置が講じられ、規制が強化されました。

2005年１月に全面施行された自動車リサイクル法では、シュレッダーダスト（車体等を細かく破砕したもの）の安定したリサイクルの推進、カーエアコンからのフロン類の回収・破壊、エアバッグの適正処理を的確に行うため、これら３種を法の対象としています。リサイクルに要する費用は、新車購入時に支払いが行われています。

HFCはオゾン層を破壊せず、代替フロンと呼ばれますが、地球温暖化を促進する温室効果ガスであるため、京都議定書において温室効果ガスの一つに位置付けられています。日本では、地球温暖化防止の観点から、HFCに代わる化学物質が冷媒等として使用されることになりました。それらの化学物質はまとめて「ノンフロン」*10と呼ばれ、近年では、家庭用電気冷蔵庫、住宅用断熱材、ダストブロアー等を中心にノンフロン化が進められています。大型冷蔵庫には冷媒としてイソブタンという炭化水素が、また、住宅用断熱材の発泡にはシクロヘキサンという炭化水素等が使用されるようになりました。これらの炭化水素以外にも、二酸化炭素やアンモニア等が使用されています。ノンフロンの家電製品には、統一省エネラベルにノンフロンマークが表示されています。なお、ノンフロン化に伴い、ダストブロアー等の噴射剤にはフロンに代わってエーテル系可燃性ガスが使われているものもありますので、噴射後の火気使用に注意する必要があります。

ノンフロン製品からの炭化水素の回収は、法律の対象にされていませんが、家電リサイクル法の対象となっている冷蔵庫とエアコン、自動車リサイクル法の対象となっているカーエアコンは、ノンフロン製品であっても、これらのリサイクル法に則って処理する必要があります。一方、フロン回収・破壊法では、業務用冷凍空調機器（業務用冷凍冷蔵庫、業務用エアコン等）に冷媒として使用されているクロロフルオロカーボン（CFC）、ハイドロクロロフルオロカーボン（HCFC）、ハイドロフルオロカーボン（HFC）の３種類のフロン類が対象とされていますので、これらのフロンを使用していない、いわゆるノンフロンの業務用冷凍空調機器は法適用の対象外となります。

CFCからノンフロンに至る変遷と、地球環境問題への影響度については、表6－2の通り整理されます。日本では、今後のHFC排出量の増加等を背景に「地球温暖化を含めたフロン対策」を強化するため、フロン回収・破壊法が改正されました。改正フロン法は、「フロン類の使用の合理化及び管理の適正化に関する法律」（略称：フロン排出抑制法）として2015年4月1日から施行され、HFCを含めたフロン類の使用時における漏えいの防止や報告、業者による再生・破壊量の報告、ノンフロンへの転換の促進等が事業者に求められることになりました*[11]。因みに、2015年度に回収されて再生されたフロンは約965トンでした。また、破壊されたフロンは約4,819トンで、このうちHCFCが51.1％、HFCが41.9％を占めています*[12]。

表6－2　各種「フロン」に係る地球環境問題への影響度

区分	オゾン層破壊	地球温暖化
特定フロン　CFC	×	×
指定フロン HCFC	△	×
代替フロン　HFC	○	×
ノンフロン　HC	○	○

○:影響なし又は僅少　△:多少影響あり　×:影響あり

（参考）一般社団法人　日本電子回路工業会
http://jpca.jp/mrecologist/vol_62/

政府は、消費者が地球温暖化への影響を考えて製品を選べるようにするため、2015年7月からエアコンや冷蔵庫などの製品について、製品の本体やカタログに「フロンラベル」を表示できることにしました。フロンラベルには、①「環境影響度の達成度合い」を示すアルファベット（S, AAA, AA, A）、②使用されているフロンの「地球温暖化係数」（コラム参照）、③製品ごとに定められた「環境影響度の目標値を達成する目標年度」、の3種類の情報が示されています。「フロンラベル」は、ラベルを付けた製品の地球温暖化への影響度をひと目で示すマークです。オゾン層破壊効果がないにもかかわらず、温室効果を持つ「代替フロン」を問題と認識し、代替フロンより温室効果の低い物質や、もともと自然界に存在していた物質を使う「自然冷媒」といった新しい冷媒への転換（いわゆる「ノンフロン化」）を促す効果が、フロンラベルには期待されています*[13]。

代替フロンHFCに関しては、国際的にも規制強化の動きが見られます。オゾン層保護のためのモントリオール議定書を改定して代替フロンを段階的に削減することが、2016年10月にルワンダで開かれたモントリオール議定書締約国会議で決定されました。米国や日本などの先進国はHFCの生産量を2019年から徐々に減らして2036年までに2011～13年の平均に比べて85％削減することになりました。途上国は国によって削減スケジュールが異なり、例えば中国は2024年に削減を始め、2045年に2020～22年の平均比で80％削減することになっています。代替フロンHFCについては、これまで気候変動枠組条約に基づく京都議定書によって、先進国を中心に排出抑制の取組が行われてきましたが、今後は、ウィーン条約に基づくモントリオール議定書によって、途上国を含むモントリオール議定書締約国で生産抑制の取組も併せて推進されることになります*[14]。

コラム　オゾン層破壊と地球温暖化

地球温暖化が顕在化し始めたころ、「地球温暖化は、フロンによるオゾン層破壊が原因で起こる。」と誤解した人が多くいました。今でも、この誤解を引きずっている人を時々見受けます。国立環境研究所のウェブサイト*には、「温暖化の原因は、フロンガスによるオゾン層破壊のために、太陽光が地上を強く照らすようになるためではないのですか。」という質問と、「フロンガスによってオゾン層が破壊されると、太陽光がほんの少し強く地上を照らすようにはなるのですが、それによって地球が温暖化される効果はほとんどないと考えられます。温暖化の主な原因は、二酸化炭素（CO_2）をはじめとする温室効果ガスの濃度の増加にあります。」という回答が掲載されています。回答の根拠も詳細に示されており、平易に要約すると、①オゾン層破壊による地上での太陽エネルギーの増加は0.01％程度である、②IPCCの第５次評価報告書における放射強制力の解析によれば、オゾン層破壊による放射強制力はCO_2の放射強制力に比べてかなり小さく、地表気温に対してほとんど影響がない、と理解されます。質問のような誤解を生じる原因として、例えば、環境省のパンフレット**における“地球温暖化に悪影響を与えるのは二酸化炭素だけではありません。フロンもまた、強力な温室効果をもっています。その影響は、二酸化炭素と比べて100～10,000倍の強力なものです”といったような、誤解を招きかねない表現が挙げられます。地球温暖化係数（GWP）#は、二酸化炭素を１とするとフロンではおよそ100～10,000（フロンの種類によって異なる）になりますが、GWPの数値だけを比較して地球温暖化への影響を云々すると誤ります。GWPは「同じ重量」が前提になっていますので、地球温暖化への影響度合いは「GWP×排出量」で考える必要があります。既に学んだとおり、化石燃料の燃焼によって排出される二酸化炭素の排出量が圧倒的に多いため、地球温暖化に対しては二酸化炭素が最も大きな影響を及ぼすことになります。

#地球温暖化係数（GWP：Global Warming Potential）とは、二酸化炭素を基準にして、ほかの温室効果ガスにどれだけ地球を温暖化する能力があるかを表した数字のことです。すなわち、単位質量の温室効果ガスが大気中に放出されたときに、一定時間内に地球に与える放射エネルギーの積算値を、CO_2に対する比率として見積もったものです。京都議定書では、IPCCの第２次評価報告書（1995年）による地球温暖化係数を温室効果ガスのCO_2換算量の計算に用いることとなっています。例えば、二酸化炭素に比べメタンには地球を温暖化する能力が21倍あるとされていますので、１トンのメタンの排出は、21トンの二酸化炭素の排出に相当するとして計算されます***。なお、2013年以降の第２約束期間（2015年提出以降）ではIPCC第４次評価報

告書（2007）のGWP（メタン：25、一酸化二窒素：298など）が使用されています****。

* http://www.cger.nies.go.jp/ja/library/qa/9/9-2/qa_9-2-j.html

** http://www.env.go.jp/earth/ozone/non-cfc/pamph_products/integration_full.pdf

*** http://www.jccca.org/faq/faq04_05.html

***** http://www-gio.nies.go.jp/faq/ans/outfaq2a-j.html

コラム　代替フロン（HFC）の規制とノンフロン化

冷蔵庫や空調機の冷媒等に利用されているフロン（フルオロカーボン）のうち、CFC（クロロフルオロカーボン）とHCFC（ハイドロクロロフルオロカーボン）はオゾン層を破壊しますので、ウィーン条約のモントリオール議定書により生産規制の対象とされてきました。CFCは既に全廃され、HCFCは先進国においては2020年までに全廃される計画になっています。一方、第三世代のフロンとも言える代替フロン（HFC：ハイドロフルオロカーボン）は塩素を持たないためオゾン層を破壊しませんが、代替フロンには同じ重量の二酸化炭素に比べ100倍～10,000倍の温室効果がありますので、気候変動枠組条約の京都議定書において温室効果ガスの一種として位置付けられ、地球温暖化防止の観点から排出を抑制する取組が先進国を中心に行われてきました。しかし、例えば、日本の温室効果ガスの排出量（2014年度）*に見られるように、総排出量13億6,400万トン（CO_2換算）に対する代替フロンの割合は2.6%に過ぎませんが、その排出量は2005年度比で1.8倍にも増加しています。この顕著な増加は他の温室効果ガスには見られないものであり、代替フロンには排出抑制に加えて新たな対策が必要とされることを示唆しています。2016年10月にルワンダで開かれたモントリオール議定書締約国会議で、2019年から代替フロンの生産を抑制していくことが決定されました。その結果、オゾン層の保護を目的とした条約・議定書で、オゾン層を破壊しない物質を規制するという「ねじれ」が生じました。日本では、いち早く代替フロンから自然冷媒等へのノンフロン化を推進してきた実績があります。また、2015年４月に施行されたフロン排出抑制法においても、事業者に使用時の漏えい防止の強化、ノンフロンへの転換の促進等を求めています。代替フロンの生産抑制については、おそらくオゾン層保護法（「特定物質の規制等によるオゾン層の保護に関する法律」）の改正によって実施されることになると推察されます。今後は、排出抑制（出さない）、ノンフロン化（切り替える）、生産抑制（作らない）の３原則に沿って、代替フロン削減が本格化することになります。

* http://www.env.go.jp/earth/ondanka/ghg/2014_kakuho_gaiyou.pdf

〈参考資料〉

*1　http://www.env.go.jp/earth/report/h15-03/3_2.pdf

*2　http://www.env.go.jp/earth/ozone/pamph/2015_ozone_whole.pdf

*3　http://www.env.go.jp/earth/ozone/pamph05/full.pdf

*4　http://www.data.jma.go.jp/gmd/env/ozonehp/report2014/o3assessment.pdf

*5　https://www.env.go.jp/earth/report/h26-03/index.html

*6　http://tenbou.nies.go.jp/news/fnews/detail.php?i=15314

*7　http://www.env.go.jp/earth/report/h16-01/3_02.pdf

*8　https://www.env.go.jp/council/06earth/y066-01/mat07_2-1.pdf

*9　https://www.env.go.jp/earth/ozone/cfc/cfc-ja.pdf

*10　http://www.env.go.jp/earth/ozone/non-cfc/pamph_products/2010/integration_full.pdf

*11　http://www.env.go.jp/earth/ozone/cfc/law/kaisei_h27/index.html

*12　http://www.env.go.jp/press/102858.html

*13　http://www.gov-online.go.jp/useful/article/201607/3.html

*14　http://scienceportal.jst.go.jp/news/newsflash_review/newsflash/2016/10/20161017_02.html

7．地域環境問題と対応策

7－1　大気汚染

(1)　大気汚染の歴史

国内外における大気汚染の歴史を紐解くと、大気汚染は18世紀半ばにイギリスで始まった産業革命を契機としています。工業都市マンチェスターやグラスゴーでは、1926年にすでに、呼吸器疾患の死亡率の増加は大気汚染の影響であることが指摘されています。イギリスでは、その後も多数の死者を出すほどの大気汚染事件が起きました。最も被害が大きかったのは、1952年12月のロンドンスモッグ事件で、大気汚染のために4,000人もの人々が死亡しました。車社会のアメリカでは、1960年代にロスアンゼルス等で自動車排ガスによる光化学スモッグが観測され、目や呼吸器への被害が報告されました。これを契機に、有名なマスキー法が制定され、自動車排ガス対策が推進されました。

日本の大気汚染は、1960年代の高度経済成長期に産業型公害として登場しました。第二次大戦後の工業復興に伴い、降下煤煙、二酸化硫黄による深刻な大気汚染によって、四大公害の一つである「四日市ぜんそく」に代表される呼吸器疾患が増加し、川崎市や北九州市等の工業地帯でも大きな社会問題になりました。これらの大気汚染対策として、大気汚染防止法の制定（1968年）を皮切りに、大気環境基準の設定（1973年より順次）、大気汚染物質の排出規制等が行われた結果、硫黄酸化物や一酸化炭素による汚染は大幅に改善されました。この間に排煙脱硫装置の普及・進展等、技術開発による寄与があったことも忘れてはなりません。その後、自動車交通の増加から、窒素酸化物（NOx）及び浮遊粒子状物質（SPM）による汚染が課題となりましたが、自動車NOx・PM法や東京都条例等によるディーゼル排ガスの規制、ディーゼル排ガス微粒子（DEP）の除去装置（DPF）の導入等により改善が図られました。DPFの導入に伴い、軽油のサルファーフリー化（軽油に含まれる硫黄分を10ppm以下にすること）も実現されました。

現在、日本では、オゾンを主成分とする光化学オキシダントの環境基準達成率はほぼ０％で推移しており、注意報等の発令件数も横ばいの状態です*[1]。光化学オキシダントは、揮発性有機化合物（VOC）と窒素酸化物（NOx）が空気中で太陽の紫外線を受けて光化学反応を起こすことで生じます。そのため、原因物質の一つである揮発性有機化合物（VOC）の対策が進められています。VOCとは、揮発性を有し大気中でガス状となる有機化合物の総称で、大気汚染防止法では、「排出口から大気中に排出され、また飛散したときに気体である有機化合物」と定義されています。塗料、印刷インキ、接着剤、洗浄剤などに使用されている「有機溶剤（単に「溶剤」とも言う）」が、

VOCの主な発生源になります。「ペンキぬりたて」のべたべたした状態がしばらく経つと乾きます。この間に溶剤は大気中に蒸発して大気を汚染することになります。日本の工場等において実際に使用されているVOCは約200種類あり、代表的な物質として、トルエン、キシレン、エチルベンゼン、ジクロロメタンなどが挙げられます。

2000年におけるVOC排出量は日本全国で185万トンでした。工場・建設現場等の固定発生源からの排出が90％を占めており、自動車等の移動発生源は10％に過ぎません。固定発生源では、塗装の43％、印刷用溶剤の13％、給油所の８％、クリーニングの５％等が主な発生源になっています*2。光化学オキシダントのもう一つの原因物質であるNOxは、窒素を含む燃料からも発生しますが、主として空気中の窒素に由来します。

VOCを削減するために、2006年から法規制と事業者の自主的取組とのベスト・ミックスによる対策が推進され、2012年度のVOCの排出量は2000年度に比べて約48％削減されました*2。しかしながら、光化学オキシダントの環境基準達成率は改善されませんでした。国立環境研究所は、その一因として、光化学オキシダントの越境汚染の可能性を示唆しています。

(2)　日本の大気汚染物質

日本では、ばい煙、粉じん、自動車排ガス、有害大気汚染物質、揮発性有機化合物等による大気汚染を防止し、健康の保護と生活環境の保全、損害賠償責任による被害者の保護を図ることを目的に、1968年に大気汚染防止法が制定されました。「ばい煙」とは、一般的には工場などで化石燃料などを燃やしたときに発生する「すす」（煤）や「煙」のことをいいます。また、ばい煙のうち、固体の粒子状物質を「ばいじん」といいます。一方、燃焼によらず、物の破砕・粉砕などによって発生する固体の粒子状物質は、「粉じん」と呼ばれて「ばいじん」と区別されています。

これらの大気汚染を引き起こす物質のうち、環境基準が設定されている「大気汚染物質」は図７－１のとおり６種あります。二酸化硫黄（硫黄酸化物の一種）、一酸化炭素、浮遊粒子状物質（SPM）、二酸化窒素（窒素酸化物の一種）、光化学オキシダント、微小粒子状物質PM2.5です。また、有害大気汚染物質の23種の優先取組物質のうち、ベンゼン等４種にも環境基準が設定されています。環境基準は、環境基本法に基づいて設定される基準で、「人の健康の保護及び生活環境の保全の上で維持されることが望ましい基準」であり、行政上の政策目標です。人の健康等を維持するための最低限度としてではなく、より積極的に維持されることが望ましい目標として、その確保を図っていこうとするものです。従って、「安全」上の一つの目安になりますので、環境基準の達成率が高いほど市民の「安心」につながります。

図７－１　大気汚染防止法で定める大気汚染物質

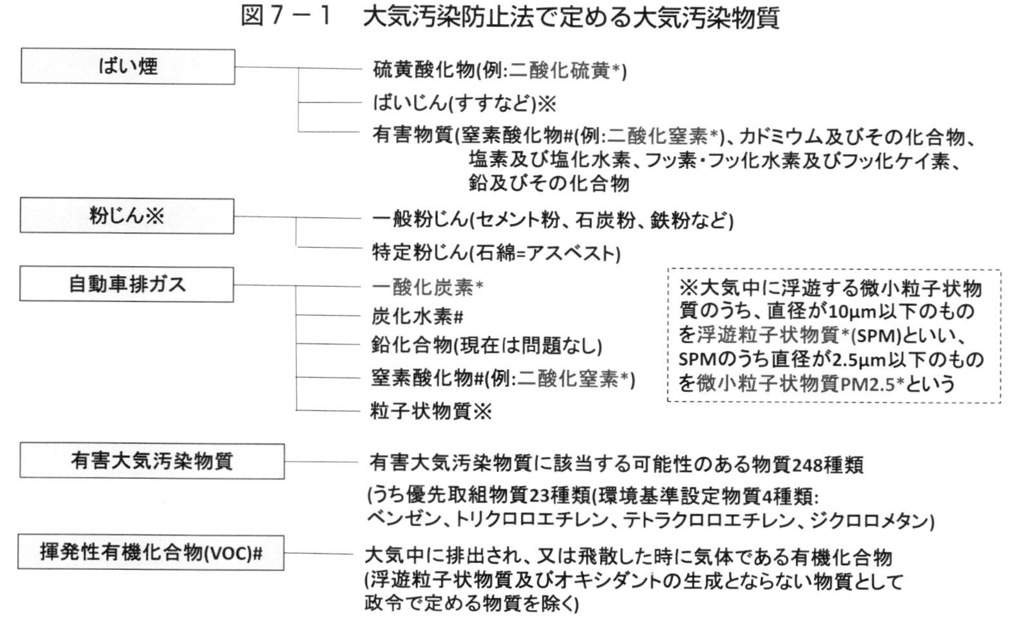

光化学オキシダントの原因物質が揮発性有機化合物（VOC）と窒素酸化物（NOx）であることは先に述べましたが、図７－１では炭化水素にも光化学オキシダントの原因物質であることを示す「#」の印が付いています。炭化水素は炭素と水素から成る化合物の総称で、化石燃料の主成分です。自動車燃料のガソリンや軽油の成分でもありますので、燃料の燃え残りとして自動車排ガス中にも含まれます。VOCは蒸発しやすいという物理的な性質によって物質群がくくられているのに対して、炭化水素は化学的な組成によって物質群がくくられています。従って、炭化水素であり、かつVOCであるという化学物質も数多く存在します。

「ばいじん」や「粉じん」の中には、非常に細かい粒子で空気中を浮遊するものがあります。直径が10μm以下の粒子を浮遊粒子状物質（SPM）といい、SPMの中でも特に直径が2.5μm以下の粒子を微小粒子状物質PM2.5といいます。因みに、１μmは１mmの千分の１の長さです。

⑶　日本の大気汚染の現状

表７－１には、環境基準が設定されている６種類の大気汚染物質について、一般局（一般環境大気測定局）における2014年度の環境基準達成率（物質欄の［%］)、各物質の環境基準、発生源や環境・健康への影響が示されています。各年度の環境基準達成状況は環境省の大気環境モニタリング実施結果「大気汚染状況について」のサイト[*1]で把握することができます。また、各測定点におけるリアルタイムの実測値は、環境省の大気汚染物質広域監視システム（愛称「そらまめく

ん」)＊3に開示されています。環境基準の達成率に注目すると、前述したように光化学オキシダントの達成率が０％であることが分かります。また、次いで達成率の低いのが微小粒子状物質PM2.5です。

表７－１　大気汚染物質の環境基準と達成状況

環境基準は、「人の健康の保護及び生活環境の保全の上で維持されることが望ましい基準」として、環境基本法に基づき設定される。

物質 [達成率(2014年度)]	環境基準（告示年月日）	各物質の説明（環境影響など）
二酸化硫黄（SO_2） [99.6%]	1時間値の1日平均値が0.04ppm以下、かつ、1時間値が0.1ppm以下。(1973.5.16)	石油、石炭等を燃焼したときに含有される硫黄（S）が酸化されて発生し、高濃度で呼吸器に影響。森林や湖沼などに影響を与える酸性雨の原因物質。
一酸化炭素（CO） [100%]	1時間値の1日平均値が10ppm 以下、かつ、1時間値の8時間平均値が20ppm 以下。(1973.5.8)	炭素化合物の不完全燃焼等により発生し、血液中のヘモグロビンと結合して、酸素を運搬する機能を阻害するなどの影響。
浮遊粒子状物質 （SPM）[99.7%]	1時間値の1日平均値が0.10mg/m^{3}以下。1時間値が0.20mg/m^{3}以下。(1973.5.8)	大気中に浮遊する粒子状物質のうち、10μm以下の粒子状物質のことをいい、ボイラーや自動車の排出ガス等から発生。大気中に長時間滞留し、高濃度で肺や気管などに沈着して呼吸器に影響。
二酸化窒素（NO_2） [100%]	1時間値の1日平均値が0.04ppmから0.06ppmまでのゾーン内又はそれ以下。(1978.7.11)	窒素酸化物は、ものの燃焼や化学反応によって主に空気中の窒素から発生し、高濃度で呼吸器に影響。酸性雨及び光化学オキシダントの原因物質。
光化学オキシダント （OX）[0%]	1時間値が0.06ppm以下　。(1973.5.8)	大気中の窒素酸化物や炭化水素が太陽の紫外線を受けて化学反応を起こし発生する汚染物質で、光化学スモッグの原因。高濃度では、呼吸器への影響、農作物など植物への影響。
微小粒子状物質 (PM2.5)[37.8%]	1年平均値が15μg/m^{3}以下、かつ、1日平均値が35μg/m^{3}以下。(2009.9.9)	SPMのうち、2.5μm以下の微小な粒子状物質のことをいい、呼吸器疾患、循環器疾患及び肺がんに関して総体として人々の健康に一定の影響を与えていることが示唆。

環境省「大気汚染に係る環境基準」http://soramame.taiki.go.jp/index/setsumei/koumoku.html#kijun、
国立環境研究所「大気汚染状況の常時監視結果データの説明」http://www.nies.go.jp/igreen/explain/air/sub.html
をもとに作成

近年、PM2.5の越境大気汚染が問題になっていますが、世界で初めて越境大気汚染が問題になったのは、1960～1970年代の欧州における酸性雨でした。その典型例としてドイツのシュバルツバルト（黒い森）が挙げられます。その後、越境大気汚染の対象は、酸性雨（硫黄酸化物と窒素酸化物）のみならず、残留性有機汚染物質（POPs)、オゾン、重金属などに広がっています。日本でも、1985年頃から酸性雨を対象として越境大気汚染研究が始まりました。現在では、酸性雨の原因物質に加え、光化学オキシダントや粒子状物質（微小粒子状物質PM2.5など)、重金属（水銀など）を対象とした研究が進められています。

日本のPM2.5については、環境省のウェブサイト＊4に関連情報がまとめて記載されています。PM2.5は直径が2.5μm以下の粒子状物質で、直径が10μm以下の粒子状物質であるSPMに含まれます。PM2.5の粒子は極めて小さいため、肺の奥深くまで届いて沈着しやすく、呼吸器疾患だけでなく、肺がんや循環器疾患の原因にもなるとされています。ディーゼル車の排ガスや工場の煙などに多く含まれますが、二次粒子として大気中で生成するものもあります。米国では、日本より先に基準がありましたが、日本では2009年９月に米国と同じ環境基準が告示されました。この基準は、世界保健機関（WHO）の指針（年平均値10μg/m^3、日平均値25μg/m^3）より緩くなっています。2014年度におけるPM2.5の年平均値及び日平均値の両方の環境基準を達成した測定局の比率は、一般局で37.8％、自排局（自動車排出ガス測定局）で25.8％でした。なお、環境省は、2013年２月に「注意喚起のための暫定的な指針となる値」として、PM2.5の１日平均値の２倍を超える70μm超を設定し、その場合の「行動の目安」を示しました。因みに、2014年８月１日～2015年８月31日における注意喚起の実施回数は９件でした。

PM2.5に限らず、越境大気汚染は以前から起きています。日本では、全国的に酸性雨が降っています。最近のシミュレーションモデルの計算によれば、原因物質である硫黄酸化物等の越境汚染による寄与率は、研究機関によって異なりますが、年間で非海塩性硫酸イオンが約30～65％、硝酸イオンが約35～60％と推計されています[*5]。越境汚染が疑われる光化学オキシダント、PM2.5、水銀等の重金属は、国内でも発生しますので、越境汚染の寄与率の厳密な数値については、推測の域を出ない現状にあります。なお、冬季の大気汚染が特にひどい中国におけるPM2.5の基準は、2012年２月に１年平均値35μg/m^3、１日平均値75μg/m^{3}に設定されました。

コラム　シックハウス症候群

VOC（揮発性有機化合物）は、屋外では光化学スモッグ、室内ではシックハウス症候群の原因になります。「シックハウス症候群」とは、新築の家やリフォームしたての部屋で生活していて、目のチカチカ、くしゃみや鼻水、のどや頭の痛み等を呈する症状を言います。これは新しい建物に使われている建材や内装材料から出てくる化学物質が原因の一つと考えられています。厚生労働省、国土交通省等の関係省庁が協力してシックハウス総合対策を行なっています。厚生労働省は、ホルムアルデヒド（合板などに使用される接着剤の原料、発がん性物質）、トルエン（塗料の溶剤）、パラジクロロベンゼン（衣類用防虫剤）等13物質の室内濃度指針値を設定しています。また、ホルムアルデヒドとクロルピリホス（シロアリ駆除剤）を含む建材は、建築基準法によって使用が制限されています。シックハウス症候群を回避するためには、①新築住宅は完成後すぐに入居せず、２ヶ月ほど換気する、②家具も原因になりうるので、「エコマークのついた家具」を買う、等の対策が挙げられます。大阪府は、「子どもにも配慮したシックハウス対策マニュアル」（平成22年９月改訂版）[*]を公表しています。

* http://www.pref.osaka.jp/kankyoeisei/sickhouse/index.html

コラム　水銀に関する水俣条約と法規制

水銀については、2013年10月に熊本県で開催された外交会議で「水銀に関する水俣条約」が採択されました。この条約には、水銀鉱山の新規開発禁止、水銀の輸出入制限、一定量以上の水銀を含む製品の製造禁止、製造プロセスへの水銀使用の禁止、小規模な金採掘での水銀使用の削減と廃絶行動、大気への水銀排出の削減、水銀を含む廃棄物などの適正管理等の規定が盛り込まれています。日本の公害の原点と言われ、工場の排水に含まれていたメチル水銀が原因で起きた「水俣病」が公式に認定されたのは1956年でした。半世紀以上が過ぎて、「水俣」という名称のついた条約が採択され、人の健康と環境を守ることを目的に、国際的な水銀対策が包括的に進められることになりました。日本の水銀使用量*は、1964年の約2,500トンをピークに激減し、近年では10トン程度となっています。国内では、蛍光灯、体温計、血圧計、電池などに使用されてきましたが、1995年に水銀電池の生産が中止され、最近では蛍光灯に代わり水銀を使用しないLED等への転換、デジタル体温計・血圧計の普及が進んでいます。一方、世界の水銀使用量*は、アジアなどの新興国において依然増加傾向にあり、使用量は年間約3,800トン（2005年）にも達します。主な使用は小規模な金の採掘#であり、これに従事する途上国の人や子供たちが水銀中毒の危険にさらされているという実態があります。世界の水銀排出量は約2,000トン（2010年）であり、アジアからの排出が世界の約半分、中国からの排出が約３割を占めています*。水銀は石炭に比較的多く含まれており、中国炭も含めて日本で使用されている石炭中の水銀濃度は約0.05mg/kgと分析されています**。従って、排ガス処理装置を備えていない「石炭の大量燃焼」は水銀による大気汚染を引き起こします。また、日本の高山等における水銀の分布に関する研究で、日本への水銀の越境大気汚染も懸念されています***。このような背景の下、国連環境計画（UNEP）に国際的な水銀規制に関する条約制定のための委員会が設置され、今回の条約採択に至りました。この条約に基づく水銀規制を実施するため、2015年に「水銀による環境の汚染の防止に関する法律（水銀汚染防止法）」が制定され、「特定の水銀使用製品の製造の原則禁止」といった事項が盛り込まれました。また、関連法として、大気汚染防止法が改正され、石炭火力発電所等の「水銀排出施設」からの水銀の大気への排出規制が実施されることになりました****。2016年２月に日本は条約を締結しましたが、10月１日現在の批准国は32ヶ国であり、条約の発効要件である「50ヶ国以上の締結」に至るには更に時間を要しそうです。

#金を含む鉱石を砕き、水銀と混ぜ合わせて合金（アマルガム）をつくった後、加熱して水銀を蒸発させることにより、金だけを取り出すという手法

* http://www.env.go.jp/guide/info/ecojin/issues/15-09/light.pdf

** http://www.env.go.jp/chemi/tmms/seminar/20140312/mat02.pdf

*** https://www.env.go.jp/policy/kenkyu/suishin/kadai/syuryo_report/pdf/B-1008.pdf

**** http://www.env.go.jp/air/suigin/shiryo/new_paper_mercury.pdf

7－2　水質汚濁

(1)　日本の水を巡る問題の歴史

日本は古来より「瑞穂の国（みずほのくに）」と呼ばれるように水稲栽培が盛んで、人々は灌漑用の池、用水路等の小川、水田等、水に囲まれた生活を送ってきました。国土の周囲には海があり、山の谷間や平野には大きな河川が流れ、きれいな湖沼にも恵まれています。このような日本にあっては、水の問題は無縁のように思われがちですが、量的にも質的にも問題を抱えています。

日本における水を巡る量的な問題では、異常少雨や異常多雨の変動が大きくなっており、被害が増大傾向にあるという問題があります。貯水用のダムが渇水で部分的に干上がったり、1時間に100mmを超える豪雨が降ったりして、人々の生活を苦しめたり、被害をもたらしたりすることが毎年のように起きています。例えば、気象庁の「世界の異常気象」のウェブサイト*6には、日本の異常気象として、2013年の少雨と2014年の大雨（気象庁は「平成26年８月豪雨」と命名）が表示されています。2015年９月には、台風18号の影響を受けた「平成27年９月関東・東北豪雨」により茨城県常総市で鬼怒川が決壊し、大規模な水害が発生しました。2016年７月には、全国で局所的な豪雨がみられた一方、関東地方では渇水によってダムの貯水量が不足し、一時、利根川水系の取水制限が行われました。

2010年における日本の水使用実績（取水量ベース）は約809億m^3/年で、農業用水約544億m^3（公益事業等に使用された水量は含まない)、生活用水約152億m^3、工業用水約113億m^{3}でした。全体の使用量は1990年から1995年にかけて約890億m^{3}でしたが、以降は減少傾向にあります。60％以上を占める農業用水の使用量も同様な傾向をたどっています。生活用水の使用量は1965年から2000年までの間に約３倍に増加しましたが、1998年頃をピークに緩やかな減少傾向になっています。工業用水の使用量は1965年から2000年までの間に約３倍に増加し、地下水の取水による地盤沈下が問題になったこともありましたが、回収水利用（水のリサイクル）が進んだため、新たに取水を必要とする水量は1973年をピークに漸減しています*7。

日本における水を巡る質的な問題である水質汚濁の問題は、明治時代に起きた足尾鉱山鉱毒事件に端を発します。銅の精錬時に発生する鉱毒ガス（主成分は二酸化硫黄）や廃水に含まれる鉱毒（主成分は銅イオンなどの金属イオン）は、森林や田畑から緑を奪い、付近の環境に多大な被害をもたらしました。田中正造代議士が東奔西走して問題の解決に当たったのは有名な話です。1950年代～60年代の高度経済成長期には「四大公害」が発生しましたが、このうちの３つは水質汚濁によるものです。水俣病と第二水俣病は、工場排水に含まれていたメチル水銀が原因で起こりました。メチル水銀は、工場排水からプランクトン、底生生物、小魚等へ移行し、最終的に魚介類から人へと食物連鎖によって取り込まれ、中毒性の神経系疾患を起こしました。水俣病が公式に確認された1956年から半世紀以上経ちましたが、患者の認定を巡って今でもいくつかの裁判が続いています。イタイイタイ病は、鉱山廃水に含まれていたカドミウムが原因で発生しました。神通川を経由して富山平野の水田に広がり、カドミウムを含むコメを食べた人が骨軟化症や腎臓病で苦しみました。イタイイタイ病については2014年に和解が成立し、全面解決をみました。

1970年の水質汚濁防止法の制定を契機に法規制が強化され、現在では、工場排水中の有害物質による環境問題はほとんど認められなくなりました。それに代わって、生活排水中の有機物や富栄養化等による水の汚れが、海に赤潮を起こしたり、水道水に異臭を生じたりといった、悪影響を及ぼすようになりました。特に、内湾や湖沼のように、水の移動が乏しく淀みやすい閉鎖性水域で著しい傾向にあります。例えば、水源となる湖の富栄養化によって植物プランクトンや藻類が異常繁殖し、そのにおい成分が水道水にカビ臭を引き起こし、水道水をまずくします。家庭でトイレ、炊事、洗濯等に使用された水を生活排水といいます。生活排水は下水道管を通って下水処理場に移送されて処理されますが、負荷を与えないように日常生活で留意する必要があります。生活排水による環境負荷に関しては、例えば、2009年の東京湾の有機汚濁物質（COD：化学的酸素要求量）の１日の発生負荷量183トンに対し、「生活系」の負荷比率が約2/3を占めており、生活排水の影響の大きさがうかがえます[*8]。水質汚濁防止法等の規制によって、「産業系」の負荷割合は減少しましたが、都市化の進行、人口の集中等とともに、「生活系」の負荷が増大しており、窒素やリンの負荷比率も生活排水が約2/3を占めるに至っています。一人一人が生活排水の負荷を認識し適切に対応する必要があります。

⑵　日本の水質汚濁の現状

水環境の水質については、環境基本法に基づいて、「人の健康の保護に関する項目（健康項目）」と「生活環境の保全に関する項目（生活環境項目）」（河川、湖沼、海域に区分）から成る環境基準が設定されています。即ち、水質の環境基準は、健康項目と生活環境項目に大別されます（図７－２）。

健康項目に関しては、水俣病やイタイイタイ病等「四大公害」の原因になった水銀やカドミウム等の重金属を始め、農薬や塩素系溶剤など27種の物質について基準が設定されており、毎年、河川、湖沼、海域の延べ約5,500ヶ所でモニタリングが行われています。2014年度公共用水域水質測定結果[*9]では、いずれかの物質が環境基準を超過した測定地点は1.0％未満であり、99.0％以上の測定地点で全ての健康項目の環境基準が満たされており、人の健康への影響を心配する地域はほとんどなくなりました。

一方、生活環境項目は、水質の汚れ度や濁り度等を監視する項目です。河川については、それぞれの類型別にpH（水素イオン濃度）、BOD（生物化学的酸素要求量）、SS（浮遊物質量）、DO（溶存酸素濃度）、大腸菌群数等の８項目が設定されています。湖沼については、河川のBODの代わりにCOD（化学的酸素要求量）が、また、河川の項目に全窒素と全燐と底質溶存酸素量を加えた11

項目が設定されています。海域には、湖沼の項目からSSを除いた項目にn-ヘキサン抽出物（油分等）を加えた11項目が設定されています。

図７－２　日本の水質の環境基準

健康項目の環境基準（一部）

項目	基準値
カドミウム	0.003mg/L以下
全シアン	検出されないこと。
鉛	0.01mg/L以下
六価クロム	0.05mg/L以下
砒素	0.01mg/L以下
総水銀	0.0005mg/L以下
アルキル水銀	検出されないこと。
PCB	検出されないこと。
ジクロロメタン	0.02mg/L以下
四塩化炭素	0.002mg/L以下
1,2-ジクロロエタン	0.004mg/L以下
ベンゼン	0.01mg/L以下

生活環境項目の環境基準（例：河川、一部）

類型	利用目的の適応性	基準値				
		水素イオン濃度（PH）	生物化学的酸素要求量（BOD）	浮遊物質量（SS）	溶存酸素量（DO）	大腸菌群数
AA	水道1級 自然環境保全 及びA以下の欄に掲げるもの	6.5以上 8.5以下	1mg/L 以下	25mg/L 以下	7.5mg/L 以上	50MPN/ 100mL以下

注）①他に「全亜鉛」、「ノニルフェノール」、「直鎖アルキルベンゼンスルホン酸及びその塩」に基準値が設定（湖沼、海域も同様）
②湖沼や海域には、「BOD」の代わりに「COD」の基準値が設定
③湖沼や海域には、これらに加え、「全窒素」、「全燐」、「底質溶存酸素量」の基準値が設定
④海域には、さらに「n-ヘキサン抽出物質（油分等）」の基準値が設定(「SS」はなし)

BOD　Biochemical Oxygen Demand
生物化学的酸素要求量。水中の有機汚濁物質を分解するために微生物が必要とする酸素の量。値が大きいほど水質汚濁は著しい。

COD　Chemical Oxygen Demand
化学的酸素要求量。水中の有機汚濁物質を酸化剤で分解する際に消費される酸化剤の量を酸素量に換算したもの。値が大きいほど水質汚濁は著しい。

（参考）環境省ホームページ「水質汚濁に係る環境基準」http://www.env.go.jp/kijun/mizu.html

有機汚濁物質による汚れ度の測定方法には、BODとCODの二種類があります。BODは微生物の集団が有機汚濁物質をエサとして分解・消化するのに必要な酸素の量を測定するもので、エサとなる有機汚濁物質の量が多ければ多いほど、即ち、汚れがひどいほど値が大きくなります。CODは微生物の集団の代わりに化学薬品（酸化剤）を用いて測定するものです。河川、湖沼、海域のうち、2014年度のデータでCODの達成率が最も低いのは湖沼の約56％でした。また、湖沼の窒素に至っては、達成率が約15％に過ぎませんでした。このように、閉鎖性水域における生活環境項目については、多くの課題があります。

前述したように湖の水は、水道水の原水として利用されていますが、原水の汚れは水道水のカビ臭だけでなく、カルキ臭（原水中に流入したアンモニア性窒素が塩素と反応して、一時的に臭気が強くなったもの）や発がん性物質（国際がん研究機関IARCの分類でグループ2B「ヒトに発がん性があるかも知れない」）であるトリハロメタンの原因になります。千葉県が行った水道水に関するアンケート調査において、水道水の重要度で「おいしさ」が第２位（第１位の「安全性」とは大きな開きがある）になっています。東京都もパンフレット*10で「安全でおいしい水」に向けた浄水技術の改善（オゾン等による高度浄水処理の導入）等をアピールしています。「おいしい水道水」の原点は水源にありますから、水源となる水を汚さないことが非常に大事です。また、海域の富栄養化によって植物プランクトンが異常増殖すると赤潮が発生し、魚のえらが詰ったり、植物プランクトンの死骸の分解によって酸素不足が起きたりして養殖業等に大きな打撃を与えてしまうことがあります。

2013年夏に、51年ぶりに東京都心の海水浴場が葛西臨海公園の海岸に復活しました。東京都や民間団体による地道な活動が功を奏した結果ですが、当初は海に入れるのは「ひざまで」とされていました。大雨が降ると汚水が下水道から海に直接あふれ、海水中の大腸菌群数が急増するおそれがあったからです。その後の水質の改善により、2015年には東京都の判断により「顔つけ」が解禁されました。

(3)　健全な水循環を維持するための課題

水には、人間による社会経済活動や開発行為によって負荷が与えられています。河川や湖沼、海が本来持っている浄化能力を超えて汚れが流入すると、水が汚れて「健全な水循環」が阻害され、水質汚濁の問題が発生します。

図７－３は、地上における水の循環を概略的に示したものです。海の水や地上の水分が蒸発してできた雲が雨や雪になって降り注ぎ、一時的に湖沼等に貯まったり地中に浸透したりした水や高山に積もった雪が、河川となって流出します。浄水場の取水口から取りいれられた河川水は、水道水へと浄化されて各家庭に生活用水として供給されます。家庭で利用された水は生活排水（汚水）となって下水処理場に送られて水処理された後、再び河川に戻され海に注がれます。

図７－３　水循環系のイメージ図

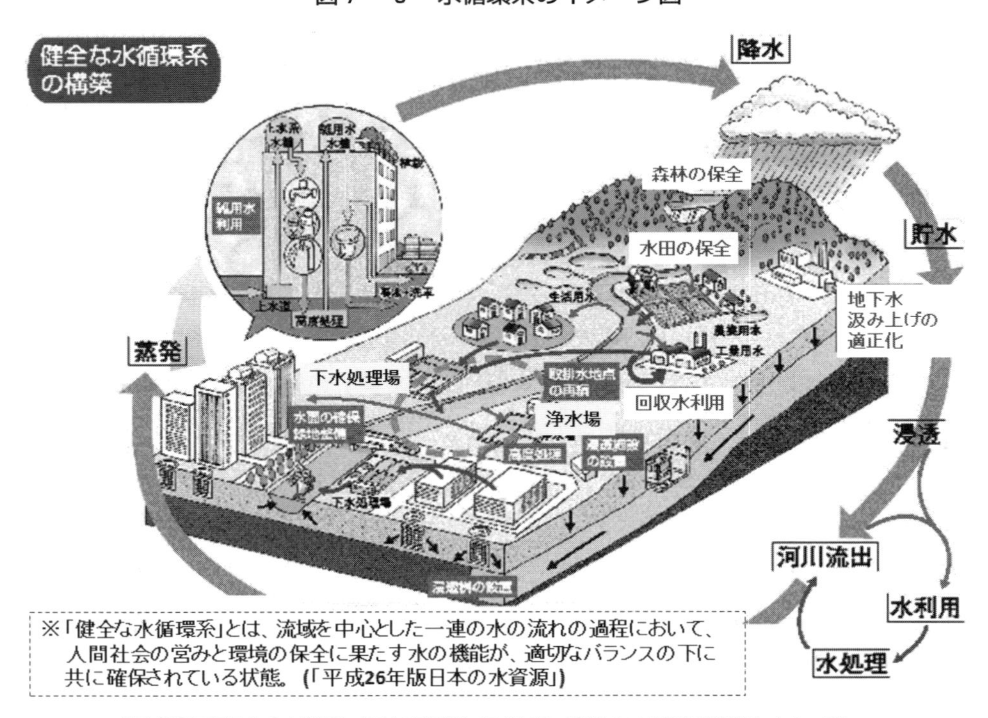

「平成26年版日本の水資源」（国土交通省）における「健全な水循環系構築のイメージ」
http://www.mlit.go.jp/common/001049554.pdf を加工して作成

この循環の過程で、人間や生物の営みが行われますが、人間の活動は「健全な水循環系」を壊しかねない事態を招いています。「健全な水循環系」とは、河川の流域を中心とした一連の水の流れの過程において人間社会の営みと環境の保全に果たす水の機能が、適切なバランスの下に共に確保されている状態を言います。この循環系において、河川や湖沼、海が本来持っている浄化能力を超えて汚れが流入すると、水が汚れて「健全な水循環系」が阻害されます。特に、内湾・内海や湖沼などの閉鎖性水域は、窒素やりんなどの栄養塩が豊富な「富栄養化」となり、植物プランクトンが多量に発生・増殖しやすい環境にあります。

水は生活用水のみならず、農業用水や工業用水としても利用されます。山間地域においては降雨や降雪が森林を保全し、田園地域においては河川や湖沼の水が水田を保全します。本来、農業は自然に調和した産業ですが、近年では過剰な施肥や農薬の散布によって水が汚れます。化学肥料に含まれる窒素は、富栄養化の要因になります。また、硝酸性・亜硝酸性窒素に変化して地下水汚染の原因にもなり、一酸化二窒素に変化して地球温暖化の原因にもなります。農薬の散布は、主に水棲生物に影響を与えます。トンボは随分減りました。きれいな水の象徴であるホタルは、山奥の「ホタルの里」以外ではほとんど見られなくなりました。環境省が音頭をとって、2002年から自然体験学習の一環としてホタルを呼び戻し、ホタルを守る「こどもホタレンジャー」という活動が行なわれています。

工業地域では、河川水と地下水が、冷却用、原料用、ボイラー用等に使用されています。国土交通省の2010年のデータ*[7]では、工業用水使用量449億トンの内、回収水（一度使用した水を回収して再利用している水）が352億トンを占め、回収率は78.5％に達しています。また、戦後の急速な工業生産の増大に伴って大量の地下水が工業用水として利用されることとなり、過剰のくみ上げによる地下水位の低下や地盤沈下が懸念されました。そのため、「工業用水法」（1956年６月施行）によって工業に用いられる地下水の採取規制が行われています。

工場の廃水は、一般に工場の排水処理設備で処理されて河川や海に放流されますが、かつては有害物質が処理されないまま放流され、漁村の人々を中心に重篤な健康被害を引き起こしたことがありました。その代表例が、工場廃水に含まれていたメチル水銀が原因で、1950年代半ばに起きた「水俣病」です。その後、水質汚濁防止法による規制や地方自治体の条例による指導によって、このような重大な被害を及ぼす事例は皆無となりました。因みに、環境省の2014年度の測定結果*[9]では、水質環境基準のうち、27種の有害物質を対象とした健康項目（人の健康の保護に関する項目）については、延べ5,375地点で河川・湖沼・海域の水質検査が行われ、99.1％の地点で環境基準の超過は認められませんでした（環境基準達成率：99.1％）。一方、水質環境基準のうち、生活環境項目（生活環境の保全に関する項目」については、環境基準の達成率に課題が残っており、その要因とされる生活排水に対する対策が求められています。

(4)　生活用水と生活排水処理

日本では、一人一日200～300Lの「生活用水」を使用します。東京都のパンフレット*10によると、生活用水の使用量は一人一日約220Lで、その内訳は風呂40％、トイレ22％、炊事17％、洗濯15％、洗面その他６％となっています。一方、台所、トイレ、風呂、洗濯などの日常生活で使用された水は汚れて、各家庭から排出されますが、これを「生活排水」といいます。このうち、トイレの排水を除いたものを「生活雑排水」といいます。環境に影響を与える度合いを環境負荷といいますが、BOD（生物化学的酸素要求量）を指標とした場合、生活排水の中で最も環境負荷の大きな排水は台所の排水です。１人が１日に排出するBODは43g、その約40％は台所からの排水が占めます。その他、し尿は約30％、風呂は約20％、洗濯等は約10％のBOD負荷割合になっています*11。

台所の排水のBODを高める原因には、天ぷら油やマヨネーズ等の油類があります。例えば、使用済みの天ぷら油をシンクに20ml流してしまうとBODにして30gに相当します。BOD30gを含む水を、魚の住める水質にするためには6,000Lの水が必要になりますので、台所の排水には特に注意が必要です（表７－２）。皿に残ったマヨネーズは拭き取ったり、残った天ぷら油は新聞紙に吸わせたりして、ゴミとして処理する心がけが必要です。

表７－２　生活排水に含まれる物の環境負荷（例）

流す物 (量)	水の汚れ (BOD g)	水の量* (バスタブ 杯)
使用済み天ぷら油(20ml)	30	20
マヨネーズ 大匙1杯(15ml)	20	13
牛乳 コップ1杯(200ml)	16	11
ビール コップ1杯(180ml)	15	10
みそ汁 お椀1杯(180ml)	7	4.7
米のとぎ汁(1回目)(500ml)	6	4
煮物汁(肉じゃが)(100ml)	5	3.3
中濃ソース 大匙1杯(15ml)	2	1.3
台所用洗剤 1回分(4.5ml)	1	0.67

*魚がすめる水質（BOD5mg/L以下）にするための水の量。
バスタブ１杯が300Lとして算出。

環境省ホームページ「生活排水読本」
http://www.env.go.jp/water/seikatsu/index.html を参考に著者が作成

BODやCODの有機汚濁物質以外にも、生活排水で環境負荷を与えるものがあります。富栄養化の原因となる窒素やリンです。これらの物質の排出は地域により違いがありますが、横浜市*12を例にとると、窒素については、生活排水が60%、工場排水が20%、農業・畜産・その他排水が20%を占めます。また、リンは、生活排水が50%、工場排水が30%、農業・畜産・その他排水が20%となっており、生活排水の負荷が最も大きいことが分かります。その中の窒素の内訳は、トイレが約80%、台所・洗濯などの雑排水が20%であり、リンの内訳は、トイレが約70%、雑排水が30%となっています。

湖沼の水質を悪化させる要因として、川から湖沼に流入してくる流入負荷に加えて、溶出負荷も考慮する必要があります。流入負荷による富栄養化で増殖した植物プランクトンの死骸は、湖沼の底に沈殿・堆積した後、底泥から窒素やリンが溶出します。これを溶出負荷と呼びます。溶出負荷には、1980年頃まで合成洗剤にビルダーとして使用されていたリンも寄与します。過去に流入したリンも含めて、湖沼に流入したリンや窒素の底泥からの溶出→溶出した窒素やリンを利用した植物プランクトンの異常増殖→植物プランクトンの死骸の沈降→底泥への沈殿と堆積、というサイクルが繰り返されますので、湖沼への流入負荷量が減少しても湖沼の富栄養化状態はなかなか改善しません。水質環境基準の生活環境項目を改善するためには、環境負荷の比較的大きな生活排水を排出している一人一人が、環境負荷の実態を認識し、負荷の低減努力を続ける必要があります。

図７－４　生活排水の排出経路

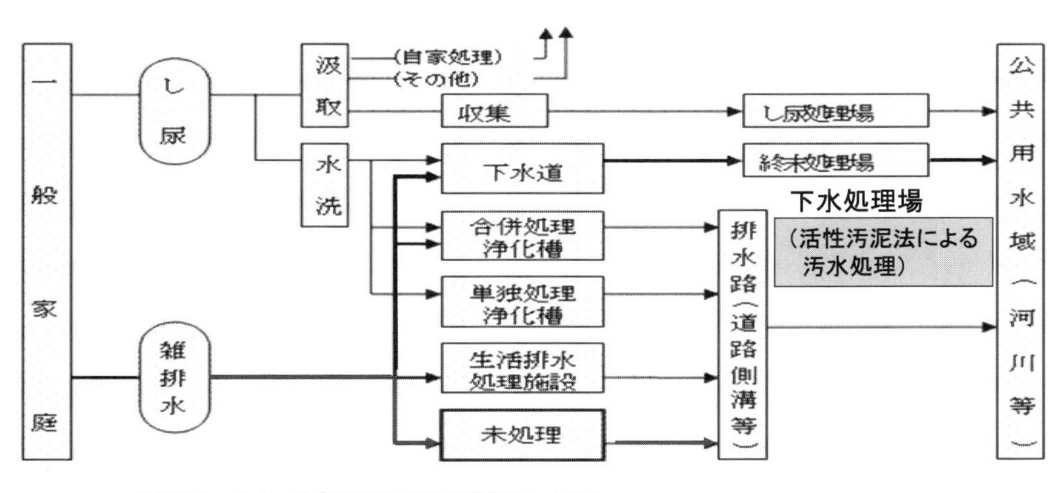

千葉県ホームページ「千葉県生活排水対策マニュアル」
http://www.pref.chiba.lg.jp/suiho/kasentou/haisuitaisaku/index.html を加工して作成

生活排水は、上図のように様々な経路をたどって河川や海等に放流される。生活排水の中で、し尿については浄化処理されるが、雑排水については未処理のまま河川等に流されてしまうことがある。

図７－４に示されるとおり、私たちの使用する生活用水は、多くの場合、トイレの排水も含めて使用後には生活排水（汚水）として、下水道管を経て下水処理場で処理されます。下水道普及率は水道普及率に比べて低く、下水道が完備されていない家庭においては、し尿は汲み取りや浄化槽により、また、し尿以外の雑排水は浄化槽等を経て処理されることになります。生活雑排水が下水道管も浄化槽も経ないで、そのまま排水路を経て公共用水域に排出される家庭においては、台所や洗濯の雑排水が、直接海や河川に注がれることになりますので、特に注意が必要です。

下水道管には、雨水も合流する場合があります。雨水と家庭からの生活排水（汚水）が一緒に下水道管に合流して流される方法を合流式、雨水と汚水が別々の下水道管で流される方法を分流式といいます。比較的早くから下水道が発達した町では前者の合流式が多く、遅れて下水道が完備された町では後者の分流式が多いという傾向にあります。下水道には、①雨水の迅速な処理、②汚水の衛生的な処理、③河川等の汚染防止、④処理水の再利用、という四つの役割があります。最近のように、激しい集中豪雨があると①の雨水処理が追いつかず、下水道管が溢れかえることがあります。合流式の下水道管の場合には汚水が一緒にあふれるので、②の役割を果たせず衛生面で支障を来します。下水道管の通じていない家庭においては、前述したとおり、③に注意が必要です。④の処理水を再利用するためには、通常の処理に加えて高度処理が必要になります。

多くの場合、生活排水は下水道管を経由して下水処理場へと送られ、通常は活性汚泥法という方法で処理された後、河川等の公共用水域に放流されます。活性汚泥は様々な原生動物や細菌等で構成される泥状の微生物集団です。下水処理場では、沈殿によって固形分が除かれた下水に活性汚泥が混合され空気が吹き込まれます。活性汚泥中の微生物は下水中の有機汚濁物質をエサとして食べながら、増殖を繰り返ししつつエサを食べつくします。処理後に汚泥は沈殿によって分離され、上澄み液（浄化された水）は塩素で殺菌された後、河川等に放流されます。通常の活性汚泥法では、富栄養化の原因物質である窒素やリンを取り除くことは困難です。そこで、運転条件を変えたり処理槽を増やしたりして窒素を除去する高度処理技術が開発・実用化されています。高度処理水は水洗トイレ用水、親水公園のせせらぎ用水、融雪用水、電車の洗浄などに再利用されています。しかし、2010年度の高度処理人口普及率は20.2%、2008年度の処理水の再利用率は約1.4%（水処理水量144.4億m^3のうち、再利用量は約2.0億m^3）に過ぎません。富栄養化の防止及び水資源の有効利用の観点から、更に高度処理技術の普及を促進する必要があります。

活性汚泥法では、泥等の固形物や微生物の死骸等から成る下水汚泥（余剰汚泥）が大量に発生します。下水道の普及によって、埋立だけでは対応しきれない状況になったこと、環境問題への配慮が必要なことから、下水汚泥が資源として、緑農地、建設資材、エネルギーなどに有効利用されるようになりました。2008年度のデータ*[13]によると、下水処理工程から発生する固形物量は約221万トン/年（乾燥重量ベース）であり、下水汚泥リサイクル率は78%、その内、主なリサイクル用途は、緑農地利用（13.8%）、建設資材利用（セメント化）（40.3%）、建設資材利用（セメント化以外）（22.6%）、固形燃料化（0.7%）でした。下水汚泥リサイクル率は順調に増加していますが、下水汚泥中の有機物（バイオマス）のリサイクル率は約23%に止まっているため、今後、下水汚泥のバイオマス利活用（例えば、バイオガスの生産）を促進する必要があります。

コラム　富栄養化と貧栄養化

タンパク質を構成する元素の一つである窒素や、遺伝子や細胞膜を構成する元素の一つであるリン等の栄養塩は、生物に利用されたり、生物から排泄されたりして、様々な化合物に変化を遂げながら自然界を循環しています。健全な循環が保たれている場合には、海や湖沼の栄養塩は豊かな海や湖沼の源となり、魚や海藻等を育てます。しかし、栄養塩の量が多過ぎると「富栄養化」、逆に、少なすぎると「貧栄養化」となって様々な生態系に影響を及ぼします。湖沼が富栄養化になると、アオコというラン藻類が異常繁殖して、飲料水等の水源として利用ができなくなったり、発生したアオコが腐敗して悪臭を発したりします。閉鎖性海域（内湾や内海）が富栄養化になると、シャットネラ等の植物プランクトンが異常繁殖して赤潮を引き起こし、養殖業等に大きな被害を与えます。赤潮が発生した後、大量のプランクトンの死骸は沈降して、海底近くで分解されます。死骸が分解されるときに溶存酸素が消費されるため、酸素濃度が低く硫化水素等を含む水塊（貧酸素水塊）ができ、強風の影響などにより浮上して青色や白濁色を呈することがあります。これは青潮と呼ばれ、赤潮と同様に魚介類の大量死を招くことがあります。最近、東京湾でアサリ・ハマグリに代わって登場したホンビノスガイも青潮の産物と考えられています。船舶のバランスをとるために使われたバラスト水によって北米から運ばれて来たホンビノスガイは、青潮に対する耐性が強いため、東京湾に定住し繁殖するようになったと考えられています*。赤潮や青潮を防止するには、閉鎖性水域に流入する河川水や生活排水・工場排水等の栄養塩を除去するなどの対策が必要とされます。富栄養化と逆の「貧栄養化」も漁業被害をもたらします。昔から「水清ければ魚棲まず」と言われますが、2000年代後半ごろから、瀬戸内海の環境保全対策によって窒素・リン等が減ったため、ノリに色落ち等の障害が発生するようになりました**。「規制を強化しすぎて貧しい海」になってしまった瀬戸内海の政策転換を図るため、1973年に制定された瀬戸内海環境保全特別措置法の改正や、「瀬戸内海環境保全基本計画」の見直しが報じられています。豊かで健全な水域を守っていくためには、陸と海の両方を統合的に管理し自然のバランスに適った物質循環を維持していくことが重要です。瀬戸内海の事例は「自然のバランスを維持することの難しさ」の象徴とも言えます。

* http://www.nikkei.com/article/DGXKZO79497340Q4A111C1EL1P01/

** http://www.mlit.go.jp/common/000220851.pdf

7－3　土壌汚染

(1) 日本における土壌汚染対策の歴史

土壌汚染とは、工場等で使用された有害物質が、表層の土壌に吸着したり土壌から地下水に浸透したりすることによって、土壌や地下水を通じて広域に拡散し、健康影響等を引き起こす可能性のある環境問題です。その特徴として、①地表面下の問題であるため目に見えない、②直接曝露や地下水を経由した摂取により、有害物質が健康被害を及ぼす可能性がある、③土壌は私有財産である土地を構成するため、規制が困難である、④地下水にまで拡散すると広域に被害が及ぶ、等が挙げられます。土壌が有害物質により汚染されると、その汚染された土壌を直接摂取したり、汚染された土壌から溶け出した有害物質を含む地下水を飲用したりすること等によって、人の健康に影響を及ぼすおそれがあります。

日本で最初に土壌汚染が問題になったのは、農用地汚染に起因する農作物を経由した有害物質の摂取であり、イタイイタイ病の原因となったカドミウム等３物質を対象に1970年に「農用地の土壌の汚染防止等に関する法律」が制定されました。1991年には、人の健康を保護し、生活環境を保全する上で維持されることが望ましい基準として「土壌環境基準」が定められました。当初は10項目にとどまっていましたが、現在では、29項目（2016年４月に２項目追加）が対象とされています。このうち、銅を除く28項目については地下水等の飲用による健康リスクの観点から、土壌からの溶出量に対して基準（「溶出基準」）が定められおり、カドミウム等３項目については「農用地に係る基準」が定められています。

農用地以外の宅地や商工業地等の土地については、前述の③の「土壌は私有財産である土地を構成する」という特徴によって法制化が難航しましたが、工場跡地等における土壌汚染の顕在化等を背景に、2003年に人の健康を保護することを目的に「土壌汚染対策法」が施行されました。しかし、法の適用対象は極めて限定的で、有害物質使用特定施設の廃止時、あるいは知事による調査命令が発動された時の調査を契機としており、しかも、土地の用途変更がない場合等は申請・確認によって廃止時の調査に猶予が与えられていたからです。そこで、2010年に法改正が行われ、3,000m^{2}以上の土地の形質変更の場合にも、法が適用されるようになりました。改正土壌汚染対策法では、環境大臣が指定した土壌汚染の調査会社により、法に基づく調査方法で調査を行い、その結果指定基準を超過していた場合には、その土地は都道府県によって要措置区域あるいは形質変更時要届出区域に指定され、その旨公告されます。また、それぞれの区域の台帳に汚染履歴が記載され、閲覧が可能になります。なお、土地の所有者等によって汚染土壌の掘削除去等による「浄化」がなされた場合には、区域の指定・公告は解除され、区域の解除台帳にその旨掲載されます。

図７－５に見られるとおり、人が汚染土壌から有害物質を摂取する機会は様々です。その経路は、

有害物質で汚染された土壌から有害物質を直接摂取する場合と、空気や飲食物を通して有害物質を間接的に摂取する場合に大別されます。直接摂取には、汚染された土埃などが口に入り込むケースと、土いじりして皮膚経由で有害物質が浸透するケースがあります。間接摂取については、コメを経由したイタイイタイ病の例がありますが、間接摂取の多くは、土壌中の有害物質が地下水に溶け込み、汚染した井戸水を摂取することによって起こります。

図７－５　土壌汚染によって人が有害物質に曝露される経路

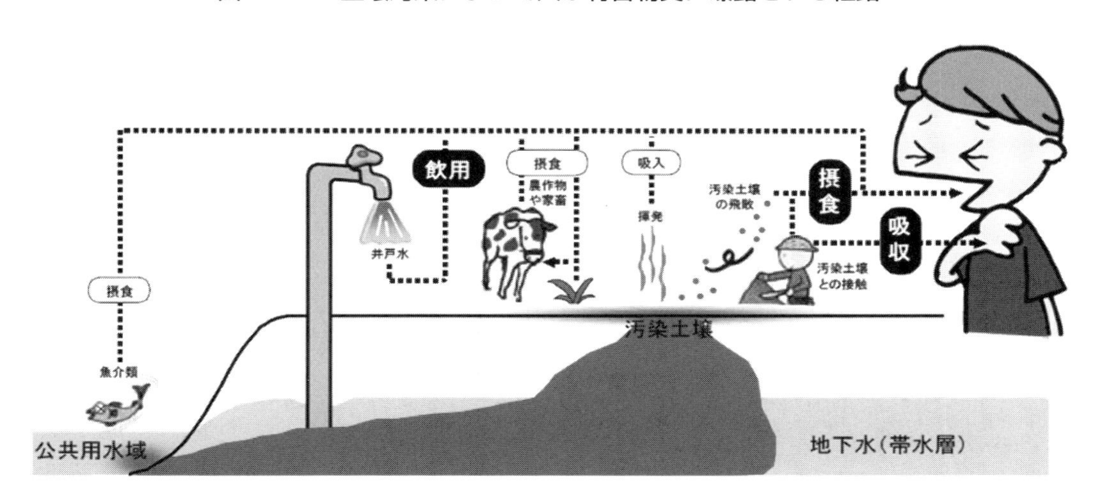

環境省ホームページ 「自治体職員のための土壌汚染に関するリスクコミュニケーションガイドライン（案）」について
http://www.env.go.jp/water/dojo/guide/index.html より引用

近年の土壌・地下水汚染の事例として、築地市場の移転先である豊洲新市場（江東区）の土壌汚染問題*[14]が挙げられます。東京都は、築地市場の施設の老朽化、場内の狭あい化が進んだため、21世紀の生鮮食料品の流通の中核を担う拠点としての市場の新設を決定しました。移転予定地には、かつて石炭から都市ガスを製造する東京ガスの工場があったため、2008年５月には、予定地の土壌から最大で環境基準（検液１Lあたり0.01mg以下）の４万3,000倍の発がん性物質ベンゼンが検出され、地下水から地下水環境基準（0.01mg/L以下）の１万倍のベンゼンが検出されました。2009年２月６日に公表された東京都の計画では総事業費4,316億円（建設費990億円、基盤整備費370億円、用地取得費2,370億円、汚染除去費586億円）で、汚染原因者である東京ガスが78億円を負担することになりました。2015年３月現在の総事業費は5,884億円、土壌対策費は849億円と大幅に増加しています。なお、新市場の開場は2016年11月７日に予定されていましたが、地下水モニタリング調査の最終結果が出る2017年１月以降に延期されました。その後、専門家会議が最終報告書*[15]で提言した「盛り土」が建物の下ではなされいないことが判明しました。しかも、「盛り土」の代わりに設けられた「地下空間」には地下水と推定される汚染水（ベンゼン、シアン化合物等を検出）が溜まり、地下空間の大気には指針値を超える水銀が検出される等、地下空間の安全性や建物の耐震性等の問題が浮上しました。そのため、豊洲市場の開場は「2017年の冬もしくは2018年の春という見通し」となりました*16。

豊洲新市場の土地取引事例は、私たちに「有害物質に汚染された土地の購入は、膨大な費用と長年月にわたる時間を費やす」という教訓を残しました。東京ガスによる土壌汚染調査は土壌汚染対策法が適用される以前に行われましたが、現在では、土壌汚染対策法に基づく調査で指定基準を超えていた場合には、都道府県によって区域が指定・公告され、台帳により閲覧される仕組みになっています。従って、土地購入者は汚染された土地か否かを台帳によって確認することができます。ただし、有害物質使用特定施設を設置していなかった土地や3,000m^2未満の形質変更された土地等については法が適用されませんので、条例に基づく調査や自主調査による汚染状況、対策の実施状況等、土地の履歴を確認する努力が必要とされます。

有害物質による地下水汚染の事例*17として、2003年3月に茨城県神栖市（旧神栖町）で発覚した井戸水のヒ素汚染が挙げられます。体調不良を訴えた住民の使用している井戸水から地下水環境基準（0.01mg/L以下）の450倍にあたるヒ素が検出され、有機ヒ素化合物のジフェニルアルシン酸が検出されました。この有機化合物は旧日本軍が製造した毒ガス兵器の原料とみられ、戦時中の神栖市に旧日本軍の施設が存在していたことなどから、旧日本軍との関連が強いものと推測されています。発覚後、次のようなことが順次判明しました。①2003年4月に、同じ地下水を利用している数十人の住民に中枢神経系の健康被害（立ちくらみ、歩行困難、手のふるえなどの）が見られたこと、②2005年7月に、地下水の汚染源と見られるコンクリート様の塊の総量は約87トンとなり、混入されたジフェニルアルシン酸の量は約290kg程度であること、③2012年5月に、国の公害等調整委員会は茨城県の責任を認めたが、国の責任は認めなかったこと、④2013年5月時点で地下水の揚水は完了したが、住民には井戸水使用の自粛が求められており、ヒ素濃度が地下水の環境基準以下になるのは約22年後になること、などが報じられています。

神栖市の地下水汚染事例から、私たちは「五感で把握しにくい土壌・地下水汚染は忘れた頃にやってくる」、「地下水汚染の浄化には、計り知れないほど長年月を要する」という教訓を得ることができます。井戸水を飲料水として利用していて体調が思わしくないときには、井戸水を疑ってみることも身を守る（リスク回避の）一つの手段であると言えます。

⑵　土壌汚染に係る指定基準・環境基準の達成状況

表7－3は、土壌汚染対策法の特定有害物質の指定基準、環境基本法に基づく土壌の環境基準、地下水の環境基準について、対象となる項目（化学物質）を「○」で示したものです。

土壌汚染対策法の指定基準と土壌環境基準（農用地以外）の項目は一致しますが、前者には後者にはない含有量基準が設定されている項目があります。土壌汚染対策法は、環境基準のベースとされている「地下水を経由した間接的な摂取」のみならず、「汚染土壌中の有害物質の直接摂取」による人への健康被害も想定しているからです。農用地の環境基準に関しては、「砒素及びその化合物」と「銅」に含有量基準が設定されています。また、「カドミウム及びその化合物」については、土壌の含有量基準ではなくコメの含有量基準が設定されています。

表7－3　土壌汚染対策法の指定基準、土壌・地下水の環境基準

分類	項目	土壌				地下水	
		土壌汚染対策法（指定基準）		環境基準		土壌汚染対策法	環境基準
				（農用地以外）	（農用地）		
		土壌溶出量基準	土壌含有量基準	（溶出量）	（含有量）	地下水基準	（基準値）
揮発性有機化合物	四塩化炭素	○	－	○	－	○	○
	1,2-ジクロロエタン	○	－	○	－	○	○
	1,1-ジクロロエチレン	○	－	○	－	○	○
	シス-1,2-ジクロロエチレン	○	－	○	－	○	○
	1,3-ジクロロプロペン	○	－	○	－	○	○
	ジクロロメタン	○	－	○	－	○	○
	テトラクロロエチレン	○	－	○	－	○	○
	1,1,1-トリクロロエタン	○	－	○	－	○	○
	1,1,2-トリクロロエタン	○	－	○	－	○	○
	トリクロロエチレン	○	－	○	－	○	○
	ベンゼン	○	－	○	－	○	○
重金属等	カドミウム及びその化合物	○	○	○	○（米）	○	○
	六価クロム化合物	○	○	○	－	○	○
	シアン化合物	○	○	○	－	○	○
	水銀及びその化合物	○	○	○	－	○	○
	（うちアルキル水銀）	○	○	○	－	○	○
	セレン及びその化合物	○	○	○	－	○	○
	鉛及びその化合物	○	○	○	－	○	○
	砒素及びその化合物	○	○	○	○	○	○
	ふっ素及びその化合物	○	○	○	－	○	○
	ほう素及びその化合物	○	○	○	－	○	○
	銅	－	－	－	○	－	－
農薬等	シマジン	○	－	○	－	○	○
	チウラム	○	－	○	－	○	○
	チオベンカルブ	○	－	○	－	○	○
	PCB	○	－	○	－	○	○
	有機りん化合物	○	－	○	－	－	－
その他	クロロエチレン	○	－	○	－	○	○
	1,4-ジオキサン	○	－	○	－	○	○
	硝酸性窒素及び亜硝酸性窒素	－	－	－	－	○	○

（参考）環境省ホームページ「土壌汚染対策法について（法律、政令、省令、告示、通知）」
http://www.env.go.jp/water/dojo/law.html など

土壌汚染の延長上に地下水汚染があることを学びましたが、両者の環境基準における対象項目は必ずしも一致していません。土壌環境基準の対象の「有機りん化合物」と「銅」（農用地に限定した環境基準の対象）には、地下水環境基準が設定されていませんし、逆に、地下水環境基準では、土壌環境基準にはない「塩ビモノマー」、「1,4-ジオキサン」、「硝酸性窒素及び亜硝酸性窒素」の3項目が対象とされていました。しかし、2016年4月1日から、「塩ビモノマー」と「1,4-ジオキサン」の2項目が土壌環境基準に追加されました。また、項目追加と同時に「塩ビモノマー」という名称に代わって「クロロエチレン（別名塩化ビニル又は塩化ビニルモノマー）」という名称が用いられることになり、地下水環境基準における名称も同様に変更されました。一方、土壌汚染対策法に関しては、2016年3月に環境省が「クロロエチレン」を法の対象とし、2017年4月1日から施行する旨公告しました。表7－3には、このような最新の変更が反映されています。依然として、①土壌汚染対策法の特定有害物質と環境基準（農用地を含む）の項目が一部異なること、②土壌環境基準の項目と地下水環境基準の項目も一部異なることが一目で分かります。

土壌汚染対策法の対象となる調査、および全国の自治体等による調査において、土壌の指定基準あるいは環境基準を超過した件数（1991年度～2008年度累計）*18の多いワーストスリーは、「鉛及びその化合物」、「砒素及びその化合物」、「ふっ素及びその化合物」でした。一方、地下水の環境基準を超過した件数（2008年までの累計）*19の多いワーストスリーは、「硝酸性窒素及び亜硝酸性窒素」、「トリクロロエチレン」、「砒素及びその化合物」でした。一般に、重金属は土壌と結合しやすく土壌中に留まりやすいため、砒素や六価クロムなど移動しやすい物質を除いて、地下水汚染を引き起こす可能性はそれほど高くありません。一方、豊洲新市場の土壌・地下水汚染で問題となっているベンゼン等の揮発性有機化合物は、水に溶けにくい、土壌に吸着しにくいなどの性質を持っていますので、土壌に浸入すると下層に移動しやすく、地下水汚染を引き起こす可能性が高くなります。地下水環境基準の超過件数が最も多い「硝酸性窒素及び亜硝酸性窒素」は水に溶けやすく水と共に移動します。汚染原因は、主に施肥、家畜排せつ物、生活排水からの窒素負荷とされています。汚染された水の摂取は、乳児を中心に血液の酸素運搬能力が失われ酸欠になる疾患（メトヘモグロビン血症）を引き起こすため、1999年に環境基準項目に追加されました。地下水汚染事例が最も多く、環境基準達成率が最も低いことから、環境省はマニュアルや事例集を作成する等窒素負荷の低減対策を講じつつあります。

(3) 土壌汚染とリスクコミュニケーション

リスクコミュニケーションは、有害物質による健康への影響等のリスクについて、住民、事業者、自治体等の全ての利害関係者が情報を共有し、意見交換等を通して相互理解と意思疎通を図ることによって、問題の解決を円滑に進めていくための手段をいいます。図7－6には土壌汚染の場合のリスクコミュニケーションを示しましたが、リスクコミュニケーションは土壌汚染に限定されるものではありません。例えば、最近では、放射能を有する指定廃棄物の中間貯蔵施設を巡る話し合いもリスクコミュニケーションに該当します。

土壌汚染の報道や規制区域の台帳によって汚染が明らかになった場合には、周辺住民が不安を抱くケースが想定されます。そのため、事業者や自治体は周辺住民に対して土壌汚染が判明した経緯や健康リスク、今後の土壌汚染対策の進め方などの情報を適切に伝え、周辺住民の理解を得ながら対策を講じていく必要があります。また、土壌汚染対策法における規制区域の管理の仕方については、汚染を完全に除去しない方法も認められているため、健康リスクを住民が許容するか否かも問題になります。そのため、環境省では、「自治体職員のための土壌汚染に関するリスクコミュニケーションガイドライン（案）」を策定し、円滑な土壌汚染対策の進め方を説いています。

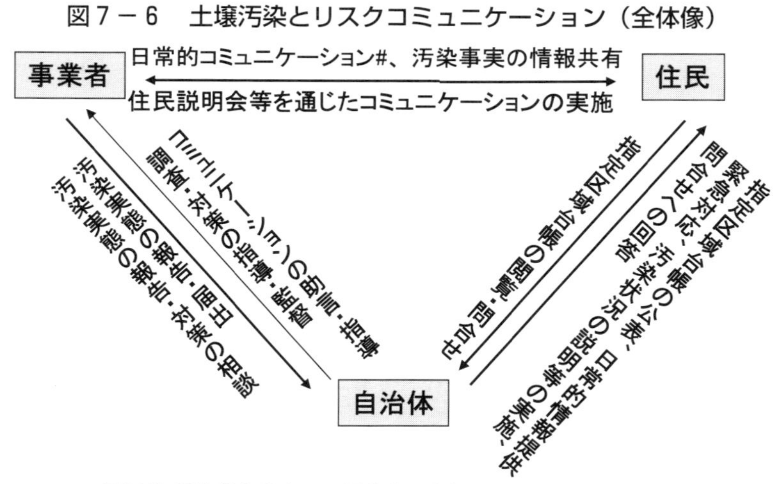

#例えば、環境報告書やCSR報告書の発行
CSR: Corporate Social Responsibility(企業の社会的責任)

環境省ホームページ「自治体職員のための土壌汚染に関するリスクコミュニケーションガイドライン（案）」について
http://www.env.go.jp/water/dojo/guide/index.html をもとに作成

リスクコミュニケーションは、相手を説得し、自分の言い分を受け入れてもらうことや合意を形成することを目的としてはいません。リスクコミュニケーションでは、利害関係者が情報を共有し、意見交換を行って健康リスクや対策への理解を深め、より良い対策を選択し、実行していくことが肝要です。リスクコミュニケーションは、「日常的なリスクコミュニケーション」と、例えば土壌調査の結果見出された「個別の汚染サイトに係わるリスクコミュニケーション」の２つに大別されます。事業者や自治体の説く「安全」と住民の「安心」のギャップを埋めるのは、「信頼と信用」です。利害者間の信頼を構築し、信用を得るためには、日常的なリスクコミュニケーションが大事です。事業者においては、毎年、環境報告書やCSR報告書等を発行し、環境への取り組み状況を広く世の中に知ってもらうことが、その一助になります。

環境省は、土壌汚染のリスクコミュニケーションのみならず、「化学物質に関するリスクコミュニケーション」*[20]を推進しています。その一環として策定された「自治体のための化学物質に関するリスクコミュニケーションマニュアル」の中で、リスクコミュニケーションにおいてありがちな思い込み・誤解として、①化学物質は危険なものと安全なものに二分される、②化学物質のリスクはゼロにできる、③大きなマスメディアの情報は信頼できる、④化学物質のリスクについては科学的にかなり解明されている、⑤学者は客観的にリスクを判断している、⑥一般市民は科学的なリスクを理解できない、等を例示しています。思い込みや誤解のないよう冷静に話し合い、利害関係者が相互に納得感を得られればリスクコミュニケーションは成功と言えます。

コラム　豊洲市場の土壌・地下水汚染

豊洲市場の土壌・地下水汚染リスク、ならびに市場で扱われる食材の安全性を論じる場合、①人の健康の保護を目的とした土壌汚染対策法では、土壌・地下水からの有害物質の摂取経路を遮断することが基本とされている、②土壌・地下水の環境基準ならびに飲料水の水質基準は、人が生涯その濃度の有害物質を摂取（水にあっては2L/日）しても、実質的に影響が出ない量として設定されている、③食材を扱う土地への用途変更の場合にどの程度安全対策を上乗せするかの基準はない、の３点の基礎知識が必要です。また、東京都の専門家会議の最終報告書*には、①土壌の掘削除去及び「盛り土」によって土壌中の有害物質を直接摂取するリスクや生鮮食料品への影響はない、②地下水を飲用に利用していないので、地下水中の有害物質を摂取するリスクはなく、地下水管理により人の健康リスクおよび生鮮食料品への影響を回避可能である、③地下水から揮発した有害物質（ベンゼン、シアン化合物）を含む水が生鮮食料品に付着する可能性については、付着水分中の有害物質の濃度が飲料水の水質基準に比べ非常にわずかであり、悪影響の可能性は小さい、旨記されています。「盛り土」がなされていなかったことに関しては、汚染土壌の掘削除去や地下水の遮断等の措置が講じられていますので、「盛り土」がなくても法の目的に合致する対策がとられており、市場に出入りする人に健康被害を生じるリスクは低いと考えられます。また、専門家会議で検討された有害物質を含む水の生鮮食料品への付着の可能性については、水質基準に対してかなり余裕がありますので、仮に「盛り土」が行われていなくても食料品の安全性が維持される可能性は十分にあると考えられます。「地下空間」における地下水中の有害物質検出については、地下水管理システムが正常に稼働すれば解決可能であり、システムの正常な稼働がリスク回避のための喫緊かつ最大の課題です。「地下空間」の大気中の水銀汚染（指針値の７倍）は豊洲市場に特有の問題です。環境省のモニタリング調査結果**において、全国260の測定点で水銀が指針値を超過した地点は皆無だからです。水銀汚染の原因究明と対策が急がれます。併せて、2008年５月の土壌・地下水汚染調査では、ベンゼン・シアン化合物・水銀以外にも、ヒ素・鉛・六価クロム・カドミウムが土壌環境基準を超過しています***ので、これらの生鮮食料品への付着可能性についてもきちんとリスク評価すべきと考えます。なお、豊洲市場の土壌・地下水汚染対策の一環として、掘削した土壌中のベンゼン等の処理や地下水中のシアン化合物の分解に、バイオレメディエーション（第10章２節参照）の工法も用いられました****。

* http://www.shijou.metro.tokyo.jp/toyosu/pdf/pdf/senmonkakaigi/houkokusho/houkokusho_09.pdf

** http://www.env.go.jp/air/osen/monitoring/mon_h26/index.html

*** http://www.shijou.metro.tokyo.jp/toyosu/pdf/pdf/senmonkakaigi/06/06_080519_02shousaityousa.pdf

**** http://www.shijou.metro.tokyo.jp/toyosu/dojou/taisaku/progress/

コラム　安全と安心

2011年3月11日の東北地方太平洋沖地震に伴う福島第一原発の事故以来、「安全」と「安心」という言葉が飛び交うようになりました。「安全・安心」とワンセットで使われることもありますが、本来、「安全」と「安心」は意味が異なります。国際標準化機構（ISO）の定義によれば、「安全」とは“受け入れることができない（許容不可能な）リスクがないこと”であり、許容可能なリスクとは、“その時代の社会の価値観に基づく所定の状況において、受け入れられるリスク”を意味します。事故による「安全神話の崩壊」は、原発が、「許容可能なリスク」から「許容不可能なリスク」へと変わってしまったことを意味します。「安全」は、科学的に安全とされていることやものであり、いわゆる専門家の客観的評価に基づくものです。一方、「安心」は、市民が安全と思えることやものであり、多分に心理的・主観的評価が入り込みます。「安全」と「安心」のギャップを埋めるものは信頼です*。事故以後、専門家が「安全」を唱えても市民が「安心」できないのは、専門家に対する市民の不信感が芽生えたからです。事故とともに一瞬のうちに失われてしまった信頼を回復するため、専門家は心血を注ぐ必要があります。

* http://www.mext.go.jp/a_menu/kagaku/anzen/houkoku/04042302.htm

〈参考文献〉

*1 http://www.env.go.jp/air/osen/monitoring.html

*2 http://www.env.go.jp/air/osen/voc/voc.html

*3 http://soramame.taiki.go.jp/

*4 http://www.env.go.jp/air/osen/pm/info.html

*5 http://www.env.go.jp/press/file_view.php?serial=13302&hou_id=10971

*6 http://www.data.jma.go.jp/gmd/cpd/monitor/extreme_world/index.html

*7 http://www.mlit.go.jp/tochimizushigen/mizsei/c_actual/actual03.html

*8 http://www.env.go.jp/council/09water/y0917-01/mat05.pdf

*9 http://www.env.go.jp/water/suiiki/index.html

*10 https://www.waterworks.metro.tokyo.jp/kouhou/pamph/guide/

*11 http://www.env.go.jp/water/seikatsu/index.html

*12　http://www.city.yokohama.lg.jp/kankyo/faq/mizu/suishitsu/008.html

*13　http://www.jswa.jp/recycle/

*14　http://www.shijou.metro.tokyo.jp/toyosu/dojou/

*15　http://www.shijou.metro.tokyo.jp/toyosu/pdf/pdf/senmonkakaigi/houkokusho/houkokusho_09.pdf

*16　http://www.metro.tokyo.jp/tosei/governor/governor/kishakaiken/2016/11/18.html

*17　http://www.city.kamisu.ibaraki.jp/1719.htm

*18　http://www.env.go.jp/press/file_view.php?serial=15103&hou_id=12132

*19　http://www.env.go.jp/water/report/h21-03/full.pdf

*20　http://www.env.go.jp/chemi/communication/9.html

8．廃棄物問題と対応策

8－1　日本の廃棄物政策

(1)　廃棄物政策の歴史的流れ

日本の廃棄物政策は、家庭ごみの衛生的処理を主目的とした「清掃法」(1954年制定) からスタートしました。1970年のいわゆる公害国会で、「清掃法」が「廃棄物の処理及び清掃に関する法律」(廃棄物処理法) に改正され、廃棄物の区分と処理責任が明確化されました。しかし、時を経て、香川県豊島（てしま）に代表される不法投棄事件、最終処分場の不足、処分場建設への反対運動等、廃棄物行政に行き詰まりが見えてきました。1990年代になると、行政の軸足は「廃棄物の排出抑制」にシフトしました。1991年に、製造者等に再生資源の有効な利用の促進を義務付ける「再生資源利用促進法」(法改正後の名称は「資源有効利用促進法」) が制定され、その後識別マークの表示等の仕組みができました。また、1995年に、製造者等にリサイクルの義務を課すために、容器包装リサイクル法を初めとして、順次、家電・建設・食品・自動車の各リサイクル法が制定され、廃棄物の削減と資源の再利用が推進されていきました。

安定経済成長期に入った1970年代後半以降の日本は、私たちの生活に経済的・物質的な豊かさをもたらしました。例えば、1998年度のGDP（国内総生産）は497.3兆円で1970年度の6.6倍になり、1999年３月の乗用車保有台数（100世帯当たり）は126.7台で1970年２月の5.7倍、同じくカラーテレビ保有台数（100世帯当たり）は8.3倍にもなりました。このように生活が豊かになるにつれて廃棄物の量が増加し、1975年度から1996年度にかけて産業廃棄物の量は1.7倍に、一般廃棄物の量は1.2倍に達しました。そのため、産業廃棄物の最終処分場の残余年数は、1999年９月末には1.6年まで落ち込み、大量にゴミを排出する一方通行の生活に歯止めをかける必要に迫られていました。また、1990年代後半の日本は、廃棄物の量の増加、最終処分場の残余年数の低下に加え、リサイクル率の低さや不法投棄の増大等、様々な問題を抱えており、抜本的な廃棄物対策が求められていました*[1]。このような状況下、「大量生産・大量消費・大量廃棄」型の経済社会から脱却し、「循環型社会」を形成することが急務であるとの認識に立ち、2000年を循環型社会元年と位置付け、循環型社会形成推進基本法（略称：循環型社会基本法）が制定され、21世紀の初日の2001年１月１日に施行されました。この法律には、循環型社会の基本的枠組みと取組の優先順位（①発生抑制（Reduce)、②再使用（Reuse)、③再資源化（Recycle)、④熱回収、⑤処分）が示されています。①～③の英語の頭文字を取って3R（スリーアール）と称されています。現在、同法に基づき、廃棄物に係る3R政策（優先順位はリデュース、リユース、リサイクル）が推進されています。図８

－１には、循環型社会の形成に係る法体系が示されています。

不法投棄対策に関しては、1997年にマニフェスト（産業廃棄物管理票）制度が設けられました。マニフェストとは、日本では「廃棄物処理法で産業廃棄物の処理の流れを把握するための管理票」を意味しています。廃棄物を排出する事業者に、管理票の交付と最終処分までの管理を義務づけたものがマニフェスト制度です。管理票の活用によって、産業廃棄物が最後まで適正に処理されたかどうかをチェックすることができ、不法投棄の未然防止に役立てることを狙ったものです。罰則等も強化された結果、ピーク時の1998年度には、件数；1,197件、投棄量；42.4万トンだった不法投棄が、2007年度には、件数；382件、投棄量；10.2万トン、2015年度には、件数；165件、投棄量；2.9万トンに減少しています*2。

廃棄物を巡る国際的な取組として、有害廃棄物の輸出の規制、不適正な輸出への対処義務等に関する国際条約として、「有害廃棄物の越境移動及びその処分の規制に関するバーゼル条約」（「バーゼル条約」）が定められています。日本も1993年に同条約に加入し、その履行のための国内法として「バーゼル法」を施行しています。また、後述するように、日本はごみ処理に関連して大きな社会問題になったダイオキシン問題を20世紀末に経験しました。

図８－１　循環型社会形成の推進のための法体系

環境基本法(1993年11月施行)
自然環境や地球環境を守るための
基本的な考え方を示した法律

循環型社会基本法(2001年1月施行)
循環型社会形成の基本的な
しくみを示した法律

廃棄物処理法
(1971年9月施行)
ごみの捨て方や
ごみの処理方法を
示した法律

資源有効利用促進法
(2001年4月施行)
ごみを出さない、物を繰り返し
使う、再利用等のしくみを
示した法律

各リサイクル法(2000年～2013年施行)
容器包装、家電、建設資材、食品、
自動車、小型家電のリサイクル
について、個別に規制した法律
(図8-3参照)

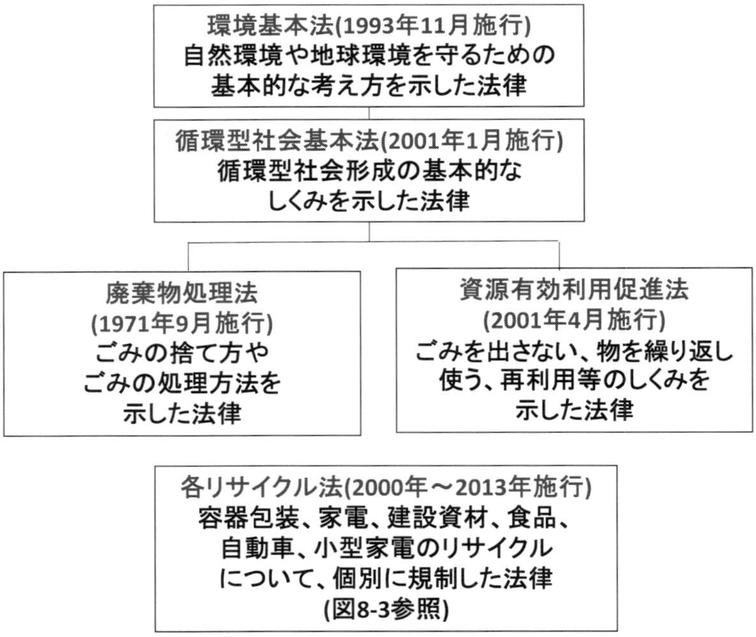

「循環型社会の形成の推進のための法体系」（経済産業省）
http://www.meti.go.jp/policy/recycle/main/admin_info/law/index.html
をもとに作成

(2) ごみの排出とリサイクル

廃棄物は、一般廃棄物と産業廃棄物に大別され、前者については市町村が、後者については汚染者負担原則に基づいて事業者が、それぞれ処理責任を負っています。ただし、事業活動に伴って排出される廃棄物のうち産業廃棄物以外のものは、「事業系ごみ」として一般廃棄物として扱われます（図８－２）。

2014年度におけるごみの総排出量（「家庭系ごみ」と「事業系ごみ」と「集団回収量」の総量）は、4,432万トン（東京ドーム約120杯分）、１人１日当たりのごみ排出量は947gでした。ごみ総排出量は、近年横ばい傾向にあります。排出形態別では、生活系ごみが2,874万トン、事業系ごみが1,307万トン、集団回収量が250万トンであり、生活系ごみが約65％を占めています。ごみの総排出量4,432万トンのうち、集団回収されたものは資源化され、残りがごみとして処理されました。処理過程においても資源化されるものが分別されますので、リサイクルされた総資源化量は913万トン（排出量の約20.6％）でした。また、ごみは焼却、破砕・選別等の中間処理を経て減量されますので、埋め立てられた最終処分量は430万トン（排出量の約9.7％）でした。廃棄物処理の実態については、産業廃棄物も含めて環境省のウェブサイト*3に詳細が掲載されています。

図８－２　廃棄物の区分と処理責任

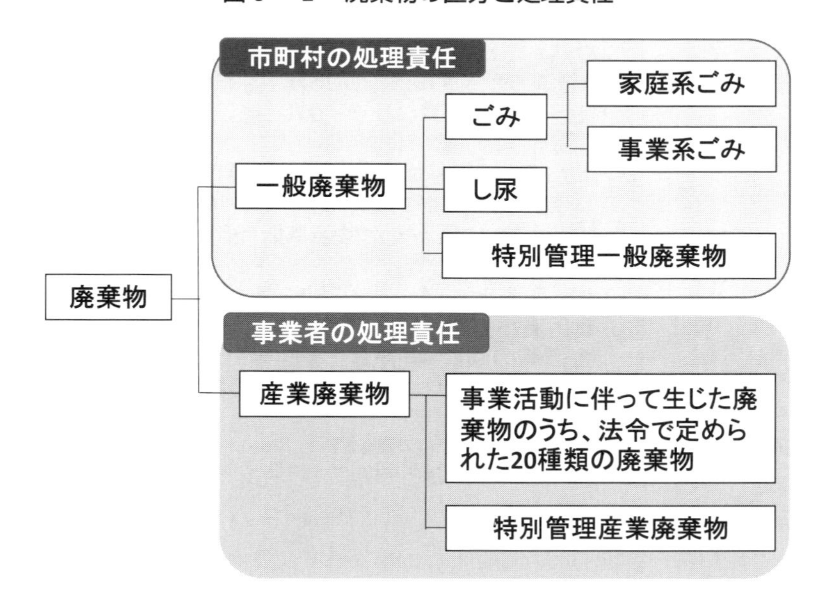

環境省ホームページ「平成26年版環境白書」
http://www.env.go.jp/policy/hakusyo/h26/pdf/2_3.pdf を参考に著者が作成

3Rの一つであるリサイクルについては、現在、６つのリサイクル法が推進されています（図８－３）。家電リサイクル法は、年間約60万トン排出される廃家電から資源を回収し、廃棄物の減量を図るために誕生しました。エアコン、テレビ（ブラウン管、液晶・プラズマ）、冷蔵庫・冷凍庫、洗濯機・衣類乾燥機の４種の家電を廃棄する消費者は、廃家電を家電小売店に引き渡し、リサイクル料金と運送費を支払い、引き換えに家電小売店から管理票（家電リサイクル券）の写しを受け取ります。リサイクル料金は、廃家電の大きさ等によって異なります。廃家電から、鉄、銅、アルミ、ガラス等の資源が回収され、再利用されています。

図８－３　各リサイクル法の概要

○容器包装リサイクル法(2000年4月施行)
・ペットボトル、ガラスびん、プラスチック製、紙製容器包装の再商品化義務
○家電リサイクル法(2001年4月施行)
・テレビ、エアコン、冷蔵庫、洗濯機が対象
・リサイクルに係る費用は後払い
○食品リサイクル法(2001年5月施行)
・食品関連事業者から排出される食品廃棄物の発生抑制と再生利用（家庭ゴミは対
○建設資材リサイクル法(2002年5月施行)
・建設発生木材、コンクリート等の建設廃棄物のリサイクルの推進
象外）
○自動車リサイクル法(2005年1月施行)
・使用済み自動車のリサイクル、適正処理を図る
・エアバッグ、カーエアコン（フロン類）、シュレッダーダストが対象
・リサイクルに係る費用は新車販売時に保有者が預託
○小型家電リサイクル法（2013年4月施行）
・使用済小型電子機器等に利用されている金属等の回収・再資源化を図る
・携帯電話・パソコン・デジカメ等が対象

「循環型社会の形成の推進のための法体系」（経済産業省）
http://www.meti.go.jp/policy/recycle/main/admin_info/law/index.html をもとに作成

自動車リサイクル法は、年間約350万台程度の廃車から排出されるシュレッダーダスト（クルマの解体・破砕後に残るプラスチックくずなど）の減量化、カーエアコンからのフロン回収、エアバッグ類の安全な適正処理を図るために誕生しました。仕組みは、基本的に家電の場合と同様ですが、車の所有者は、原則的に新車購入時にリサイクル料金を支払い、リサイクル券や領収書を受け取って保管することになっています。エンジンやボンネット等は部品として再使用され、鉄等の有

用金属は素材としてリサイクルされています。二つのリサイクル法の仕組み等については、経済産業省のウェブサイト[*4]に詳細が掲載されています。

最も新しいリサイクル法は、2013年４月に施行された「小型家電リサイクル法」です。同法は、使用済みの携帯電話やゲーム機、デジタルカメラ等の小型家電に含まれるレアメタル等の金属資源を回収し、適正なリサイクルを行っていくことを目的としています。日本では、経済産業省がプラチナやニッケルなど31種類の金属をレアメタル（希少金属）に指定しています。レアメタルは自動車やエレクトロニクスなどのハイテク産業に不可欠な金属であり、例えば、ハイブリッド車の充電池に使われるリチウム、液晶パネルに使用されるインジウム等があります。レアメタルのうち、「希土類」と呼ばれる17種類の元素をレアアースといい、ハイブリッド車等のモーター用磁石に使用されているジスプロシウムやネオジムが例示されます。レアアースの国別埋蔵量は中国が約50％を占めますが、価格競争に勝った中国が、世界の生産量の97％を占めるに至りました。市場をほぼ独占した中国が輸出を規制したり、価格を高騰させたりしたため、日米欧がWTO（世界貿易機関）に提訴し、勝訴した経緯があります。日本は、カザフスタン等への輸入先の拡大、レアアースを使用しないで済む技術の開発、リサイクルの推進等、対応策をとりつつあります。リサイクルの推進の一環として、廃棄物からのレアメタル等の回収を狙ったものが、小型家電リサイクル法です。都市部に大量に眠る使用済み携帯電話等の小型家電は「都市鉱山」と呼ばれますが、日本には天然の鉱山に匹敵するほど大量のレアメタルが都市鉱山に眠っており、世界の埋蔵量に占める日本の都市鉱山の割合は、表８－１に例示されています。

表８－１　日本の都市鉱山規模（例）

分類	金属	世界の埋蔵量(t)	都市鉱山の蓄積量(t)	世界の埋蔵量に対する割合(%)
貴金属	金	42,000	6,800	16
	銀	270,000	60,000	22
レアメタル	インジウム	11,000	1,700	16
	リチウム	4,100,000	150,000	4
	タンタル	43,000	4,400	10

（参考）独立行政法人　物質・材料研究機構ホームページ
http://www.nims.go.jp/research/elements/rare-metal/urban-mine/data.html

(3)　循環型社会の形成と3R政策

循環型社会基本法の概要*5には、「循環型社会の定義」、「処理の優先順位」、「循環型社会形成推進基本計画の策定」等が明示されています。、循環型社会とは、“[1] 廃棄物等の発生抑制、[2] 循環資源の循環的な利用及び [3] 適正な処分が確保されることによって、天然資源の消費を抑制し、環境への負荷ができる限り低減される社会” と定義されており、同法における「処理の優先順位」は、[1] 発生抑制、[2] 再使用、[3] 再生利用、[4] 熱回収、[5] 適正処分と定められています。この法律で特に注目すべきことの一つはこの「優先順位」です。既に学んだとおり、循環型社会のキーワードは3R（スリーアール）で、リデュース、リユース、リサイクルの優先順位になっています。この優先順位の考え方を含めて、循環型社会の姿を示したのが図８－４です。天然資源の消費が抑制され、最終処分量の減少と適正な処分によって環境負荷が低減されるという、循環型社会の定義に適った絵姿が簡潔に描かれています。

図８－４　循環型社会の姿

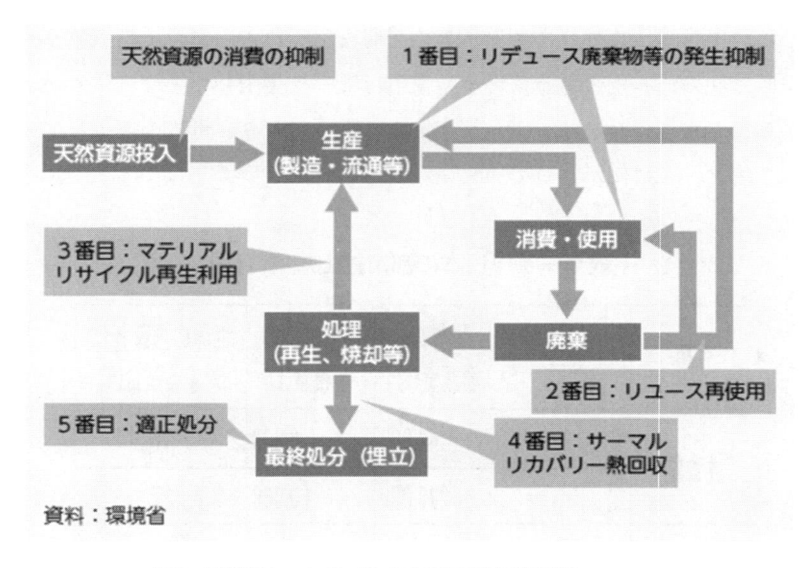

出典：環境省ホームページ「平成26年版環境白書」
http://www.env.go.jp/policy/hakusyo/h26/pdf/2_3.pdf

スリーアール（3R）は、循環型社会を形成していくための３つの取組（リデュース、リユース、リサイクル）の頭文字をとったものです。図８－５を参考に、優先順位に従って具体的な取組を理解し、一人一人が実践していくことが肝要です。最優先されるのは、Reduce（リデュース：発生抑制）です。生産現場においては、製品の省資源化や長寿命化によって資源利用効率を高め、廃棄物を抑制する取組が行われています。消費者においては、①買い物の時は、マイバッグを持参し、レジ袋を断る、②過剰包装や不要な包装は断る、③不要なものを買わず、長持ちするものを購入する、④シャンプー等は中身を詰め替えられるものを買う、等の行動が例示されます。なお、日本全国の１年分のレジ袋は原油42万kLに相当しますので、リデュースは資源の節約にもつながります*[6]。

次に優先されるのは、Reuse（リユース：再使用）です。生産現場においては、使用済みの製品や部品、容器を回収し、再び製品や容器として再使用する取組が行われています。消費者においては、①飲み物等はリターナブル容器のものを選ぶようにする、②不要になった服をフリーマーケットやリサイクルショップに出したりする、等の行動が例示されます。容器１本あたりのエネルギー消費量は、ワンウェイ容器（PETボトル等）よりリターナブル容器の方が少ないため、リユースは省エネにもつながります。

最後に、Recycle（リサイクル：再資源化）です。生産現場においては、使用済みの製品や製造の際の副産物を回収し、原材料として再び利用されています。焼却熱をエネルギーとして利用するサーマルリサイクルに対し、マテリアルリサイクルと称されることもあります。消費者においては、①識別マークに着目し、地域の分別ルールに従って資源ごみを排出する、②再生紙等の再生材を使用した商品を積極的に購入する、等の行動が例示されます。2013年度におけるスチール缶の再資源化重量は約57万トン、リサイクル率は92.9％でした。アルミ缶については、再生利用量は25万５千トン、リサイクル率は83.8％でした*[7]。リサイクルは十分に浸透していますので、循環型社会形成推進基本計画（2013年５月31日に閣議決定）においては、2R（リデュース、リユース）の取組強化が今後の課題の一つとされています。

図８－５　３R（リデュース、リユース、リサイクル）とは？

Reduce（リデュース：廃棄物の発生抑制）
省資源化や長寿命化といった取組みを通じて、製品の製造、流通、使用などに係る資源利用効率を高め、廃棄物とならざるを得ない形での資源の利用を極力少なくする。
例：レジ袋や過剰包装を断る、買い過ぎない

Reuse（リユース：再使用）
一旦使用された製品を回収し、必要に応じて適切な処置を施しつつ製品として再使用を図る。または、再使用可能な部品の利用を図る。
例：リターナブル容器、フリーマーケット

Recycle（リサイクル：再資源化）
一旦使用された製品や製品の製造に伴い発生した副産物を回収し、原材料としての利用（マテリアルリサイクル）または焼却熱のエネルギーとしての利用（サーマルリサイクル）を図る。
例：ごみの分別、ペットボトル、アルミ缶

「3R政策の概要」（経済産業省）http://www.meti.go.jp/policy/recycle/main/3r_policy/policy/outline.html をもとに作成

また、循環型社会形成推進基本計画の概要には、「循環型社会を形成するための法体系」としてグリーン購入法（「国等による環境物品等の調達の推進等に関する法律」（2000年5月制定））も掲げられています。この法律は、循環型社会の形成のためには、供給面のみならず、需要面からの取組も重要であるという観点から、国等の公的機関が率先して環境物品（いわゆる「環境に配慮した物品」）の調達等を行うことによって、持続可能な社会の構築を推進することを目指したものです。国等の公的機関には環境物品等の購入が義務付けられ、地方公共団体等には努力義務が、また事業者や消費者には一般的責務が課せられています。グリーン購入とは、「環境への負荷ができるだけ少ない製品やサービスを選択して買うこと」であり、グリーン購入を行う人たち、すなわち循環型社会によりふさわしい生活を選択する消費者は、「グリーンコンシューマ」と呼ばれます。グリーンコンシューマを目指すには、環境省のホームページに掲載されている「グリーン購入の調達者の手引き」（2015年2月）が参考になります。この手引きには、平成27年度の特定調達品目である21分野270品目のうち、公共工事の68品目を除く20分野202品目を対象に、分野別の概要及び品目別の解説が記載されています。例えば、コピー用紙等の紙類やノート等の文房具の購入に際しては、エコマークによる識別が有効なことが示されています。

8－2　廃棄物に係る安全・安心の確保

(1)　ダイオキシン類

廃棄物の処理に関連して、ダイオキシン類の問題は20世紀末の日本で大きな社会問題になりました。1999年7月に公布されたダイオキシン類対策特別措置法による排出規制等によって大気・水質・土壌の環境が改善され、現在では終焉した状況にあります。ダイオキシン類に関しては、主にごみ焼却等により非意図的に発生すること、新しいごみ焼却炉の普及により排出量が減少し著しい環境改善がなされたこと、急性毒性は動物種によって大きく異なること、大気からではなく食品（特に魚介類）から90％以上摂取されること等がポイントになります。詳しくは、関係省庁のパンフレット*8が参考になりますが、その要点は、以下のとおりです。

① ダイオキシン類は、主に物の燃焼の過程で非意図的に生成される物質で、特に都市ごみの焼却によって発生する。また、PCBや不純物として一部の農薬（例えば、ベトナム戦争に用いられた枯葉剤）に含まれていた。

② ダイオキシン類は、環境中で分解されにくく、一旦環境中に排出されると長期間残留し、人に有害な影響を及ぼすおそれがある。そのため、2004年に発効した「残留性有機汚染物質に関するストックホルム条約（POPs条約）」の対象物質とされている。

③ 1999年に公布されたダイオキシン類対策特別措置法では、200種類以上の構造類似化合物を

ダイオキシン類と定義している。このうち、毒性があるのは29種類である。

④　ダイオキシン類の急性毒性は動物によって異なるが、モルモットに対しては青酸カリの15,000倍以上の毒性を示す。また、慢性毒性については、妊娠ラットを用いた催奇形性の実験に基づき、人の耐容一日摂取量（TDI）は4pg-TEQ/kg/day（1日に体重1kg当たり1兆分の4g）とされている。

⑤　大気中に排出された後のダイオキシン類の挙動の詳細はよくわかっていないが、最終的には、水系の底泥等に付着したものがプランクトンや小さな魚介類等に取り込まれ、食物連鎖を通して人間等の生物に蓄積されていくと考えられている。

⑥　ダイオキシン類対策特別措置法による排出規制等によって、ダイオキシン類の環境濃度が著しく改善され、日本人の平均的摂取量は、TDIの4分の1以下の約0.85pg-TEQ/kg/dayに低減された。

⑦　日常の生活の中で摂取するダイオキシン類は、主に食品中の魚介類に由来するが、日本人の平均的ダイオキシン類摂取量は国際的な基準を大きく下回っているので、バランスの良い食事を心がければ問題ない。

(2)　PCB（ポリ塩化ビフェニル）

循環型社会形成推進基本計画*[9]では、先に述べた「2R（リデュース・リユース）の取組の推進」、「小型家電リサイクル法の着実な施行」に加えて、「アスベスト、PCB等の有害物質の適正な管理・処理」、「東日本大震災の反省点を踏まえた新たな震災廃棄物対策指針の策定」等が課題とされています。以下に、これらの課題に関する経緯と現状を紹介します。

ポリ塩化ビフェニル（PCB）は、絶縁性、不燃性等の特性により、主にトランス等の電気機器に使用されてきました。日本では、1974年に製造・輸入が原則禁止され、2001年7月に「ポリ塩化ビフェニル廃棄物の適正な処理の推進に関する特別措置法（PCB特措法）」が施行され、事業者による毎年の使用・保管状況の届出と15年後までの処分等が定められ、国が設置した全国5ヶ所の処理施設で処理が進められています。

PCBが世に出て、PCB特措法制定に至るまでの経緯を表8－2に示します。PCBの環境問題は、1966にスウェーデンで取れた魚類やワシなどの鳥類の体内にPCBが含まれていることの報告に端を発します。日本では、1968年に日本で起きた「カネミ油症事件」でその毒性が社会問題化しました。この事件は、カネミ倉庫製の米ぬか油を食べた人に黒い吹き出物が出て、神経や関節、呼吸器などに様々な症状が現れ、西日本一帯の約14,000人が健康被害を届け出た事件です。米ぬか油の製造過程で混じったポリ塩化ビフェニル（PCB）から生じたダイオキシン類が主原因とされています。一時金と医療費をカネミ倉庫から受け取れる認定患者は、2014年3月末現在死者も含め2,276人に過ぎませんでしたが、2012年に施行された被害者救済法によって認定患者以外の被害者にも国による救済が行われるようになりました。

海外の環境汚染、国内の「カネミ油症事件」を契機として、1974年に「化学物質の審査及び製造に関する法律（化審法）」が施行され、PCBの製造・輸入は原則禁止されました。しかし、廃棄が認められず、保管が長期にわたっていたため、紛失したり行方不明になったりしたトランスなどもあることが判明し、PCBによる環境汚染の懸念が増大していきました。また、国際的な規制の取組が始まり、残留性有機汚染物質に関するストックホルム条約（POPs条約）では、PCBに関し2025年までの使用全廃、2028年までの適正な処分が定められました。

表８－２　PCB特措法制定の経緯

1881年　合成成功（独）、1929年：工業生産（米スワン社）

主な用途：変圧器等電気機器の絶縁油、感熱紙

1954～1972年　国内生産量（59,000t）、使用量（54,000t）

・1966年　魚類や鳥類での蓄積（スウェーデン）
・1968年　カネミ油症事件*（日本）　*患者数：13,000名

1972年　通産省通達よる生産中止、輸入中止、使用自粛

1974年　化審法の施行による製造・輸入禁止、使用制限

1975年　廃物処理法施行令の改正により、保管基準の明示

1976年　電気事業法通産省令による新規設置の禁止

・1987年　5，500tのPCBを焼却処理（鐘化）

1992年　廃物処理法の改正により、特別管理産業廃棄物

1998年　廃物処理法の改正により、処理基準設定

・1998年　約4，600台の紛失の調査結果（厚生省）

2001年　POPs（残留性有機汚染物質）条約を採択　PCB特措法を制定

・欧州は2010年までに処理を完了

兵庫県環境局の資料（http://www.kankyo.pref.hyogo.jp/JPN/apr/kisha/17kisha/h18m2/0207sanko2.pdf）
等を参考に著者が作成

このような状況から、日本では2001年７月15日から「ポリ塩化ビフェニル廃棄物の適正な処理の推進に関する特別措置法（PCB特措法）」が施行されました。PCB特措法では、国が処理基本計画を定め、それに即したPCB処理計画を都道府県及び政令市等が定め、また事業者は法施行日から15年後に当る2016年７月までに処分する責務が定められました。しかし、処理計画が大幅に遅れたため、環境省は、2012年12月に、PCBの無害化処理期限を2027年３月へと大幅に延長しました[*10]。更に、政府は、処理期限の目標を達成するため、2016年８月に改正PCB特措法を施行しました。改正法によって、処理基本計画を政府全体で進めると共に、事業者に対する都道府県の権限を強めること、処理施設への搬入期限（最長で2024年３月まで）の１年前までの廃棄・処分を事業者に義務

づけ、違反には罰則を設けること、等の施策が展開されています。PCBの処理期限は、POPs条約の約束でもありますから、日本としても目標を必達しなければなりません。しかし、処理の進捗は捗々しくない現状にあります*[11]ので、処理の一層の加速化が必要と考えます。

(3)　災害廃棄物と指定廃棄物

東日本大震災により生じた廃棄物に対処するため、二つの特別措置法が制定・施行されました。一つは、災害廃棄物の処理を市町村に代わって国が行うための特例を定めた「災害廃棄物特別措置法」(2011年８月施行）です。災害廃棄物については、一時、広域処理による放射性物質の拡散が問題視され、搬入先の住民による反対が報じられたことがありましたが、13道都県に発生した災害廃棄物2018.7万トン、津波堆積物1100.6万トンの内、福島県の一部を除いて2014年３月に処理が完了しました。災害廃棄物の８割強にあたる約1,606万トン、津波堆積物のほぼ全量にあたる約999万トンが、公園整備、堤防復旧、海岸防災林等に再生利用されています*[12]。

もう一つの特別措置法は、福島第一原発事故に伴う放射性物質の拡散による、環境の汚染と人の健康又は生活環境への影響を速やかに軽減することを目的とした「放射性廃棄物汚染対処特別措置法」(2012年１月完全施行）です*[13]。この法律においては、国が原子力政策を推進してきたことに伴う社会的責任に鑑み、必要な措置を実施するとされており、地方公共団体や関係原子力事業者は主に国の施策に協力する役割を担っています。やや理解が難しいのは、①事故由来放射性物質であるセシウム134及びセシウム137についての放射能濃度の合計が8,000ベクレル/kg超の「指定廃棄物」と、事故に伴う新たな被曝線量が年１ミリシーベルト以上（１時間あたり0.23マイクロシーベルト以上）と認められた区域の除染で生じた放射性物質を含む「汚染土」の扱いが分かれている点、②「福島県」で生じたものと「福島県以外」で生じたものでは国の関与が異なる点です*[14]。

指定廃棄物の都県別発生量は表８－３の通りです。先ず、最も進んでいる福島県内の指定廃棄物と汚染土については、全面的に国が主導して中間貯蔵、最終処分が行われます。中間貯蔵するための施設（中間貯蔵施設）は福島第一原発周辺の大熊町と双葉町に作られ、最長で30年間保管される予定です。中間貯蔵施設は、福島県の指定廃棄物約13万トンの内の放射能濃度10万ベクレル/kg超の指定廃棄物、及び汚染土1,600万～2,200万m^3（環境省の推計値、東京ドーム18杯分）を収容する必要がありますので、約16km^2の敷地に設置されます*[15]。なお、10万ベクレル/kg超の指定廃棄物は、中間貯蔵施設の中でもコンクリートで遮蔽された部分に厳重保管される予定です。

表8－3　指定廃棄物の都県別発生量（2014年末現在）

都県	発生量(トン)	都県	発生量(トン)
岩手県	475.6	群馬県	1,186.7
宮城県	3,324.1	千葉県	3,687.0
山形県	2.7	東京都	981.7
福島県	129,669.2	神奈川県	2.9
茨城県	3,532.8	新潟県	1,017.9
栃木県	13,526.3	静岡県	8.6
合計	157,416		

環境省ホームページ　http://shiteihaiki.env.go.jp/radiological_contaminated_waste/designated_waste/ をもとに作成

一方、福島県で発生した放射能濃度８千ベクレル超で10万ベクレル/kg以下の指定廃棄物については、2015年12月に新たな処分方針が示されました。環境省の情報サイト*[16]には、“10万ベクレル/kg以下の廃棄物は、管理型処分場で安全に処分することができます。このため、大量の特定廃棄物が発生している双葉郡にあり、十分な容量を有している既存の管理型処分場（フクシマエコテッククリーンセンター）を活用して、速やかに埋立処分を行う計画です。埋立処分事業は放射性物質汚染対処特措法に基づき、国が責任をもって行います。環境省は当該処分場を国有化した上で、環境省の事業として、放射性物質に汚染された廃棄物の埋立処分を行います。”と記されており、そのための手続きが進められています。

福島県内の仮置場に保管されている汚染土については、中間貯蔵施設の敷地への搬入が、予定の2015年１月より遅れて３月に開始されました。大熊町と双葉町の住民は、福島県外の最終処分場の予定地が決まっていないため、30年経過後も指定廃棄物等が中間貯蔵施設に保管され、最終処分場になってしまうのではないかと疑心暗鬼の状態でした。そのため、政府は「日本環境安全事業株式会社法」の一部を改正して期限を明記し、疑念を払拭しました*[15]。福島県内の汚染土は、中間貯蔵施設に搬入されるまでの間、袋（コンテナ）に入れられて環境省の設置した仮置場に保管されています。2016年10月に、会計検査院は、仮置場に構造上の問題があるため、汚染土から浸出した水の放射性物質濃度を測定できない可能性のあることを指摘しました*[17]。今後も、汚染土の杜撰な管理が行われないように、汚染土を管理する関係者は、状況の把握と情報の公開に努める必要があります。

次に、福島県以外の11都県の指定廃棄物については、各自治体がそれぞれの都県の最終処分場に保管することになっています*[18]。既存の最終処分場に余裕があり、指定廃棄物を保管可能な東京都等の６都県は表立った問題が起きていませんが、宮城・群馬・栃木・茨城・千葉の各県については、国が各県に最終処分場を新設することになっており、候補地の名が明るみになる度に、住民が反発する状態が続いています。数年前、茨城県高萩市、栃木県矢板市が候補地になって住民の反対で騒がれました。最近、栃木県の塩谷町、宮城県の栗原市・加美町・大和町が候補地になりましたが、やはり反対が起きて計画は頓挫しています。

千葉県の指定廃棄物の保管場所について、環境省は千葉市の東京電力の敷地の一部を選定しましたが、これには千葉市議会が反対を表明したことが報じられました。最近の報道によれば、2016年6月に千葉市は、放射性物質の再測定結果がいずれも国が定めた指定基準の1kgあたり8千ベクレルを下回っていたことを理由に、環境省に対して同市で保管する全量約7.7トンの指定を解除するよう申請しました。その結果、環境省は7月に、千葉市が保管する全量を指定解除することを決定し、千葉市に伝達しました。また、茨城県に対しては、環境省が汚染ごみをそのまま現在の保管場所に置き続けることを認める考えを示すと共に、1ヶ所に集めて国が処分する計画にこだわらず、濃度が下がるまで保管を続けてから自治体が処分できるように当初の方針を変更したことも報じられています。更に、横浜市が保管している「指定廃棄物」は、市内17校の「雨水利用施設」の貯水槽にたまっていた約3トンの汚泥で、環境大臣から指定廃棄物の指定を受けたものでした。しかし、環境省の処理体制が整っていなかったため、各校の敷地内に放射性物質が長期間保管されることになってしまいました。このような指定廃棄物の保管の仕方に関し、安全上の問題が懸念されています。

福島第一原発事故前には、原子炉等規制法に基づいて「原子力発電所の解体等で発生した廃棄物を再利用するための基準として1kg当たり100ベクレル以下」という基準が設けられていました。これに対して、放射性廃棄物汚染対処特別措置法に基づく保管基準は「1kg当たり8,000ベクレル超」とされています。数値に大きな開きがありますが、環境省は、「前者は廃棄物を安全に再利用できる基準」であり、「後者は廃棄物を安全に処理するための基準」であると説明しています*[19]。前者の「安全に再利用できない100ベクレル超の廃棄物はどのように扱われることになっているのでしょうか？　説明が不足しているように思われます。政府は、指定廃棄物の管理が杜撰にならないように、自治体ごとの対応ではなく一貫性のある方針のもとに保管を徹底すると共に、指定廃棄物の保管が適正に行われていることを長期間にわたり確実にフォローしていく責務を担っています。

福島県以外の自治体で発生した汚染土については、指定廃棄物以上に行き場が定まっていない現状にあります。特別措置法に基づく除染は国の費用で自治体によって実施され、個々の自治体（市）のホームページには「終了」の報告がなされていますが、どこにどれくらいの量の汚染土が保管されているかの情報は開示されていません。また、汚染土が福島県の場合と同様に、指定廃棄物と同じ最終処分場に保管されるか否かも不明です。量も多く、放射能も強いと推定される福島県内の指定廃棄物と汚染土は、30年後には福島県外に移されます。一方、福島県以外の都県の指定廃棄物と汚染土は、各都県の最終処分場に永久に保管されることになります。この内、宮城・群馬・栃木・茨城・千葉の5県は新しい最終処分場の場所も施設の構造もいずれ明らかにされると思います。しかし、最終処分場の容量に余裕のある東京都等の６都県では、最終処分場さえ明示されずに永久保管されることになりかねません。最もリスクが大きいのは、一体、どの都県になるか、今後の動向を把握しつつ考えてみてはいかがでしょうか。

コラム　アスベスト（石綿）の健康影響と救済制度

東日本大震災の被災地では、建物の解体現場で基準を超えるアスベスト（石綿）が10ヶ所以上で検出されました。石綿は、天然にできた鉱物繊維で「せきめん」、「いしわた」とも呼ばれており、廃棄物処理法では、人の健康又は生活環境に係る被害を生ずるおそれがある「特別管理廃棄物」の一つとして、通常の廃棄物よりも厳しい規制が行われています。石綿は、極めて細い繊維（髪の毛の千分の１ほど）で、熱、摩擦、酸やアルカリにも強く、丈夫な特性を持っていることから、建材（吹き付け材、保温・断熱材など）、摩擦材（自動車のブレーキなど）、シール断熱材（ガスケットなど）といった工業製品に使用されてきました。しかし、石綿は肺がんや中皮腫（肺を取り囲む胸膜等の膜にできる悪性腫瘍で、ほとんどは石綿ばく露が関与）を発症する発がん性が問題となり、日本では、2004年から原則として製造・使用等が禁止されました*。全石綿が原則禁止となった時期は特に欧州の国々が早く、ドイツ、フランス、イギリス等でも1998年までに禁止され、アメリカでは、1992年から石綿含有製品６種類の製造・輸入・使用等が禁止されました。日本では、第二次世界大戦中を除き、石綿のほとんどが輸入品で賄われていました。ピークの1970～1980年代には毎年約30万トンの石綿が輸入され、その全量は1,000万トンに上っています。国は、石綿によって健康被害を受けた人やその遺族に対して、「労災保険」に加えて、「石綿による健康被害の救済制度（以下、「救済制度」という）」）を設けています。救済制度は、2006年３月に施行された「石綿による健康被害の救済に関する法律」に基づくもので、労働者に限らず、石綿による健康被害を受けた人及びその遺族に医療費等の救済給付を支給するものです**。石綿による健康被害は潜伏期間が長く、中皮腫で20～50年、肺がんで15～40年とされています。石綿に特有な中皮腫の死者は、かつて石綿を扱う工場や建設現場などで働いていた人たちを中心に増え続け、ここ数年、毎年1,000人を超える人が亡くなっています。因みに、「労災保険」の支給決定者はここ数年約1,000人/年で推移しています**。また、「救済制度」に基づく給付金の支給については、制度発足以来2014年度までの累計で、申請・請求件数に13,828件対し10,170件が認定されています。最近、未申請死亡者の請求期限が死亡時から15年と、以前より10年延長されました*。今後、私たちが気をつけなければならないのは、石綿を使用した古い建物や住宅の解体現場です。あと10数年もすれば、高度経済成長期に作られた建物が解体のピークを迎え、解体件数は今の２倍、年間10万件に上るとみられています*。解体作業に従事する人や解体現場を通る人は防護策を講じたり、細心の注意を払ったりして、健康保護のための未然防止に自ら努める必要があります。国も、大気汚染防止法の改正（2014

年6月1日施行）によって、自治体に届け出る事業者を解体業者から発注者に変更する、工事前にアスベストが含まれているかどうかの事前調査を義務化する等の措置を講じています。なお、石綿には大気環境基準が設定されておらず、大気汚染防止法の敷地境界基準（大気1Lにつき10本以下）によるリスク管理が行われています。

* http://www.erca.go.jp/asbestos/what/index.html

** http://www.mhlw.go.jp/stf/houdou/0000068525.html

コラム　マイクロプラスチックによる海洋汚染

廃棄物に係る地球環境問題には「有害廃棄物の越境移動」の問題がありますが、この問題とは別に、近年、廃棄されたプラスチックに由来するマイクロプラスチックの海洋汚染の問題がしばしば取り上げられています。マイクロプラスチックとは、プラスチックごみのうち、細かく砕けて大きさが5mm以下になったものです。表面にPCB等の有害物質が付着しやすいため、魚や海鳥などが体内に取り込むと生態系に影響を及ぼしかねないことが指摘されています。米国ジョージア大などのチームによる発表では、不法投棄などによって海に流出したプラスチックの量（2010年）は世界で約480万～1,270万トンと推計されています*。また、世界の海に漂うマイクロプラスチックの総量は27万トンにのぼること、海のゴミは一様に分布しているわけではなく、世界の5ヶ所（北太平洋、南太平洋、北大西洋、南大西洋、インド洋）にプラスチックなどのゴミが高密度に漂っている海域が存在することも明らかにされています。マイクロプラスチックの分布密度については、日本の近海では平均で1km^2当たり172万個**と、これまでに調査が行われた世界各地の平均と比べて27倍高いことが把握されており、日本自体の発生源に加えて、メコン河流域のようなゴミの大発生源から海流に乗って日本周辺に運ばれてくる可能性も懸念されています***。プラスチックの種類等については、レジ袋やペットボトルのふたに利用されるポリエチレンでできたものが比較的多いことや、PCB等の有害な付着物が存在することが分かっています。東京湾のカタクチイワシの内臓や動物プランクトン、ベーリング海の海鳥の胃からプラスチックが見つかっており、海鳥の脂肪から有害物質が検出されたことから、食物連鎖でプラスチックが体内に取り込まれることによる生態系への影響の可能性も指摘されています***。最近では、南極海でも1km^2当たり286,000個のマイクロプラスチックの浮遊が観測され、汚染が地球規模で広がっていることが確認されました****。海にプラスチックごみを流さない対策や生分解性プラスチックへの切り替えを世界中で推進すると共に、海洋汚染防止に係るロンドン条約やPCB等残留性有機汚染物質に係るPOPs条約による国際的な取組の強化が望まれます。

* https://www.kankyo.metro.tokyo.jp/resource/general_waste/attachement/01_Prof.KANEHIRO fromOTSUMAWomen'sUniversity.pdf

** http://mepl1.riam.kyushu-u.ac.jp/saito/welcome_to_ODG_website.html
*** http://www.eic.or.jp/library/challenger/ca160422-2.html
**** http://www.env.go.jp/press/102780.html

〈参考資料〉
* 1　http://www.env.go.jp/recycle/circul/pamph/fig/p2.gif
* 2　http://www.env.go.jp/recycle/ill_dum/santouki/index.html
* 3　http://www.env.go.jp/recycle/waste/wastetoukei_index.html
* 4　http://www.meti.go.jp/policy/energy_environment/shigenjunkan/index.html
* 5　http://www.env.go.jp/recycle/circul/kihonho/gaiyo.html
* 6　http://www.meti.go.jp/policy/recycle/main/data/pamphlet/pdf/nattokushittoku3r.pdf
* 7　http://www.meti.go.jp/policy/recycle/main/data/pamphlet/pdf/handbook2015.pdf
* 8　http://www.env.go.jp/chemi/dioxin/pamph/2012.pdf
* 9　http://www.env.go.jp/recycle/circul/keikaku.html
*10　https://www.env.go.jp/press/press.php?serial=16073
*11　http://www.env.go.jp/press/files/jp/103599.pdf
*12　http://kouikishori.env.go.jp/archive/h23_shinsai/
*13　http://www.env.go.jp/jishin/rmp/attach/law_h23-110b.pdf
*14　http://www.env.go.jp/jishin/rmp/attach/roadmap111029_a-0.pdf
*15　https://www.env.go.jp/jishin/rmp/conf/law-jokyo03/lj03_mat01.pdf
*16　http://shiteihaiki.env.go.jp/initiatives_fukushima/disposal/
*17　http://www.jbaudit.go.jp/pr/kensa/result/28/pdf/281020_zenbun_03.pdf
*18　http://shiteihaiki.env.go.jp/initiatives_other
*19　https://www.env.go.jp/jishin/attach/waste_100-8000.pdf

9．食料・水問題の動向

9－1　世界の食料問題

世界の人口は開発途上国を中心に大幅に増加しており、国連のデータ[*1]では、2015年に約73.5億人の人口が2050年には97億人を超えると推計されています。一方、図9－1のとおり、食料生産を支える世界の耕地面積及び穀物収穫面積はほぼ横ばいで推移しており、今後の大幅な増加は見込めないことから、反収（単位面積当たりの収穫量）の飛躍的な増大がない限り、深刻な食料危機に陥ることが懸念されています。

図9－1　世界の人口と耕地面積・穀物収穫面積

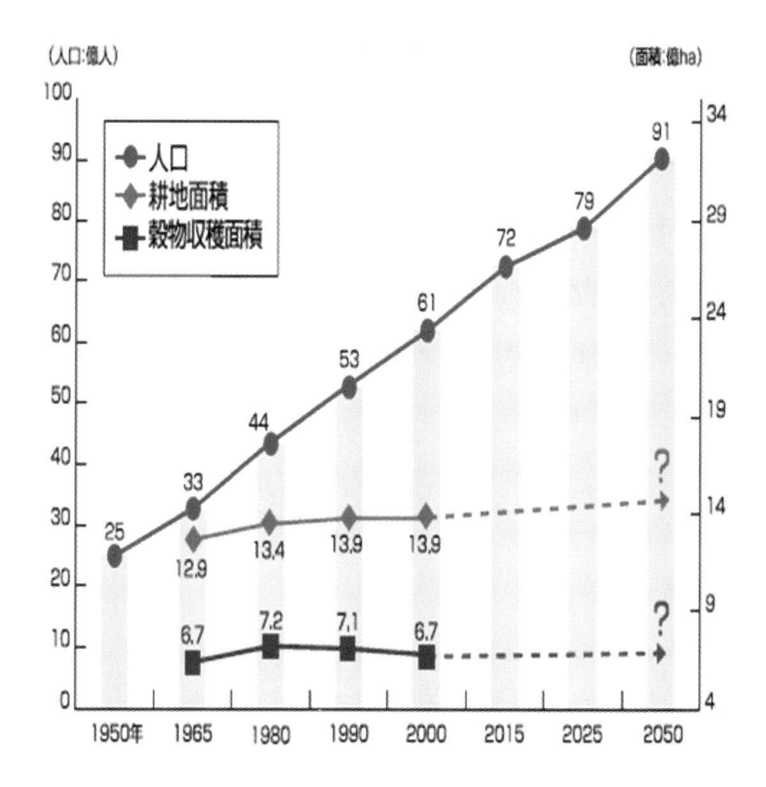

出典：農林水産省ホームページ「平成17年度版　知っていますか？私たちのごはん！」
http://www.maff.go.jp/j/soushoku/soumu/panfu/pdf/gohan17.pdf

国連が発表した報告書「世界の食料不安と現状2015年報告（SOFI2015）」[*2]によると、飢餓人口は徐々に減少してきているものの、現在でも、世界で約7億9,500万人、9人に1人が飢餓に苦しんでいます。飢餓は世界の死亡原因の第1位を占めており、飢餓やそれに関連する病気のため、5歳以下の子どもを中心に世界で毎日25,000人が命を落としています。飢餓人口の比率が最も高いのはサハラ以南のアフリカで、4人に1人以上が慢性的な飢餓に陥っています。また、世界の栄養不足（人が生きていくうえで最低限必要な栄養摂取量を摂っていない状態のこと）の人口の大部分は、サハラ以南のアフリカ（2.32億人）、東アジア（1.45億人）、南アジア（2.81億人）に集中しており、世界で最も飢餓人口の多い地域はアジアで、5億1,170万人に達します。また、国別ではインド・中国が上位を占めています。

飢餓や栄養不足の要因として、人口の増加、一人当たり耕地面積の低下に加え、食生活の高度化、食料価格の高騰、自然災害（異常気象）が挙げられます。新興国における肉類消費の増加等の食生活の高度化は、穀物の需要増大を招き、穀物価格の高騰をもたらします。例えば、牛肉1kgを作るのに必要な穀物は10kgですので、穀物をそのまま食料として食べれば10人分に相当する食糧でも、牛肉にして食べると1人分しか賄えないことになるからです。また、地球にやさしいと言われるバイオ燃料の需要拡大は、トウモロコシや大豆の価格高騰を招きます。原料となるトウモロコシが、用途面で飼料用と燃料用とが競合したり、耕地の利用面で大豆と競合したりするからです。今後は、地球温暖化による自然災害、特に干ばつ等の水不足が食料不足に拍車をかける恐れがあります。

世界的な飢餓が常態化している今日、食べ残し等の「食品ロス」（メーカーでの規格外品、小売店の売れ残り、家庭の食べ残し等、食べられる状態であるにもかかわらず廃棄される食品）が国際問題になっています。国連食料農業機関（FAO）が2013年6月に発表した調査報告書が、「世界の食料ロスと食料廃棄—その規模、原因および防止策—」と題する日本語訳の報告書*3として10月に発行されています。報告書によれば、世界で生産された食料の3分の1が食べられることなく廃棄されており、廃棄分は年約13億トンに上るとされています。一人当たりの食品ロス（生産から小売り段階と消費段階の合計）の量は、先進国において比較的高い傾向にあり、250～300kg/年/人と算出されています。

2015年9月に採択された国連の「持続可能な開発目標」(SDGs）の個別目標（ターゲット）の一つに、“2030年までに小売・消費レベルにおける世界全体の一人当たり食品廃棄物を半減させ、収穫後損失などの生産・サプライチェーンにおける食品の損失を減少させる”という目標が掲げられており*4、日本、EU、中国等でも削減の取組が開始されています。また、飢餓対策として、国連食料農業機関（FAO）が2013年5月にまとめた報告書「食用昆虫　食品と飼料の安全保障」は、栄養面、環境面、経済面の利点を根拠に昆虫食を提案しています。世界では1,900種類以上の昆虫が食べられていると推定されており、欧米におけるコオロギの食料化を企図したベンチャービジネスの萌芽も報じられています。

9－2　日本の食料問題

食料は、生命活動のエネルギー源となる物資であり、それぞれの自然環境に適合する食料生産が行われてきました。日本では高温多雨という自然環境下、稲作が進展しました。イネは高温多湿を好む植物であり、日本の自然環境に最も適合する作物のひとつです。日本の稲作は、縄文後期頃に中国から伝来したと言われています。米、小麦、トウモロコシの栄養価を比較すると、同じ重量の摂取によって得られるエネルギーは米が最も高く、格好のエネルギー源と言えます。タンパク質は小麦やトウモロコシに比べると少ないのですが、人間が体内で作ることのできない必須アミノ酸が米には多く含まれており、「昔、米は日本人の重要なタンパク源だった」といわれるほどです。また、脂質はトウモロコシに多く含まれますが、米にも小麦と同程度の脂質が含まれています。総じて、米はバランスの良いエネルギー食品ということができます。

日本の自然環境に適合し、栄養価に富んでいる米を主食とした食生活が、高い「食料自給率（カロリーベース）」（以下、単に「食料自給率」という）をもたらしてきました。しかし、食生活の欧米化は「ごはん」から「パン」へ、米から小麦への変化をもたらしました。食料自給率は、国内の食料消費（供給されるカロリー）が国産でどの程度まかなわれているかを示す指標[*5]です。図9－2に見られるように、1965年に1人1年当たり111.7kgだった米の消費量が著しく低下したことによって、2003年にはほぼ半減してしまったことが、食料自給率の低下に大きく影響しました。また、食生活の欧米化は、米の消費量の減少に加え、肉類・油の消費量の増加等をもたらしました。特に、飼料の多くを輸入に依存している畜産物については、飼料自給率を乗じて食料自給率が計算されますので、例えば、国産豚肉であっても輸入飼料で育った豚の肉の消費増大は、食料自給率の低下を招きます。このような食生活の変化によって、かつて70％以上だった食料自給率は40％に落ち込み、その後、現在に至るまで約40％のまま推移することになりました。日本の食料自給率は、他の先進国の食料自給率（アメリカ127％、フランス129％、ドイツ92％、イギリス72％）と比べると著しく低く、先進国の中で最低の水準になっており、食料の安全保障上極めて深刻な問題となっています[*5]。

食料自給率の向上を目指して、2010年に策定された「食料・農業・農村基本計画」には、2020年に食料自給率50％という数値目標が設定されていましたが、2015年3月に閣議決定された「食料・農業・農村基本計画」では、2025年の食料自給率の目標が45％にトーンダウンしてしまいました[*6]。一方、後述するように、2010年に「六次産業化・地産地消法」という法律が公布されました。六次産業化は日本の農業振興を企図したものであり、地産地消の浸透は食料自給率の向上に直結しますので、今後の食料自給率向上への寄与が期待されます。

図９－２　日本の食料自給率、米消費量の推移

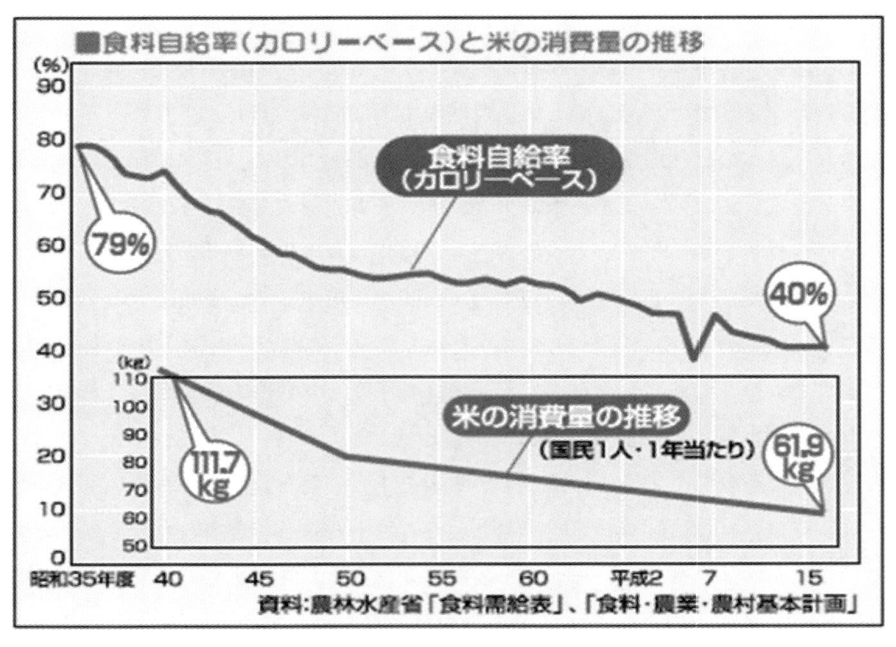

出典：農林水産省ホームページ　「平成17年度版　知っていますか？私たちのごはん！」
http://www.maff.go.jp/j/soushoku/soumu/panfu/pdf/gohan17.pdf

食料資源が決して潤沢とは言えない日本においても、大量の食品ロスが発生しています。農林水産省は、2016年６月に「食品ロス削減に向けて～食べものに、もったいないを、もういちど。～」という資料*7を作成しました。その中で、日本における家庭系廃棄物には、302万トンもの食べ残し等の可食部が含まれており、メーカーから外食産業に至る事業系廃棄物には、330万トンもの規格外品や返品等の可食部が含まれていると推計しています。家庭系と事業系と合わせて「食品ロス」は600万トン以上に達します。この量は、世界全体の食料援助量（2011年）の約400万トンを上回り、日本のコメ収穫量（2012年）の約850万トンに迫るほどの量に相当します。現在、26の食品関連業種を中心に、食品ロス抑制目標の設定、賞味期限の見直し等の食品ロス削減に向けた活動が展開されています。また、食品企業の製造工程で生じる規格外品などを、福祉施設等へ無料で提供する「フードバンク」の活動がNPO法人等により広がっており、農林水産省も助成金等による普及の支援を行っています。

コラム　食品ロスの削減

食品ロスの削減に向けての日本の取組については、農林水産省の資料*に詳細が記されています。家庭では、皮を厚く剥き過ぎてしまう等の過剰除去、作り過ぎによる食べ残し、冷蔵庫に入れたま

まの期限切れによる直接廃棄、に注意する必要があります。

食品業界における取組のポイントは、①「発生抑制の目標値」の設定、②３分の１ルールの見直し、③賞味期限の延長、の３点に集約できます。①について、2014年４月１日に農林水産省は食品製造業や飲食店等の26業種に対し、業種ごとに「食品廃棄物等の発生抑制目標値」を定めて削減努力を促しました。②の現行ルールは、製造日から賞味期限までの期間を３等分して各段階に期限を設けたものです。最初の３分の１が納品期限、次が販売期限、最後が賞味期限として設定されています。諸外国に比べて厳しいルールで、食品ロスにつながる商習慣であるため、業界全体での取組が必要とされています。③については、全ての加工食品には賞味期限か、消費期限のいずれかが表示されています。期限が過ぎたら食べない方が良い消費期限と異なり、賞味期限は、期限が過ぎてもすぐに食べられなくなる訳ではなく、五感による判断に委ねられます。また、製造技術の進歩等を考慮して賞味期限を見直す動きがあります。NO-FOODLOSSプロジェトは、「もったいない」の発祥国として、国民一人一人が意識して取組むべき国民運動です。

* http://www.maff.go.jp/j/shokusan/recycle/syoku_loss/pdf/lossgen.pdf

9－3　日本の農業を巡る動向

(1)　日本における環境保全型農業の流れ

本来、農業は自然環境と共生した生産活動であり、適切な活動が行われれば、農業の多面的機能（例えば、水田による洪水の防止、生物多様性の維持）が発揮されます。一方、不適切であれば環境への負荷を増大してしまいます。例えば、近代農業における生産性の過度な追求による化学肥料の過剰投入は、海域や湖沼の富栄養化の一因となります。また、農薬の散布によって生態系の損失を招きます。更に、化学肥料や農薬は水や大気を汚染したり、地球温暖化に影響を与えたりすることも懸念されます（図９－３）。

このため、農林水産省は、1992年から環境保全型農業の推進に注力してきました。環境保全型農業は、「農業の持つ物質循環機能を生かし、生産性との調和などに留意しつつ、土づくり等を通じて化学肥料、農薬の使用等による環境負荷の軽減に配慮した持続的な農業」と位置付けられており、「持続農業法の制定（1999年）：エコファーマーの認定」→「有機農業推進法の制定（2006年）」→「地球環境問題への対応」というステップを踏んで、現在に至っています。

図９－３　農業生産活動による環境負荷発生リスク

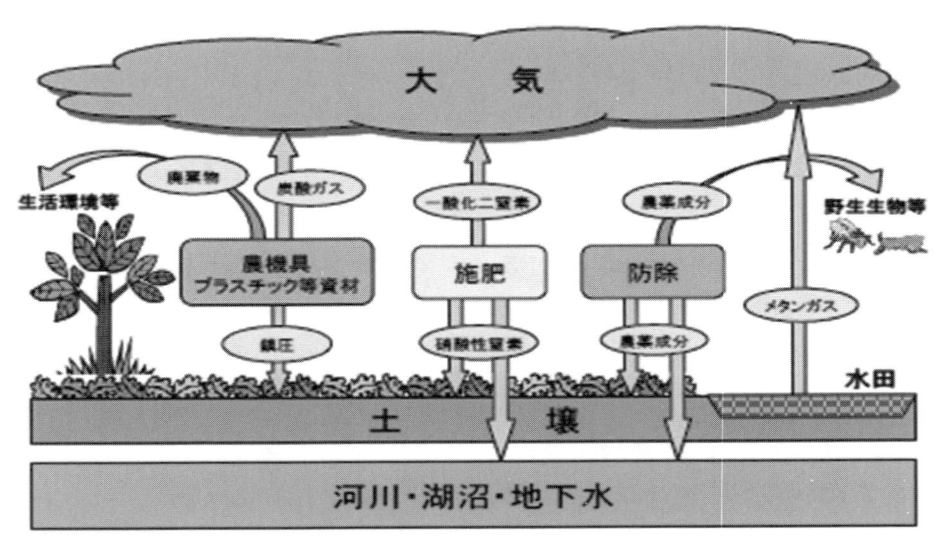

出典：農林水産省ホームページ　http://www.maff.go.jp/j/study/kankyo_hozen/01/pdf/data02.pdf

1999年には、たい肥による土づくりと化学肥料・化学合成農薬の使用低減に一体的に取組む農業者をエコファーマーと認定し、金融・税制上の特例措置により認定者を支援するための「持続性の高い農業生産方式の導入の促進に関する法律（持続農業法）」が制定されました。エコファーマーの数は着実に増加し、2007年には127,266件に達しています。2006年には、環境負荷の低減と消費者ニーズに即した有機農業を推進するため、「有機農業の推進に関する法律（有機農業推進法）」が制定されました。同法では、有機農業を「化学的に合成された肥料及び農薬を使用しないこと並びに遺伝子組換え技術を利用しないことを基本として、農業生産に由来する環境への負荷をできる限り低減した農業生産の方法を用いて行われる農業」と定義しています。一般的に考えられている有機農業（化学農薬や化学肥料を使用しない）だけでなく、遺伝子組換え技術を利用しないことも基本とされている点が注目されます。地球温暖化の顕在化に伴って、環境保全型農業は更に拡大しつつあります。化学肥料や農薬の使用による環境負荷を低減するのみならず、地球温暖化対策や生態系保全等の課題にも積極的に貢献する必要があるという認識の下、現在では、地球環境問題への対応も視野に入れた取組が推進されています*8。

そもそも、日本の農業は地球温暖化にどのような影響を及ぼしているのでしょうか？　2013年度における日本の温室効果ガス総排出量は13億9,500万トン（CO_2換算）で、農業起源（家畜の消化管内発酵、稲作等）のメタンの排出量は1,690万トン－CO_2で、メタンの全排出量の約70％、温室効果ガス総排出量の約1.2％を占めます。また、農業起源（家畜排せつ物の管理、農用地の土壌等）の一酸化二窒素の排出量は1,000万トン－CO_2で、一酸化二窒素の全排出量の約46％、温室効果ガス総排出量の約0.7％に相当します。農業起源のメタンと一酸化二窒素と合わせて、日本の温室効果ガスの約1.9%を、農業起源の温室効果ガスが占めることになります*[9]。

日本の農業は、農業従事者の減少と高齢化、耕地面積の減少等、右肩下がりの現状にあることは否めません。農業は、生活に不可欠な物資を提供する大事な生産活動ですから、何とか対策を講じる必要があります。その一環として、2010年に、「地域資源を活用した農林漁業者等による新事業の創出等及び地域の農林水産物の利用促進に関する法律」（六次産業化・地産地消法）が制定され、農業の六次産業化や農作物の地産地消が推進されています。六次産業化（１次×２次×３次＝６次）は、一次産業である農業にとどまらず、農業従事者が農作物を加工する二次産業を手掛け、農産加工品を流通する三次産業まで担うことによって、農業従事者が付加価値を享受できるようにし、農業を活性化することを狙ったものです。また、地産地消は、地域の活性化のみならず、フードマイレージ（「食料の輸送量（t）と輸送距離（km）の積の総和」）の飛びぬけて大きい日本にとって、食品の物流に伴う二酸化炭素の削減につながり、地球温暖化防止に貢献することができます。六次産業化には、農工商の連携が有効です。METI Journal 経済産業ジャーナル2011年３、４月号「元気な農業のヒミツ」には、農工商の連携のスタイルとして、①既存の地域資源や規格外品、未利用資源などを上手に活用した商品開発、②特に大量生産・販売できない商品を展開している場合などは、その商品を使ったレストラン等の観光サービス、③海外駐在員向けの宅配サービスや現地企業への定期輸送、④大企業と連携した商品開発や産直市の開催、⑤広報誌やホームページの制作、交通機関との連携などによる情報発信、等が挙げられています。また、農業分野における技術革新の例として、新冷凍技術CAS：Cells Alive System（細胞が生きているシステム）、いちご収穫ロボット、自動搾乳ロボット、植物工場、ITソリューション（経営・生産・顧客を「見える化」して農業を支援）等が例示されています。2013年12月に、「和食；日本人の伝統的な食文化」がユネスコ無形文化遺産に登録されました。和食の国際化、食の安全が、日本農業の振興の追い風になることを期待したいと思います。

(2) 農薬の現状

「農薬」は、農作物を害する「病害虫」を防除する目的で使用される殺菌剤や殺虫剤、いわゆる雑草を枯らす目的で使用される除草剤が主なものです。その他、りんごの無駄な花を早期に落としたり、種なしぶどうを作ったりするための植物成長調整剤、農作物等の病害虫を防除するための天敵（例えば、アブラムシの天敵のテントウムシ）も農薬とみなされます。日本では、農薬の安全性を確保するため、「農薬取締法」に基づき、製造、輸入から販売そして使用に至る全ての過程で厳しく規制されています。その中心となっているのが、「登録制度」です。これは、一部の例外（重曹、食酢等の特定防除資材あるいは特定農薬）を除き、国（農林水産省）に登録された農薬だけが製造、輸入及び販売できるという仕組みです。農薬の登録を受けるに当たって農薬の製造者や輸入者は、様々な試験成績等を整えて、独立行政法人農薬検査所を経由して農林水産大臣に申請する必要があります。

日本では、その昔、いわゆる「虫追い」、「虫送り」といった方法で、稲に付く虫を追い払ったといわれていますが、病害虫による被害は甚大でした。1732年の享保の大飢饉では、イナゴやウンカによる大被害で多くの人が餓死しました。戦前までは、鯨からとった油を水田に撒く方法や除虫菊、硫酸ニコチンなどを用いた殺虫剤、銅、石灰硫黄などの殺菌剤など天然物由来の農薬が使われていました。現在主流を占めている化学農薬の登場は、第二次世界大戦後のことです。化学農薬は収穫量の増大や農作業の効率化をもたらしました。例えば、水稲では、病害虫防除対策を行わなかった場合には約30%収穫量が減るとの調査結果があります。また、除草の場合、1949年には10アール当たり50時間かかっていたものが、50年後には除草剤の使用によって約1/25の時間で済むほど省力化されました*[10]。

当初使用されていた農薬は、人に対する毒性が強く、農薬使用中の事故が多発しました。日本では、1950年代後半から1970年頃にかけて、平均30～40人が毎年亡くなり、大きな社会問題になりました。また、BHCやDDT等の塩素を含む殺虫剤は、農作物及び土壌において残留する性質（残留性）が問題となりました。有名なレーチェル・カーソンの著書「沈黙の春」（1962年）のタイトルは、DDT等の大量散布によって小鳥がさえずらなくなってしまった春を象徴したものです。米国のいたるところで起きている具体的な事実を例示し、農薬の生態系への悪影響に警鐘を鳴らした先駆的な著書と言えます。このようなことを教訓に、1971年に農薬取締法が改正され、これまで使用されてきたBHC、DDTなどの残留性が高く、人に対する毒性が強い農薬は販売禁止等の規制を受けました。この頃から農薬の開発方向は、人に対する毒性が弱く、残留性の低いものへと移行していきました*[10]。

化学農薬には毒性や残留性の問題が大なり小なりつきまといますので、最近では自然界で起きていることを人為的に高めるように工夫された、生物農薬が登場しています。生物農薬は、病害虫等の防除に利用される天敵昆虫や、微生物の効力を発揮しやすいように製剤化したものをいいます。後者のように微生物を有効成分とする農薬を、特に微生物農薬といいます。日本では46成分、100銘柄の生物農薬が農薬登録されており、微生物・線虫・天敵昆虫・ダニが主な成分とされています*[11]。天敵昆虫は害虫（例えば、アブラムシ）を食べる益虫（例えば、テントウムシ）を温室内に放って害虫駆除を行うものです。微生物農薬には微生物で病原菌を駆逐するもの、納豆菌の仲間の製剤のように作物の葉の表面等で増殖することによって病原菌の感染を防ぐもの、BT剤のように害虫に寄生して死滅させてしまうもの等、さまざまなものがあります。BT剤にはバチルス・チューリンゲンシス（Bacillus thuringiensis：BT）という細菌が殺虫剤として使われています。BTは、昆虫がBTのついた餌を食べると、アルカリ条件下の消化管のなかで分解酵素により毒素が活性化され、消化管を破壊し殺虫力を示すようになります。しかし、ミツバチのように消化管の中がアルカリ性でない昆虫や胃液が酸性の哺乳類では毒性を現しません。BTの遺伝子は、病虫害抵抗性トウモロコシ等の遺伝子組換え農作物（GM作物）に導入されています。

生物農薬は、自然界に存在する昆虫や微生物を使うため、①環境への残留性が低く環境負荷が小さいこと、②人間等に対する毒性が小さく安全なこと、③病害虫による抵抗性が生じにくいこと等の長所があり、世の中のニーズに合致しています。一方、①対象病害虫が限定されること、②使用や管理の方法が難しく効果が安定しないこと、③化学農薬に比べて即効性に乏しく費用が高いこと等の短所があります。そのため、期待されたほどは市場規模が伸びていない現状にあります。

(3) 植物工場

「植物工場」は、施設内で、植物の生育に必要な環境を、LED照明や空調、養液供給等により人工的に制御し、無農薬で野菜等を周年生産するシステムです（図９－４）。閉鎖環境で太陽光を用いずに栽培する「完全人工光型」と、温室等で太陽光の利用を基本とし、人工光による補光や夏季の高温抑制技術等を用いて栽培する「太陽光利用型」に大別されます。2011年に全国で80ヶ所だった人工光型及び太陽光人工光併用型植物工場は、2014年３月には198ヶ所（太陽光のみ利用型を含めると、2011年：93ヶ所、2014年：383ヶ所）まで増加しました[*12]。

図９－４　植物工場の特徴と課題

【植物工場の特徴】 植物工場には一例として以下のような魅力があります。
- 1年中安定的に生産が可能。
- 工業団地・商店街の空き店舗等農地以外でも設置可能。
- 無農薬で安全・安心な農産物の提供が可能。
- 作業平準化が容易で農業初心者の雇用が可能。
- 快適な環境により、高齢者や障害者の就労が可能。

【植物工場の課題】 普及には以下のような課題もあります。
- エネルギーや施設整備等のコストが高い。
- 栽培技術が確立されていない。
- 栽培技術と施設の管理技術の双方を持ち合わせた人材が不足している。
- 生産できる品種や作物が限定されている。

（参考）経済産業省ウェブサイト「植物工場」
http://www.meti.go.jp/topic/data/e90122j.html など

経済産業省及び農林水産省では、農商工連携施策*[13]の一環として植物工場の普及・拡大を積極的に支援しており、農商工連携研究会植物工場ワーキンググループがまとめた報告書には、今後3年間で全国の植物工場を50ヶ所から150ヶ所と3倍に拡大し、生産コストを3割削減するという目標が設定されました。また、2008年度には植物工場デモンストレーション施設が経済産業省内に設置され、多くの企業等の注目を集めました。このような推進策の下、全国の植物工場設置数が増大すると共に、様々な業種からの参入が報道されています。例えば、大手自動車メーカーが、福島県に大規模な太陽光発電所と併設して水耕栽培の野菜工場をつくる計画、神奈川県で植物工場を運営している大手家電メーカーによるサラダ製造・販売会社との業務提携、千葉県のスマートシティにおける不動産会社と植物工場専門会社との共同事業によるレタスの大量生産等があります。また、小規模なものでは、入院患者のために病院に置かれているもの、家庭向けにワゴンの大きさほどの試作品等も現れています。

植物工場の特徴として、水耕栽培で土がいらない、安定した周年生産が可能、無農薬で安全等の長所がありますが、コストが高い、作物や品種が限定される等の短所もあります。先ず、作物についてはレタス、リーフレタス、サラダ菜等の葉物にほぼ限定されます。しかも、現在のところレタスも結球レタスの栽培は困難です。コストについては、露地物に比べて設備への投資や照明・空調などの電気代がかさむうえ、一定の品質のものを効率よく大量生産する技術を確立できていないため、レタスの生産コストは露地物の3～4倍にもなるという試算もあります。一方、レタスを1日1万株生産する大規模栽培のケースでは、比較的低価格で1年中安定した価格で販売できるという報道もあります。このような作物の制約とコスト高という課題を克服するには、施設栽培先進国のオランダに学ぶことが有効です*[14]。オランダの施設栽培では、ロックウール（アスベストに代わる人造鉱物繊維）を使った水耕栽培によってトマトがジャングルのように茂っています。日本でも、かつて同様の水耕栽培による「トマトのなる木」が話題になったことがありましたが、なぜか十分に普及してはいないようです。オランダの栽培ノウハウを学び、関係者が共有することによって、作物の制約とコスト高の課題を着実にクリアしていく必要があります。因みに、オランダは農業輸出額が米国に次ぐ世界第2位を誇っているそうです。

植物工場の将来はどうなるでしょうか？　植物工場の光源には、省エネの観点から、2014年にノーベル化学賞を受賞したLED照明が使われるケースが増えてくるものと考えられます。植物では、成長やビタミンCの生合成、開花等に使われる波長が、それぞれ異なることが分かっています。近い将来、LED照明で波長をコントロールし、最適な光を植物に照射することによって、成長を早めたり、栄養価の高い作物を生産したりすることが可能になります。更に、甘草等の薬用植物や遺伝子組換え作物を植物工場で栽培し、付加価値の高い漢方薬成分やワクチン等を生産することも考えられています。

農業従事者にとっての植物工場はどのような位置づけにあるのでしょうか？　経済産業省の意識

調査「平成21年度（2009年度）地域経済産業活性化対策調査（植物工場に対する意識調査）」の報告書には、経済産業省内の植物工場デモンストレーション施設を訪れた人を対象に実施されたアンケート調査の結果が掲載されています。農業従事者の訪問は、製造業の人や一般消費者に比べて著しく少なく、それほど関心が持たれていないことがうかがえます。農業従事者の人口減少・高齢化という問題に加え、TPP（環太平洋パートナーシップ協定）を巡る動き、全農（全国農業協同組合連合会）の組織見直し等、日本の農業は大きな転換期を迎えています。土と共に生きてきた農業従事者が土を離れて植物を栽培することには抵抗があるでしょうし、栽培環境や養液供給等のノウハウも必要になると思われます。農業従事者にとって、植物工場を現状打開策の一つにすることはハードルが高いかも知れませんが、農工商連携によって活路を見い出せないものかと淡い期待を寄せています。

コラム　牛のゲップと地球温暖化

牛は反すう動物であり、第一胃（ルーメン）の中に棲んでいる微生物（ルーメン細菌）が行う牧草などの繊維の消化（嫌気的発酵）によって栄養を得ています。牛は、嫌気的発酵の過程で生じたメタンをゲップとして空気中に放出していますが、その量は比較的大きな量になります。メタンは、地球温暖化係数が二酸化炭素の21倍のガスで、京都議定書の対象にもなっていますので、ゲップの改善で、地球温暖化を防ぐ効果が期待できる可能性があります。「日本国温室効果ガスインベントリ報告書（NIR）」の2014年４月版*によれば、2012年度に日本の肉用牛・乳用牛（約406万5,000頭）が消化管内発酵に伴って排出したメタンの量は29万1,500トン（CO_2換算で612万1,500トン）に達しました。この量は、2012年度における温室効果ガスの排出量13億4,300万トン（CO_2換算）の約0.46％に相当します。2008年３月の新聞報道によると、北海道大学と大手石油会社は共同で、牛のゲップとして大気中に出るメタンの量を９割抑える天然素材を発見しました。この天然素材はカシューナッツの殻から抽出した植物油と、シュードザイマという酵母菌が生み出す界面活性剤です。これらの物質が、第一胃内の胃液の粘り気を下げて、メタンの発生を抑えるそうです。FAOが公表している世界の牛の頭数**（2007年）は約13億5,700万頭で、国別ではブラジル、インド、中国が上位３ヶ国を占めます。日本の上記データに基づき、牛１頭当たりの年間メタン排出量を平均1.5トン（CO_2換算）とすると、世界中の牛から１年間に約20億3,600万トン（CO_2換算）のメタンが排出されたと試算されました。2010年の世界の温室効果ガス排出量は約490億トン（CO_2換算）***ですから、牛からの推定排出量は約４％に当たります。嫌気消化という本来の生理的機能を損なうことなく、ゲップを改善することは難しいと思われますが、大手石油会社のホームページによれば、上記の有効成分であるカシューナッツ殻液を配合した混合飼料が既に商品化されていますので、今後の普及動向とその効果に関心が持たれます。

* http://www-gio.nies.go.jp/aboutghg/nir/nir-j.html
** http://www.nlbc.go.jp/tokachi/05operation% 20topics/world% 20information/population.htm
*** http://www.env.go.jp/earth/ipcc/5th/pdf/ar5_wg3_overview_presentation.pdf

9－4　世界の水資源問題

水は、地球環境を特徴づける物質であり、地球上の生命の源となる物質です。水は、１気圧のもとでは100℃で沸騰し、０℃で凍ります。つまり常温では液体ですが、気圧や温度によって気体や固体に変化します。水は化学的な変化をすることなく、物理的状態変化によって気象や気候の変動の原動力となり、地球環境を特徴づけています。

地球表面の約70％は海に覆われているため、水が豊富な印象を受けますが、地球の水の約97.5％を占める海水はそのまま飲んだり、植物を育てたりできません。また、残りの約2.5％のうち、大部分は極地の氷や氷河等として存在します。従って、人が農業や生活等にそのまま利用できる河川・湖沼・地下水の淡水の量は約0.8％に過ぎません。しかも、地下水を除いた河川・湖沼の水の量は、わずか0.01％（約100兆m^3）に過ぎません。このような水資源量の実情を示したのが、図９－５です。

図９－５　世界の水資源量

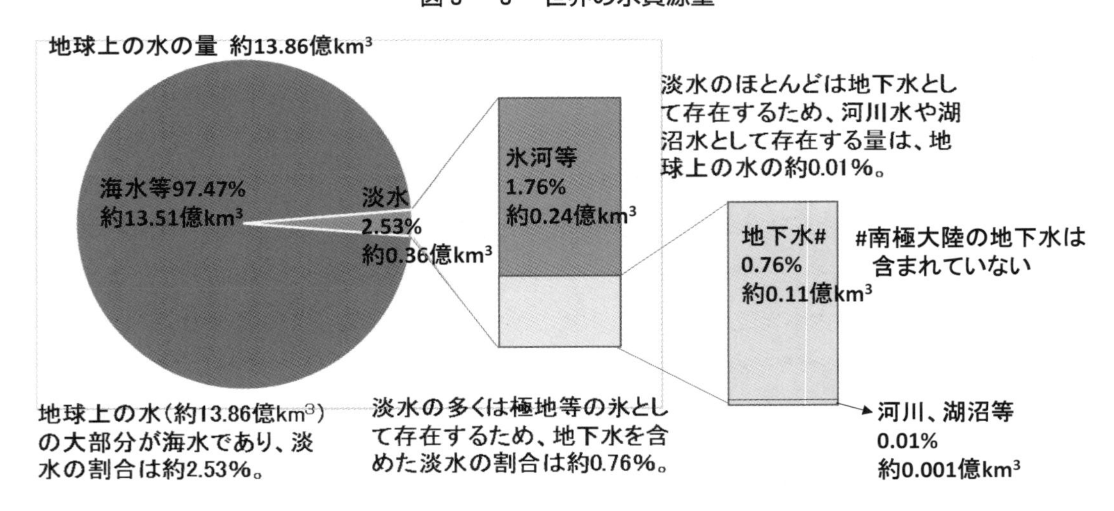

「平成18年版日本の水資源」（国土交通省）*
* Assessment of Water Resources and Water Availability in the World ; I, A. Shiklomanov, 1996(WMO 発行)をもとに国土交通省水資源部作成
http://www.mlit.go.jp/tochimizushigen/mizsei/hakusyo/H18/2-1.pdf をもとに著者作成

水は、人間や生物にとって欠かすことのできない命の源であり、人間には一日２L程度の水が必要とされています（料理や食品からたくさんの水が摂取されますので、2Lの水を毎日飲むことを意味してはいません）。しかし、世界では７億人以上、10人に１人が安全な飲み水を得ることができない現状にあります。水の不足は、生活用水の不足だけではなく、深刻な食料不足を招くと共に生態系に悪影響を及ぼします。今後の世界人口の増加、地球温暖化の影響によって、水不足の問題が一層深刻化することが懸念されています。

水の需要量は、食料の需要量と同様に人口の増加に伴って増大します。農林水産省の資料*15によると、1995年に約３兆7,500億m^3だった世界の水使用量は、2025年には1995年比で1.38倍の約５兆2,350億m^3になると予測されています。また、人口増加に伴って2030年には世界の水使用量が６兆9,000億m^3となり、利用可能量４兆2,000億m^3を大幅に上回って水が不足するという予測もあります（「2030水資源グループ」（2008年に世界銀行等が設立）に基づく）。水の約70％は農業用水として使用されていますので、水不足は深刻な食料不足に拍車をかけることになります。

水需要の約20％を占める生活用水は、飲料・炊事・洗濯・水洗トイレ等に使われる水であり、水道や下水道の普及度合い等によって、水の使用状況が異なります。2014年５月に発表されたユニセフと世界保健機関（WHO）の共同報告書『衛生施設と飲料水の前進：2014』*16では、①2012年末までに、世界の人口の89％が改善された水源（メディア報道では、「安全な水」と表現される）を利用できるようになったこと、②水源の改善は22年間で13％増加し、人数にすると23億人が利用可能になったこと、②改善された水源を利用できない人は７億4,800万人であること、④問題の７億4,800万人のうち、43％がサハラ以南のアフリカ、47％がアジアの人であること、等が述べられています。水不足は、現在でも様々な国や地域で起きており、水使用量の最も多いアジアの約80％の国では、水を巡る危機的問題に直面しています。例えば、アジアの60％以上の家庭が安全な水道管による水の供給を受けられていないことも報じられています。

水不足は農業や日常生活のみならず、生態系にも大きな影響を与えます。IPCC第５次評価報告書第２作業部会報告書*17では、地球温暖化による気候変動が、水不足による食料不足、沿岸部における洪水の増大、陸域・海域における生態系の損失等、水を巡る様々なリスクの増大を招くと予測しています。今からこれらの影響に備える灌漑やインフラ整備等の適応策を講じることが肝要です。将来、地球温暖化の影響もあって水不足（水ストレス）が深刻化するとの予測もあり、20世紀が石油をめぐる争いの時代と言われたのに対し、「21世紀は水をめぐる争いの時代」と言われています*18。

〈参考資料〉

*１　http://www.stat.go.jp/data/sekai/pdf/0116.pdf#page=8

*２　http://www.fao.org/3/a-i4030o.pdf

*３　http://www.jaicaf.or.jp/fao/publication/shoseki_2011_1.htm

＊4　http://geforum.net/wp-content/uploads/2016/02/guide-of-sdgs-ver.2.pdf
＊5　http://www.maff.go.jp/j/zyukyu/zikyu_ritu/011.html
＊6　http://www.maff.go.jp/j/keikaku/k_aratana/pdf/2_keikaku_gaiyou.pdf
＊7　http://www.maff.go.jp/j/shokusan/recycle/syoku_loss/pdf/lossgen.pdf
＊8　http://www.maff.go.jp/j/study/kankyo_hozen/01/pdf/data02.pdf
＊9　http://www.env.go.jp/earth/ondanka/ghg/2013sokuho.pdf
＊10　http://www.maff.go.jp/j/nouyaku/n_tisiki/
＊11　http://www.maff.go.jp/j/syouan/syokubo/gaicyu/siryou/pdf/bio.pdf
＊12　http://www.jgha.com/files/houkokusho/25/25_jittaichousa.pdf
＊13　http://www.meti.go.jp/policy/local_economy/nipponsaikoh/nipponsaikohnoushoukou.htm
＊14　http://www.maff.go.jp/j/shokusan/sanki/pdf/kaisi2_2.pdf
＊15　http://www.maff.go.jp/j/council/seisaku/kikaku/bukai/H26/pdf/141007_02_02.pdf
＊16　http://www.unicef.or.jp/library/pres_bn2014/pres_14_13.html
＊17　http://www.env.go.jp/earth/ipcc/5th/index.html
＊18　https://www.unicef.or.jp/kodomo/teacher/pdf/sp/sp_46.pdf

10. バイオテクノロジーと環境保全・食料生産

10－1　バイオテクノロジーの意義

バイオテクノロジーは「バイオロジー（生物学）」と「テクノロジー（技術）」の合成語であり、生物の持つさまざまな働きを利用して、人間の生活や環境の保全に役立たたせる技術の呼称です。端的には「生物の機能を利用した技術」ということができます。大昔から発酵食品の製造に活用されてきた技術もバイオテクノロジーの一例であり、その主役である微生物は、図1－2の生態系ピラミッドにおける土壌生物（分解者）として、自然における分解・浄化にも役立ってきました。また、太古から利用されてきた薪等の木材の燃焼はバイオマスエネルギーの原点であり、現在ではバイオエタノールやバイオガス等のバイオマスエネルギーがバイオテクノロジーによって生産されています。バイオテクノロジーは、動物・植物・微生物の持つさまざまな働きを利用する「自然と調和した技術」であり、食料・エネルギー・医薬品等の生産、下水・汚染土壌の処理等、広範に利用されています。

バイオテクノロジーは、昔ながらの「発酵食品」や「植物の品種改良」に代表される「オールドバイオ」と、「遺伝子組換え」（1973年）、「クローン」（1996年）などを活用した先端技術である「ニューバイオ」に大別されます。微生物を利用した発酵食品の歴史はかなり古く、例えばワインは紀元前3000年代には中近東でつくられており、エジプト、ギリシアを経てローマ帝国に受け継がれ、帝国の拡大とともに世界各地に広がっていったと言われます。発酵食品に比べると品種改良の歴史は浅く、例えばイネについては、栽培が始まったのが1万年前、日本で本格的なイネの品種改良が始まったのが1903年、コシヒカリが品種登録されたのが1956年とされています[*1]。このように古くから知られている微生物の発酵や植物の品種改良を「オールドバイオ」、1973年に登場した遺伝子組換え技術等の先端的な技術を「ニューバイオ」と呼びます。バイオテクノロジーは、食料生産のみならず医薬品生産や環境保全にも役立ちます。第7章で学んだ活性汚泥法による排水処理を始め、カーボンニュートラルなバイオエタノール（アルコール発酵）やバイオガス（メタン発酵）等のバイオマスエネルギーの生産、油や有害物質で汚染された土壌等の微生物による浄化（バイオレメディエーション）等が代表的な環境保全のための技術です。

図10－1に示したように、生物は大きく動物、植物、微生物に分類されます。微生物は文字通り肉眼では見えない生物であり、更に原生生物、真菌、細菌に分類されます。生物の遺伝情報は、細胞内の「核」という小器官に存在します。この核が膜構造で覆われている生物を真核生物といい、動物、植物、微生物の内の原生生物・真菌が該当します。細菌は、大きさが約1000分の1mmと極めて小さいだけでなく、核膜を持たないため、最も小さく下等な原核生物に位置づけられます。

原生生物の中には、最近良く目にするようになった「ミドリムシ（学名：ユーグレナ）」があります。真菌の仲間には、餅や風呂場に生えたり、味噌・醤油等の発酵に使われたりするカビ、パンやアルコール飲料を作る酵母、シイタケやマツタケ等のキノコが挙げられます。餅等に生えたカビは目に見えますが、「コロニー（集落）」と呼ばれる塊が見えているのです。キノコは明らかに目に見えますが、なぜカビと同じ仲間なのでしょうか？　実は、目に見えるキノコは子実体と呼ばれるもので、一部の菌類の生殖器官（子孫を残す働きをする部分）なのです。キノコの一生は子実体の裏についている胞子から始まります。まき散らされた胞子は発芽して菌糸になります。胞子や菌糸は目では見えません。この生育過程はカビと全く同じです。菌糸の融合を経た後、温度や光や水分等の刺激がきっかけとなってキノコができます。シイタケは人工的な環境制御によって子実体を作ることができますが、マツタケは大きな子実体に育てる条件を人工的に整えることができないため、長年の研究にもかかわらず結実していない現状にあります。

細菌には、私たちの腸の中に生息する大腸菌や乳酸菌、牛乳からヨーグルトを作る乳酸菌、大豆から納豆を作る納豆菌、アルコールから酢を作る酢酸菌等の有益な細菌の他、結核・赤痢・コレラ等の病気を引き起こしたり、食中毒の原因となったりする有害な細菌も多数存在します。また、インフルエンザ・ウイルス性肝炎・エボラ出血熱等の病気を引き起こすウイルスは、細胞を持たず自己増殖できない（宿主の細胞を利用してしか増殖できない）ため、生物には分類されず微生物の仲間にも含まれません。

図10－１　生物、微生物の分類

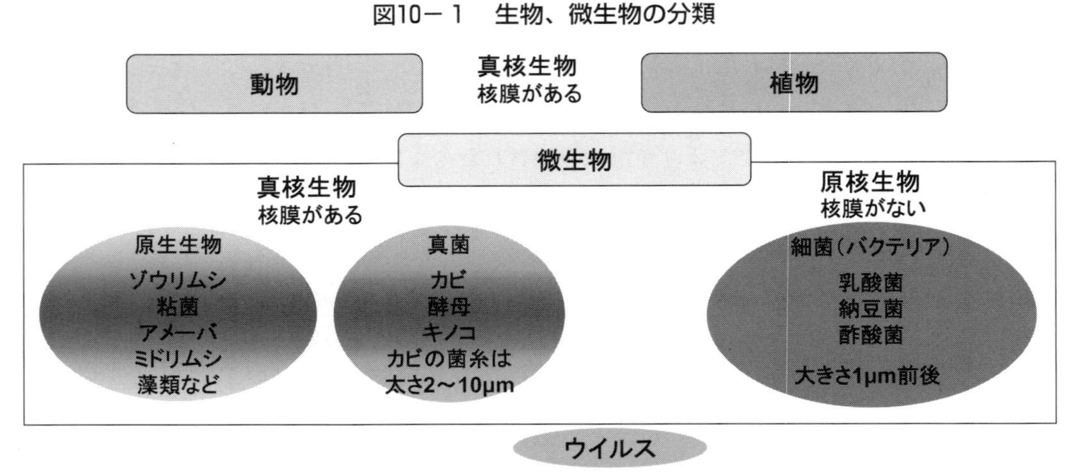

10－2　バイオテクノロジーと環境保全

(1)　バイオマスエネルギーの動向

動植物起源の再生可能な有機資源をバイオマスといい、これを利用するエネルギーがバイオマスエネルギーです。物質は有機物と無機物に分けられますが、有機物は基本的に炭素を含む物質で、燃えると二酸化炭素を生じます。なお、二酸化炭素、炭酸塩等も炭素を含んでいますが、これらは無機物に分類されます。バイオマスの有機物の源は、植物が太陽光の光エネルギーを利用して二酸化炭素と水から作る炭水化物です。人間は主食のごはんやパンに含まれる「でんぷん」という炭水化物からエネルギーを得て、二酸化炭素を排出します。木材の主な構成成分である「セルロース」も炭水化物です。木材を燃やしても二酸化炭素が排出されます。このようにバイオマスエネルギーの利用に伴って発生する二酸化炭素は、植物に吸収されて繰り返し利用されますので、バイオマスエネルギーは、京都議定書において、再生可能で実質的に二酸化炭素を発生させない「カーボンニュートラルなエネルギー」（炭素循環において、炭素を増減させることがない中立的なエネルギー）と位置付けられおり、地球温暖化対策としても有効であると期待されています。

バイオマスのエネルギー利用に際しては、原料となるバイオマスがさまざまな技術によって転換され、さまざまなバイオマスエネルギー（エコ燃料*[2]）として利用されます（図10－２）。家畜糞尿・下水汚泥等の水分の多い泥状のものからは、メタン菌が主役となるメタン発酵によってバイオガス（主成分はメタンガス）が得られます。菜種油等の植物油及びその廃油からは化学反応によってバイオディーゼル燃料（BDF）が得られます。サトウキビやトウモロコシからは酵母のアルコール発酵によってバイオエタノールが得られます。バイオガスは発電用の熱源としても使用可能です。また、木材や都市ごみ等のバイオマスを燃焼した熱で蒸気を作り、火力発電と同様に発電することができます。これらをバイオマス発電といい、2012年７月に日本で開始された固定価格買取制度（FIT）の対象になっています。FITの制度開始以降2016年４月末までに認定を受けた設備の容量（新規認定容量）は、バイオマス発電が371万kWであり、太陽光の7,945万kWに次ぐ規模で、新規認定容量284万kWの風力発電を上回っています*[3]。バイオマスは小規模で分散しているケースが多いため、地域と連携した原料の調達と消費に適しており、電気のみならず様々な形態に転換可能です。バイオマスエネルギーは「地産地消」向きの多様性に富んだエネルギーと言えます。

図10－2　バイオマスはどのようにしてエネルギーに転換されるか？（例）

<バイオマス資源>		<代表的な転換技術>		<エコ燃料>
家畜糞尿・下水汚泥	→	メタン発酵	→	バイオガス
菜種油・廃食用油	→	エステル化	→	バイオディーゼル燃料（BDF）
サトウキビ・トウモロコシ*	→	アルコール発酵	→	バイオエタノール

*ブラジル：サトウキビ、アメリカ：トウモロコシ

（参考）環境省ホームページ（第１回エコ燃料利用推進会議　議事次第・資料）
http://www.env.go.jp/earth/ondanka/biofuel/materials/rep_h1805/02.pdf

バイオマスは生産資源系バイオマスと未利用資源系バイオマスに大別されます。生産資源系バイオマスはエネルギー生産を目的に栽培される資源であり、バイオエタノールの原料となるサトウキビ（ブラジル）やトウモロコシ（米国)、欧州でバイオディーゼル燃料（BDF）の原料として利用されるナタネやヒマワリが例示されます。バイオエタノールもBDFも広く普及していますが、食料や飼料としても有用な作物がエネルギーの原料として使用されていますので、大規模な栽培とエネルギーへの利用が、土地の利用や作物の用途において食料・飼料と競合することになり、食料・飼料価格の高騰を招くことが問題になります。例えば、米国は使用義務量を拡大（2022年までに13,680万kL）する計画でしたが、世界的な穀物相場の高騰を招いているとの食品業界や畜産業界からの批判の声が強くなってきたため、使用義務量の下方修正を検討しています。因みに、米国のトウモロコシ生産量の約40％がバイオエタノールの原料に使用されており、2011年以降のバイオエタノール生産量はほぼ5,000万kL/年で推移しています*[4]。

図10－3は、先に述べたカーボンニュートラルの概念を、日本の「バイオガソリン」を例に示したものです。バイオガソリンは「バイオETBE」を１％以上配合したガソリンで、温室効果ガス排出量削減策のひとつとして2007年から日本の給油所で販売されています。バイオETBEは、輸入されたバイオエタノールと石油から得られるイソブテンという炭化水素との反応によって、日本の製油所で合成されます。一部にバイオエタノールが使われているため、その部分についてはカーボンニュートラルと言うことができます。日本の政策に基づいてバイオエタノールの導入が推進されており、2010年度には、バイオガソリンの販売により21万kL（原油換算）のバイオエタノールの導入目標が達成されました。今後は、エネルギー供給構造高度化法で示された導入目標（2017年度に50万kL（原油換算）のバイオエタノール）を達成すべく取り組みが続けられています。因みに、バイオガソリンを販売している給油所は、2016年８月10日時点で約3,230ヶ所に上ります*[5]。

図10－3　カーボンニュートラルの概念

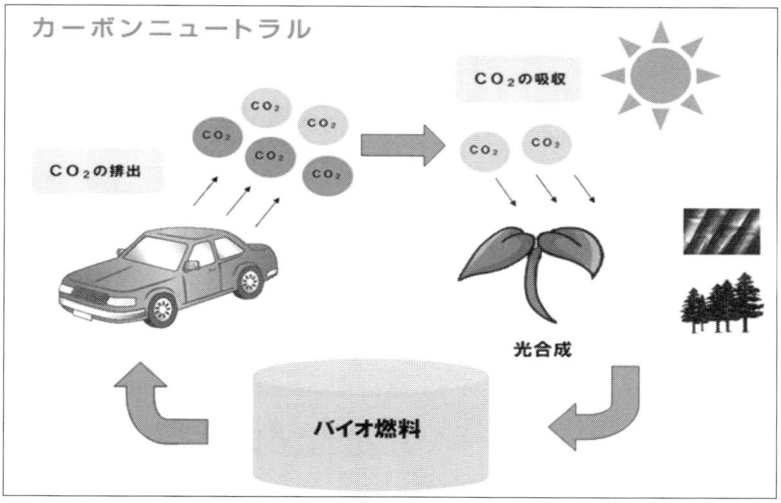

出典：石油連盟ホームページ「バイオガソリンについて」
http://www.paj.gr.jp/eco/biogasoline/index.html

未利用資源系バイオマスは、林地の間伐材、稲わら・もみがら等の農林産廃棄物や都市ごみ・建築廃材等の廃棄物が主体であり、エネルギーの獲得と廃棄物の処分を同時に行えるメリットがありますが、分散して存在するため収集コストがかかったり、エネルギーへの転換が技術的に困難だったりというデメリットもあります。未利用資源系バイオマス利用の実用化例として、畜産廃棄物である家畜糞尿や下水処理場由来の下水汚泥からのバイオガスの生産や、廃食用油からのBDFの生産が挙げられます。バイオガスの生産は特に欧州で、環境汚染防止の観点から普及が進んでいます。また、廃食用油からのBDFは京都市が先行しており、ごみ収集車や一部の市バスの燃料に年間約100万Lが利用され、年間約2,700トンの二酸化炭素削減に貢献しています*6。BDFについては、例えば、学園祭の模擬店などの廃食用油をバイオディーゼル燃料（BDF）として利用する「キャンパス油田」が新聞で報道され、東京地域を対象とした墨田区の事業者が紹介されていました。地方自治体の「バイオマス産業都市構想」やNPO法人等によって廃食用油の回収とBDFとしての利用が行われていますので、BDFは身近なバイオマスエネルギーの一つと言えます。

表10－1は、日本の未利用資源系バイオマス発生量と未利用量を資源別に示したものです。林地残材や廃棄紙以外は大なり小なり利用されており、合計発生量2億4,230万トンに対して未利用量は1/3以下に過ぎません。パルプ廃液のように全て利用されている資源もあります。ある試算（山地憲治：バイオエネルギーへの期待と課題、第10回日本エネルギー学会大会、基調講演、北九州市（2001））では、実際的に利用が可能な未利用資源系バイオマス資源の利用によりわが国の一次エネルギーの約4％が賄えるとされています。

表10－１　日本の未利用資源系バイオマスの賦存量

バイオマスの賦存量と利用状況

対象バイオマス	年間発生量	バイオマスの利用の状況	
家畜排せつ物	約8,900万トン	たい肥等での利用 約90%　未利用 約10%	890
食品廃棄物	約2,200万トン	肥飼料利用 20%　未利用 80%	1760
廃棄紙	約1,600万トン	古紙として回収されず、その大半が焼却	1600
パルプ廃液（乾燥重量）	約1,400万トン	ほとんどがエネルギー利用（主に直接燃料）	
製材工場等残材	約 500万トン	エネルギー・たい肥利用 約90%　未利用 約10%	50
建設発生木材	約 460万トン	製紙原料、家畜敷料等への利用 約60%　未利用 約40%	180
林地残材	約 370万トン	ほとんど未利用	370
下水汚泥（濃縮汚泥ベース）	約7,500万トン	建築資材・たい肥利用 約64%　未利用 約3[illegible]	2700
農作物非食用部（稲わら、もみがら等）	約1,300万トン	たい肥、飼料、家畜敷料等への利用 約30%　未利用 約70%	910
	2億 4230万トン		8460万トン

（出典：バイオマス・ニッポン総合戦略等）

一般社団法人 日本有機資源協会「平成18年度 農林水産省バイオマス・ニッポン総合戦略高度化推進事業　バイオマス・ニッポン」
http://www.jora.jp/txt/katsudo/pdf/biomass_n.pdf をもとに加筆

(2)　バイオレメディエーションの動向

バイオテクノロジーによる環境保全の例として、バイオマスエネルギー以外に「バイオレメディエーション」があります。バイオレメディエーション（bioremediation）は、生物を表すバイオ（bio）と修復を表すレメディエーション（remediation）を合成してできた言葉で、生物を用いて土壌や地下水等の汚染を修復する技術の総称です。通常、汚染土壌等に生息する土着の微生物が用いられます。バイオレメディエーションは、1970年代に米国で石油によって汚染された土地の修復技術としてスタートしました。その後、日本でも有機溶剤等の土壌・地下水汚染対策に利用されるようになりました。

土壌中には細菌やカビ等の微生物（土壌微生物）が常在しており、例えば、細菌は土壌１gあたり1,000万個以上生息しています。これらの土壌微生物は自然界で枯葉や死骸等の分解を担っていますが、中には油や有害物質を分解する能力を有する微生物がいます。汚染された土壌等に空気を吹き込んで栄養塩と水を供給すると、このような能力を有する微生物が活性化されて土壌汚染物質を分解し、土壌が元通りにきれいな環境に修復されます（図10－４）。1989年に米国アラスカ州でエクソン社のタンカーバルディーズ号による大規模な原油流出事故が起き、沿岸に大量の油が漂着しました。この漂着油の浄化法の一つとしてバイオレメディエーションが実施されました。日本でも、1997年冬に日本海で起きたロシアのタンカーナホトカ号からの重油の大量流出等に際して、沿岸の浄化・修復に活用されました*[7]。1990～91年の湾岸戦争において、クウェート国内の油井が破壊され大量の原油が流出し、約2,000万m^3の土壌が原油で汚染されました。1994年度から99年度まで、クウェート科学研究所と（財）石油産業活性化センターの共同研究の一環として、バイオレメディエーションに関する調査と実証実験が行われた結果、約15,000m^3の汚染土壌が浄化され、植物が順調に生育できる土に戻すことに成功しました*[8]。

図10－４　バイオレメディエーションのイメージ

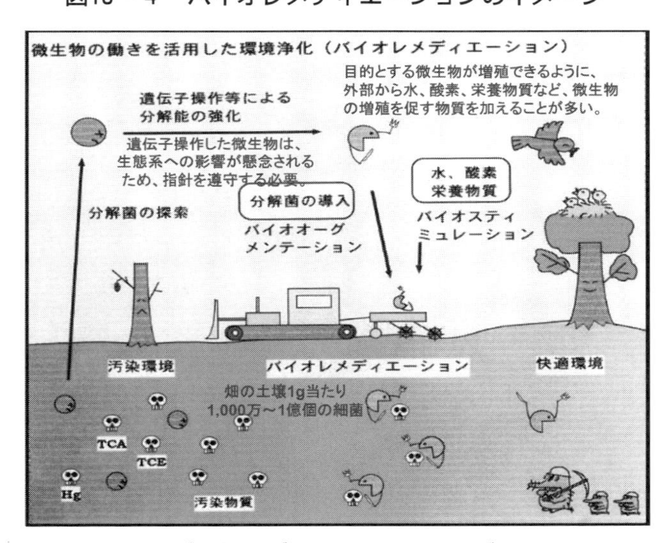

バイオレメディエーションのイメージ
出典：国立環境研究所「微生物による環境浄化―バイオレメディエーションに関する研究―」
http://www.nies.go.jp/kenko/biotech/topiiwa.html

環境展望台　環境技術解説「バイオレメディエーション」
http://tenbou.nies.go.jp/science/description/detail.php?id=53 に著者が加筆

バイオレメディエーションは微生物を用いる方法が主流ですが、植物を利用する方法も研究されており、その場合には、ファイトレメディエーション（ファイト、phytoは植物の意味）という用語が用いられます。東日本大震災に伴う東京電力福島第一原発の事故によって放射能で汚染された土壌の修復に、チェルノブイリの事故で効果のあったと言われるヒマワリを用いて試験的な除染が行われましたが、全くと言っていいほど効果は認められませんでした。重金属等で汚染された土壌のファイトレメディエーションも研究されていますが、実用化には多くの課題を抱えている現状にあります。

コラム　バイオマス由来の航空機燃料

様々な分野で地球温暖化防止が求められる中、航空分野においても温室効果ガスの削減への取組が開始されています。国際線の航空機からのCO_2排出量は世界の総排出量の約２％を占めており、2050年には現在の２倍～５倍に達すると予測されています。このような状況下、2010年に国連の国際民間航空機関（ICAO）は、①2050年までの間、年２％の燃費効率の改善を実現する、②2020年以降国際航空分野でのCO_2排出量を頭打ちにする世界共通目標に各国が協力する、ことを決定しました*。目標を達成するため、CO_2を排出する化石燃料（ジェット燃料）をバイオ燃料で代替することが喫緊の課題となりました。航空機のバイオ燃料使用については、2009年１月に、米国の航空会社が藻等から抽出した油を配合したバイオ燃料を使って、世界で初めて試験飛行に成功しました。日本でも2009年にバイオ燃料を使った試験飛行が行われました。最近では、2014年のサッカーW杯（ブラジル）で、サトウキビ由来の燃料を使った航空機が各国代表選手を運んだこと、サトウキビ由来の燃料（ファルネサンという炭化水素）を10％ブレンドした燃料で、2014年７月にはフロリダ－サンパウロ間、2014年９月にはベルリン－フランクフルト間での飛行が行われたことが報じられています。米国では、2015年後半にもロス―ニューヨーク便でバイオ燃料が使われる予定との報道もあります。日本では、東京大学や航空会社等が航空機バイオ燃料の実用化に向け、新たな組織「次世代航空機燃料イニシアティブ」（INAF）を設立し、2020年の実用化を目指しています。日本ではサトウキビやトウモロコシといった原料を大規模に調達することが難しいため、INAFは（1）家庭ごみ（2）藻類（3）非食用植物などのバイオマス原料を想定しています**。バイオ燃料の実用化においては、燃料のコスト・安定確保・安全性等の課題が山積していますが、2016年10月のICAOの総会で、航空会社の国際線にCO_2の排出規制を課すことが合意され、主要な国々を結ぶ国際線に2021年から適用されることが報じられています。2020年の東京五輪にはバイオ燃料を使った飛行機が大空を飛び交っている時代が迎えられるよう、技術開発を加速する必要があります。

* http://www.jfaiu.gr.jp/teigen/digest2012_2013/part5.pdf

** http://inaf-japan.tumblr.com/

10－３　バイオテクノロジーと食料生産

(1)　発酵食品

2013年12月に「和食」が無形文化遺産としてユネスコに登録されたことも手伝って、和食が世界の人々の関心を集めています。和食の味付けに欠かせない調味料の代表として、醤油・味噌・酢・清酒・みりんがありますが、これらは古い日本の発酵技術が生んだ賜物といえます。一方、西洋でも、有史以前から微生物の反応を巧に利用して、ワインやビールなどのアルコール類、パン、ヨーグルトなどが作られてきました。洋の東西を問わず、人類は微生物の存在を知らなかったにもかかわらず、表10－2に示されるような多くの「発酵食品」を作り出し、豊かな食生活を送ってきました。

表10－2　主な発酵食品の原料と発酵微生物との関係

		主原料							
		乳	麦	大豆	米	果実	野菜	イモ	魚介類
発酵微生物	乳酸菌	ヨーグルト チーズ	みそ しょう油	みそ しょう油	みそ しょう油		漬物 （キムチ）		漬物
	酵母	発酵乳	みそ しょう油 パン ビール ウィスキー 焼酎	みそ しょう油	みそ 清酒 焼酎 酢	果実酒 （ワイン） ブランデー 酢	漬物	焼酎	
	納豆菌			納豆					
	酢酸菌				酢	酢 （ナタデココ）	漬物		
	カビ	チーズ	みそ しょう油 焼酎	みそ しょう油	みそ しょう油 清酒 焼酎			焼酎	かつお節

（参考）特許庁　技術分野別特許マップ　化学20「発酵食品・醸造食品」

これらの発酵食品の主役を演じるのが発酵微生物で実にさまざまな種類があります。カビ・酵母・細菌などの発酵微生物が有機化合物を分解して、アルコールなどの人間にとって有用な物質へと変換する反応が「発酵」であり、発酵反応を利用した食品を「発酵食品」といいます。日本の発酵食品として、醤油・味噌・酢などの調味料、清酒、漬物、納豆等があげられます。食品に雑菌が繁殖すると、食品が異臭を放ったりして腐りますが、このように人間にとって有益ではない微生物の反応を「腐敗」といいます。「発酵」も「腐敗」も微生物の反応によって起こりますが、主役となる微生物の種類は異なります。また、発酵後にしばらく時間を置いてねかせて熟成させる工程を経て作られる発酵食品を、特に「醸造食品」と呼ぶこともあります。従って、醸造食品は発酵食品に含まれます。

表10－2は、横軸に発酵の主原料、縦軸に発酵微生物をとったマトリックス上の交叉面に、発酵食品を記して表したものです。左から順に世界の発酵食品を見ていきましょう。動物の乳に乳酸菌を混ぜ、成育しやすい温度で発酵させたものが「ヨーグルト」、さらに酵母を加えて発酵させてアルコールを含むものが「発酵乳」です。チーズの基本的な製法は乳に乳酸菌を混ぜ、凝乳酵素（昔は子牛の胃からとったが、現在はカビが作る微生物レンネットを使用）を添加して固形化した後、ホエイ（乳清）と呼ばれる液体を取り除いて脱水し、食塩を加えて成形し熟成させて作ります。ブルーチーズのようにカビで独特の風味を加えたものもあります。意外にも「パン」も発酵食品です。

小麦粉の生地にパン酵母を混ぜて二酸化炭素を生成させて生地を膨らませるからです。酵母はアルコール飲料に欠かせない微生物です。大麦の麦芽を原料にホップを加えて酵母で発酵することにより「ビール」ができ、大麦を原料に酵母で発酵し蒸留した後、熟成して「ウィスキー」ができます。ブドウの搾り汁を酵母で発酵すれば「ワイン」になり、更に、ワインを蒸留すれば「ブランデー」になります。赤ワインは皮や種が混ざったままの果汁を発酵したもの、白ワインは皮・種を除いて発酵したものです。「ナタデココ」というゼリー状のデザートは酢酸菌がココナッツ果汁と砂糖から作り出したものです。

日本の代表的な発酵食品である醤油・味噌・清酒の製造には共通して、麹カビという微生物が使われます。「醤油」や「味噌」は、原料となる麦・大豆・米を蒸煮した後麹カビで発酵し、食塩と酵母や乳酸菌等の種菌を加えて発酵・熟成して作られます。「清酒」は蒸した原料米に麹カビをつけて発酵した後、酵母で発酵します。酵母は米のデンプンをアルコールに変えることができませんので、先ずデンプンを糖（麦芽糖やブドウ糖）に変える必要があります。そのために使われるのが麹カビです。日本の醸造食品の特徴は麹カビを用いた原料の糖化にあります。麹カビと酵母の共同作業（専門的には、「併行複式発酵」という）によって、デンプンからアルコールが連動して作られるため、世界で最もアルコール度数の高い醸造酒が出来上がります。清酒と同様に芋・麦・そば等の様々な原料からアルコールを作り蒸留したものが「焼酎」です。「酢」は清酒に酢酸菌を加えて、アルコールを酢酸に変化させたものです。「納豆」は大豆を原料に納豆菌（稲わら等に常在）を植えて作られます。「漬物」も発酵食品であり、乳酸菌や酵母等いろいろな種類の微生物が働いて作られます。世界で最も固い食品と言われる「かつお節」は、非常に複雑な工程で時間をかけて作られます。カツオを煮た後、いぶして乾かし、カビをつけ、胞子を落として別の種類のカビづけという作業を何度か繰り返します。カビが繁殖し発酵することでカツオの水分が抜け、脂肪が分解されて、脂肪分のない乾燥した固い物体になります。また、発酵中、和食に特徴的な「出汁（だし）」の旨み成分の一つであるイノシン酸がつくられます。

人類で初めて微生物を見たのは、微生物学者ではありません。1670年頃、オランダのレーウェンフック（研究熱心な洋服屋）が洋服生地の品質をチェックするために顕微鏡（倍率が約270倍）を発明し、たまたま自分の口腔微生物を発見しました。その後、フランスのパスツール（1822～1895）が、生物の自然発生説を否定するため、「白鳥の首のフラスコ」を使った肉汁の腐敗実験によって、自然に発生する生物はいないことを証明しました。また、アルコール発酵が酵母によって行われることを実験的に証明しました。レーエンフックとパスツールにより微生物の存在と機能を人類は初めて知りました。パスツールは狂犬病ワクチンの発明、パスツリゼーション（65℃ 30分の加熱でワインを香りよく殺菌できる低温殺菌法）の発見でも知られています。ワインと同様に、日本酒も乳酸菌が入って品質が損なわれやすいのですが、日本では、永禄３年（1560年）５月20日、「火入れ」をしたという記録があり、パスツールの低温殺菌法とほぼ同じ手順で行われていたそうです[9]。日本人の知恵がいかに優れていたかがうかがえます。

パスツール以後、微生物利用技術は目覚ましく進展し、ペニシリン等の抗生物質、グルタミン酸等のアミノ酸が発酵生産されるようになりました。日本は1960年代から1970年代にかけて自然界から有用な微生物を分離したり、それを突然変異法によって育種したりして、世界の微生物利用技術をリードしました。例えば、和食の特徴である出汁の旨み成分を突き止め、それを微生物でサトウキビ等から大量に作ることに成功しました。現在でも、昆布の旨みのグルタミン酸、かつお節の旨みのイノシン酸、シイタケの旨みのグアニル酸は、日本の発酵・食品会社が大きなシェアーを維持しています。

1973年に米国で発明された遺伝子組換え技術は、バイオテクノロジーの可能性を飛躍的に増大しました。この技術を利用して、例えば、医療分野では、人のインシュリン（膵臓で作られ、血糖を低下させる作用を有するホルモン）の遺伝子を人為的に挿入した大腸菌で、人のインシュリンの生産が可能になりました。

(2)　遺伝子組換え作物（GM作物）

遺伝子組換え技術は、農作物の品種改良にも応用されることとなり、これまでの交配という「おしべ」と「めしべ」を使った品種改良（近縁種しか交配できず、育種に長期間を要する）では実現できなかった新品種を生み出すことができるようになりました。図10－5に従来の品種改良と遺伝子組換え技術の違いを示しました。

遺伝子組換え技術をリードしている米国では、1996年に遺伝子組換え農作物（GM作物）の商業生産が始まりました。GM作物の代表例として、①除草剤耐性の（除草剤がまかれても枯れない）ダイズや、②害虫抵抗性の（害虫に食べられにくい）トウモロコシが挙げられます。①除草剤耐性のダイズは、特定の除草剤（全ての植物を枯死させる除草剤「ラウンドアップ」）に耐性を持つ遺伝子を、人為的にダイズに組み込むことにより、ラウンドアップを散布しても枯れないようにしたダイズです。これまでは、作物を枯らさず雑草だけを枯らす多種類の選択性除草剤が数回にわたって散布されてきましたが、このダイズの栽培により農作物以外の雑草だけを効率的に枯らすことができるため、除草剤のコストや労力が削減される等のメリットがあります[10]。②害虫抵抗性のトウモロコシは、バチルス・チューリンゲンシスという土壌細菌由来の殺虫タンパク質（Btタンパク質）を作る遺伝子を組み込むことによって、特定の害虫に抵抗性を持たせたトウモロコシです。害虫の食害による被害を防いで収穫量が増す、殺虫剤の使用量を大幅に減らすことができる等のメリットがあります[10]。何事にもメリットがあればデメリットもあります。上記の記述は企業がアピールしているメリットですが、農業従事者や消費者にとって、あるいは地球の生態系にとってはどのような影響があるのか、気になるところです。

図10－5　交配による品種改良と遺伝子組換え技術の違い

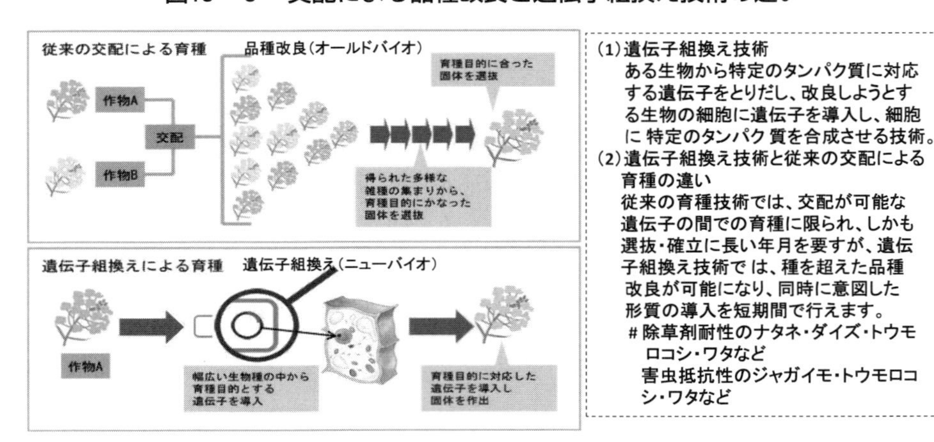

農林水産省ホームページ　「遺伝子組換え技術」
http://www.s.affrc.go.jp/docs/anzenka/information/gizyutu.htm をもとに加筆

2015年１月の国際アグリバイオ事業団（ISAAA）の報告*11によると、2014年のGM作物の栽培面積は、１億8,150万ha（日本の国土面積の５倍弱）となり、栽培国は28ヶ国となりました。国別の栽培面積は米国の7,310万haを筆頭に、ブラジルの4,220万ha、アルゼンチンの2,430万ha、カナダの1,160万haであり、北南米が中心になっています。栽培されているGM作物は、トウモロコシ、ダイズ、ワタ、ナス、ジャガイモなど、世界中で10種類以上におよんでいます。また、これらのGM作物に付与された形質には、乾燥耐性や病害虫抵抗性、除草剤耐性、栄養強化や食の質の改善などがあります。

GM作物の最大手であるモンサント社のホームページ*12には、「日本は、毎年、穀物（トウモロコシ、コムギ等）、油糧作物（ダイズ、ナタネ等）を合計で約3,100万トン、海外から輸入しています。そのうち遺伝子組み換え（GM）作物は合計で約1,700万トンと推定され、日本国内の大豆使用量の75％（271万トン）、トウモロコシ使用量の80％（1,293万トン）、ナタネ使用量の77％（170万トン）がGM作物と考えられます。年間1,700万トンとは、日本国内のコメ生産量の約２倍に相当する数量です。」と記述されています。

(3)　日本における遺伝子組換え作物・食品の規制

人為的に遺伝子が操作されたGM作物が生態系にどのような影響を与えるかは不明であり、場合によっては生物多様性が損なわれるおそれがあります。そこで、GM作物は、生物多様性保全の観点から、国際的には生物多様性条約のカルタヘナ議定書（「生物の多様性に関する条約のバイオセーフティに関するカルタヘナ議定書」）によって、また、国内的にはカルタヘナ法（「遺伝子組換え生物等の使用等の規制による生物の多様性の確保に関する法律」）によって規制されています。

なお、日本ではGM作物の試験栽培が行われている段階にあり、商業生産は行われていません。

GM作物には、これまでに食した経験のない遺伝子やそれが作るたんぱく質が含まれている可能性があり、人の健康等への影響が懸念されます。例えば、図10－6に示した害虫抵抗性のトウモロコシでは、「Btタンパク質を作る遺伝子」、「ベクター（運び屋）」、「組み込んだ遺伝子からできるタンパク質（Btタンパク質）」が食経験のない物質に当たります。そこで、遺伝子組換え食品（GMO）の安全を確保するため、日本では、食品衛生法および食品安全基本法によって、食品安全委員会の審査を経て安全性が確認されたGMO以外の輸入、販売等が禁止されています。食品安全委員会の安全性審査の手続を経た旨、厚生労働省が公表しているGMOは2016年7月11日現在8作物306品種のGM作物と組換え微生物を使用して生産された食品添加物11種類24品目です*[13]。

図10－6　害虫抵抗性トウモロコシ（Btタンパク質を作る遺伝子を導入したトウモロコシ）の例

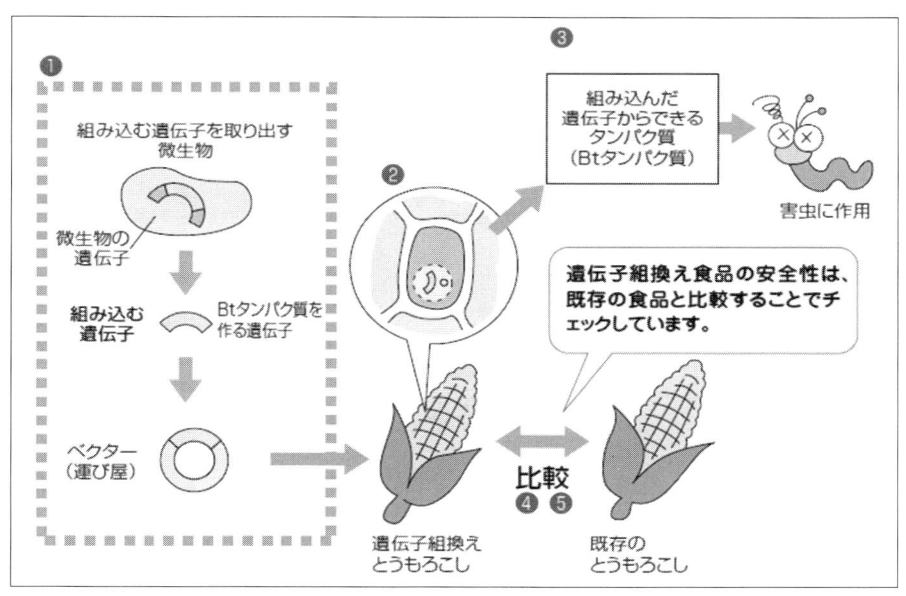

出典：パンフレット「遺伝子組換え食品の安全性について」（厚生労働省医薬食品局食品安全部）
http://www.mhlw.go.jp/topics/idenshi/dl/h22-00.pdf

このように安全性が確認されたGM作物とその加工食品については、JAS法（「農林物資の規格化及び品質表示の適正化に関する法律」）及び食品衛生法に基づき、表示ルールが定められ、2001年4月から義務化されました*[14]。図10－7に見られる通り、日本の表示には、表示義務のある「遺伝子組換え使用」と「不分別」、業者が任意で表示できる「不使用」の3種類があります。ただし、表示義務のあるケースは限定的で、例えば、遺伝子組換え由来のたんぱく質が技術的に検出不可能な食用油や醤油には表示義務がなく、加工食品の場合、原材料の重量が上位4位以下かつその重量の割合が5％未満の場合には、表示を省略できます。やや古いデータですが、2005年に農林水産省が行ったアンケート調査*[15]では、この表示義務を知っている人（なんとなく知っている人も含む）は約90%に上りました。また、「遺伝子組換え」という言葉の印象について否定的な印象を持つ人が約８割に上り、その理由として、「食べた時に悪影響がないか不安だから（78%）」、「未知の部分が多い技術だから（69%）」、「組換え生物が、周りの動植物に影響を及ぼすと思うから（57%）」という回答が上位を占めました。アンケート調査後10年も経っていますので、遺伝子組換え食品に対する消費者の意識がどのように変化しているか、興味が持たれます。2015年に食品安全委員会が行った「食品に係るリスク認識アンケート調査」*[16]によれば、一般消費者も食品安全の専門家も遺伝子組換え食品に対するリスクについては、重きを置いていない結果となっています。今後、TPP（環太平洋パートナーシップ協定）の発効に伴ってGM作物の規制が緩和される可能性がありますが、TPPの協定文書*[17]には、「現代のバイオテクノロジーによる生産品に関する作業部会の設置及びその任務等」が明記されており、輸出国と輸入国の間で、GM作物に関する情報交換が行われ、情報の共有化が図られることが確認されています。

図10－７　遺伝子組換え食品の表示の仕組み（消費者庁が所管）

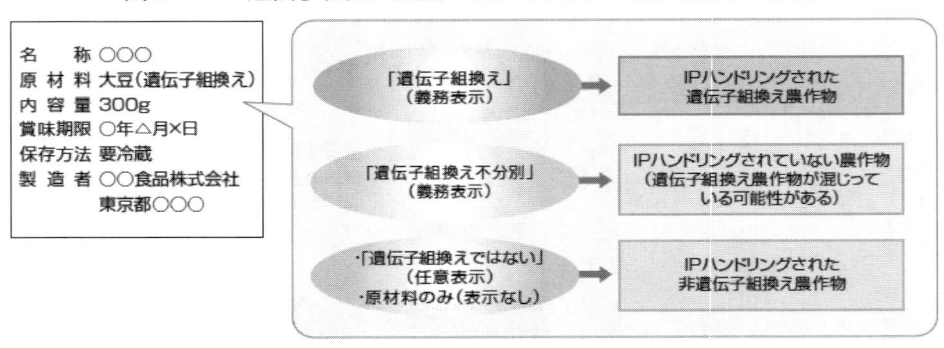

※IPハンドリング（分別生産流通管理）とは、遺伝子組換え農作物と非遺伝子組換え農作物を生産・流通・加工の各段階で混入が起こらないよう管理し、そのことが書類などにより証明されていることです。

出典：厚生労働省ホームページ　「遺伝子組換え食品の安全性について」
http://www.mhlw.go.jp/topics/idenshi/dl/h22-07.pdf

コラム　食の安全

食品は毎日口にするものであり、安全が最も気になるものの一つです。厚生労働省は、「食品の安全確保に向けた取組」というパンフレット*を作成・公表しています。取組の対象は、１．食中毒対策、２．輸入食品の安全確保、３．HACCP（ハサップ：効果的・効率的な食品の衛生管理が可能となる国際標準の手法）の普及推進、４．牛海綿状脳症（BSE）対策、５．食品に残留する農薬等の規制、６．食品中の放射性物質対策、７．食品中の汚染物質対策、８．食品添加物の安全確保、9．健康食品の安全確保、10．遺伝子組換え食品等の安全確保、11．器具・容器包装、おもちゃ、洗浄剤の安全確保、と実に多岐にわたります。この中から、7．の汚染物質対策について取組事例等を紹介します。パンフレットには、①魚介類に多く含まれ、かつて水俣病の原因となったメチル水銀、②日本の主食であるコメに比較的多く含まれ、かつてイタイイタイ病の原因になったカドミウム、③主にごみの焼却により発生し、魚介類に多く含まれるダイオキシン類、④豆類や生あん（砂糖を加える前のあん）に含まれるシアン（青酸）化合物が掲げられています。この中で、特に注意を要するのは、①のクロマグロやキンメダイ等の魚介類に含まれるメチル水銀です。国内外の研究から、妊婦が食事を通して摂取した水銀が胎児に移行し、胎児の神経の発達に悪影響を及ぼすことがわかってきました。そのため、2010年に厚生労働省は、「妊婦への魚介類の摂取と水銀に関する注意事項」を公表し、注意を喚起しています。対象魚介類や摂取量の詳細については、パンフレットに分かり易く示されています**。また、2000年前後に日本中を騒がせた③のダイオキシン類については、平均的な食生活における食品からの摂取量の推計が行われています。ダイオキシン類のほとんどは魚介類から摂取されますが、平均的な食生活をしていれば問題がないことが明らかにされています***。魚介類は、良質なたんぱく質や魚介類に特有なEPA、DHA等の必須不飽和脂肪酸、カルシウム等のミネラルを多く含んでおり、健康的な食生活に不可欠な食品ですので、いろいろな種類の魚介類を摂るように心がけましょう。食品のみならず、化学物質の摂取によるリスクは、概念的に「リスクの大きさ（健康影響の可能性）＝有害性の強さ（危害要因）×摂取量」の式で表され、有害性が強い物質であっても微量の摂取ではリスクが小さく、有害性が弱い物質であっても大量に摂取するとリスクが大きくなるということを意味します****。「食品は安全なものと危険なものに二分されない」ということを理解し、偏った摂取を避けてバランスの良い食事を心がけ、食の安全を自ら確保することが肝要と考えます。

* http://www.mhlw.go.jp/file/06-Seisakujouhou-11130500-Shokuhinanzenbu/0000073408.pdf

** http://www.mhlw.go.jp/topics/bukyoku/iyaku/syoku-anzen/suigin/

*** http://www.env.go.jp/chemi/dioxin/pamph/2012.pdf

**** http://www.env.go.jp/chemi/communication/taiwa/text/risuku.pdf

〈参考資料〉

*1　http://www.maff.go.jp/j/pr/aff/1111/spe1_01.html

*2　http://www.env.go.jp/earth/ondanka/biofuel/materials/rep_h1805/02.pdf

*3　http://www.fit.go.jp/statistics/public_sp.html

*4　http://www.maff.go.jp/j/biomass/b-ethanol/pdf/02_02_siryou2.pdf

*5　http://www.paj.gr.jp/eco/biogasoline/

*6　http://www.city.kyoto.lg.jp/kankyo/page/0000000008.html

* 7　http://www-basin.nies.go.jp/project/maki/maki.html

* 8　http://www.obayashi.co.jp/service_and_technology/003detail20

* 9　http://shofu.pref.ishikawa.jp/shofu/dokunuki/gastronomic_culture/japan/index.html

*10　http://www.monsanto.com/global/jp/pages/default.aspx

*11　http://www.jacom.or.jp/news/2015/02/news150202-26427.php

*12　http://www.monsanto.com/global/jp/newsviews/pages/questions.aspx

*13　http://www.mhlw.go.jp/file/06-Seisakujouhou-11130500-Shokuhinanzenbu/0000071167.pdf

*14　http://www.caa.go.jp/foods/qa/kyoutsuu03_qa.html

*15　http://www.maff.go.jp/j/syouan/johokan/risk_comm/r_anzen_monitor/h16_4.html

*16　https://www.fsc.go.jp/osirase/risk_questionnaire.html

*17　http://www.mofa.go.jp/mofaj/ila/et/page24_000580.html

11. 環境エネルギー技術と水素エネルギー

11－1　環境エネルギー技術の世界への貢献

(1)　環境エネルギー技術の開発

2007年5月に、当時の安倍晋三首相は国際交流会議における「美しい星（Cool Earth50)」と題する演説で、"気候変動枠組条約の目標の達成のためには、世界全体の排出量を自然界の吸収量と同等のレベルに抑え込む必要があります。このため、「世界全体の排出量を現状に比して2050年までに半減する」という長期目標を、全世界に共通する目標とすることを提案します"と表明しました*1。

温室効果ガスの削減目標を達成するには技術開発が不可欠と考えられており、日本の地球温暖化対策計画には、"地球温暖化対策と経済成長を両立させる鍵は、革新的技術の開発である。「エネルギー・環境イノベーション戦略」に基づき、有望分野に関する革新的技術の研究開発を強化していく。加えて、JCM（二国間クレジット制度）等を通じて、優れた低炭素技術等の普及や緩和活動の実施を推進する。"と記されています。図11－1は、世界の長期目標達成に向けて、環境エネルギー分野の革新的技術開発に対する日本の貢献可能性を示したものであり、総合科学技術会議の「環境エネルギー技術革新計画（2013年9月13日)」*2の概要から切り取ったものです。

この図には、短中期・中長期に開発を進めるべき革新的技術として特定された37の技術が図示されており、その詳細については技術項目ごとにロードマップ*2にまとめられています。これまでに取り上げてきたいくつかの技術について、そのインパクトを中心に紹介します。「環境エネルギー技術革新計画」の冒頭には、"本計画をもって、我が国が誇る環境エネルギー技術の開発・普及の道筋を提案し、エネルギー需給の逼迫といった課題に応えるための国際展開・普及策を明確に示すことにより、2050年に世界全体の温室効果ガス半減に貢献する。"と記されていますので、日本の技術開発に対する自信と意気込みが伺えます。

図11－1　日本の環境エネルギー技術の世界への貢献

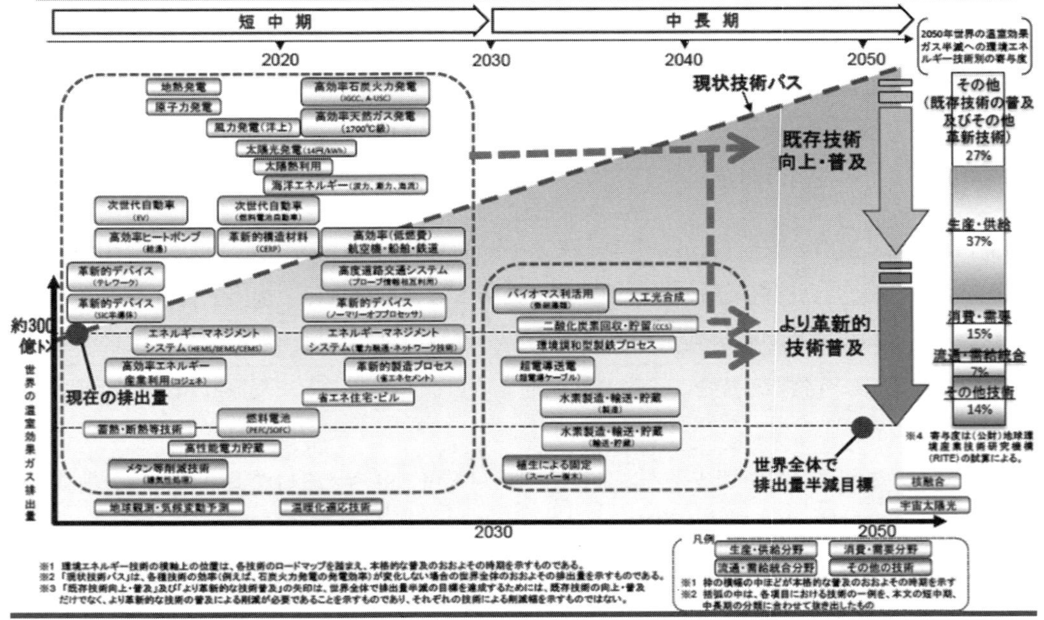

出典：内閣府ホームページ　http://www8.cao.go.jp/cstp/sonota/kankyoene/betten1.pdf

この計画に示されている様々な技術開発のうち、次の①～⑤によるCO_2排出削減量を、IAE（国際エネルギー機関）が「Energy Technology Perspectives 2012」に公表した「2050年における世界全体のCO_2削減ポテンシャル」に基づいて算出すると合計207億トンになり、2012年における世界のエネルギー起源CO_2排出量317億トンの約65％に相当します。なお、この削減率は、産業革命前に比べて気温上昇を２℃未満に抑えるために、2100年には450ppm以内にする必要があることの道筋として、IPCCが掲げた2050年の温室効果ガスの排出削減目標（2010年比で40～70％削減）にも合致するものです。

①再生可能エネルギー

○国内の風力発電の更なる導入促進のためには、高い稼働率を得られる洋上風力発電が不可欠。約30億トンのCO_2排出削減ポテンシャル。

○太陽光発電は、代替材料の使用等により更なる低コスト化が可能。将来は、蓄電機能と組み合わせて出力を安定化させた太陽光発電システムの実現が必要。約17億トンのCO_2排出削減ポテンシャル。

○バイオマス燃料は、食料と競合するサトウキビ等を原料とする第一世代バイオ燃料に代わり、非食用植物等を原料とする第二世代、微細藻類の原料等を利用した第三世代のバイオ燃料の技術開発が活発化。約33億トンのCO_2排出削減ポテンシャル。

②原子力

○「原子力エネルギーの展望」（OECD/NEA、2010年11月）によれば、「同じ電力量を石炭火力発電で供給した場合と比較すると、原子力発電の利用によりCO_2排出量を年間で最高29億トン低減可能である。」と評価。

③二酸化炭素回収・貯留（CCS）

○二酸化炭素回収・貯留（CCS：Carbon dioxide Capture and Storage）は、火力発電等の排ガスからCO_2を分離・回収し、それを地中または海底下に貯留または隔離する技術。約71億トンのCO_2排出削減ポテンシャル。

④次世代自動車（HV・PHV・EV・燃料電池車等）

○ハイブリッド自動車（HV）、プラグインハイブリッド自動車（PHV）、電気自動車（EV）等は、CO_2排出量をガソリン車の約1/2〜約1/4に低減することが可能。約17億トンのCO_2排出削減ポテンシャル。

○燃料電池車は、燃料である水素と空気中の酸素を反応させて発電した電気を用いて走行する自動車。既存ガソリン車に比べ、CO_2排出を1/3程度に削減することが可能。約７億トンのCO_2排出削減ポテンシャル。

⑤省エネ住宅・ビル

○住宅・ビル等の省エネ化や長寿命化に向けて、新技術、新サービス、新工法等の製品開発等が推進。約３億トンのCO_2排出削減ポテンシャル。

⑥水素製造・輸送・貯蔵

○水素は、化石燃料やバイオマス、水等から製造することができ、排出されるのが水のみというクリーンエネルギー。再生可能エネルギーを大量に導入する際にも有用な技術として期待。

⑵　二酸化炭素回収・貯留（CCS）

CCSは、図11－１において中長期的な技術と位置付けられています。CCSは温室効果ガスの原因である二酸化炭素を、大気中に排出することなく地中深くに閉じ込めてしまうという技術（図11－２）です。IPCCは、“①人為起源の温室効果ガス（GHG）排出による気温上昇を産業革命前に比べて２℃未満に抑えるには、2100年に大気中のCO_2換算濃度を約450ppmにすること、②2100年に約450ppmに達する大半のシナリオで特徴的なことは、エネルギー効率がより急速に改善され、再生可能エネルギー、原子力エネルギー、並びに二酸化炭素回収・貯留（CCS）によるゼロカーボン及び低炭素エネルギーの供給比率が2050年までに2010年の３倍から４倍近くになっていること”と明記しています。さらに、それぞれの技術が2100年までのCO_2削減コスト（緩和コスト）に与える影響度を評価しています。その評価において、CCSが最もコスト削減に寄与するとしており、仮に

CCSが採用されない場合には、450ppmを目指すための緩和コストがかなり増加すると解析しています。CCSは技術開発中の技術であり、例えば、米国アラバマ州にある石炭火力発電所、北海道苫小牧市にある製油所、福岡県大牟田市にある火力発電所等において、日本企業によるCO_2の回収と貯留に関する実証実験が行われています。今後、世界のエネルギー需要は増大の一途をたどり、化石燃料への依存度は約80％と変わらないと予測されています（表１－２参照）。CCSは、地盤環境への影響が懸念されるものの、化石燃料を消費してもCO_2を排出することはありませんので、省エネ、既存の低炭素電源に続く、CO_2削減の「第三の道」として期待されます。

図11－２　二酸化炭素分離回収・地中貯留技術のイメージ

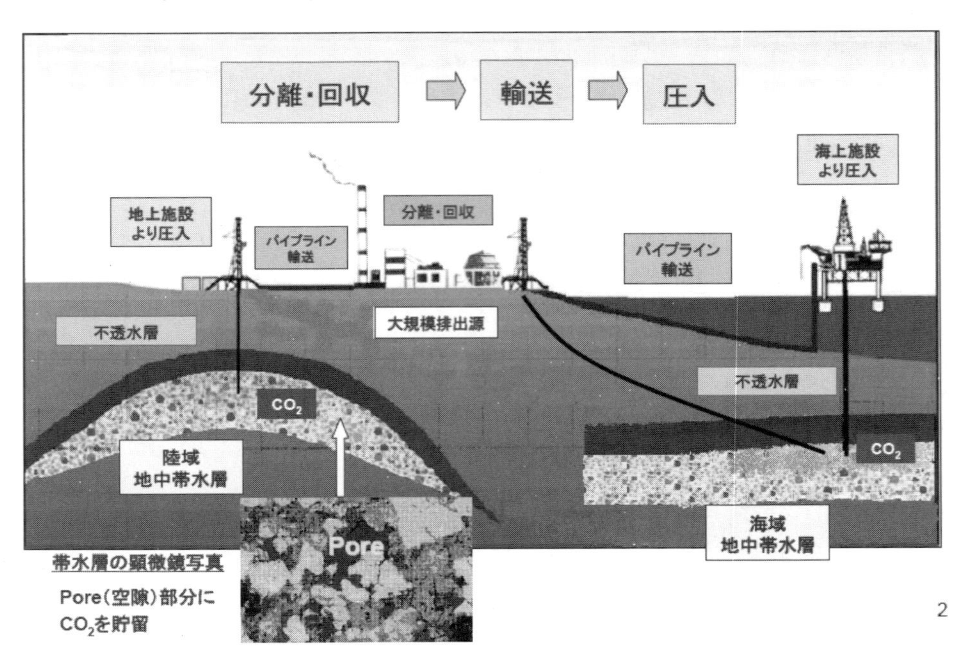

出典：経済産業省ウェブサイト「二酸化炭素の分離回収・地中貯留技術の現状と実用化の方向について」
（平成18年５月17日 経済産業省産業技術環境局）
http://www.meti.go.jp/committee/materials/downloadfiles/g60525a09j.pdf

11－２　水素エネルギー

水素は、図11－１において中長期的な技術と位置付けられており、次世代の二次エネルギーとして期待されています。自然界に存在する形のままのエネルギーである石油・石炭・天然ガス等の化石燃料、原子力の燃料であるウラン、水力・太陽・地熱等の自然エネルギー等自然から直接得られるエネルギーを一次エネルギーといいます。これに対し、消費者が使用する形態に一次エネルギーを変換・加工した、電気・ガソリン・都市ガス等のエネルギーを二次エネルギーといいます。水素は、第４次エネルギー基本計画*[3]において、将来の二次エネルギーとして有望視されています。

現在の水素エネルギーは、化石燃料や副生ガスから作られていますが、究極的には水からの製造が可能であり、利用時には水しか排出しない理想のエネルギーと位置付けられています。エネルギー資源の乏しい日本にとって、多様なエネルギー源から供給可能な水素は、エネルギーの安定供給に役立ちます。また、排出ガスは水だけで、温室効果ガス削減等の環境負荷低減にも寄与することができます。従って、水素エネルギーは「低炭素社会の切り札」とも言われています。このような水素エネルギーを最大限利活用する社会を「水素社会」といいます。「NEDO水素エネルギー白書」*[4]によれば、“水素エネルギーの最大限の利活用を図る水素社会の実現は、気候変動などの地球環境への対応、エネルギー・セキュリティの確保、新たな市場の創出・産業競争力の強化に繋がるものであり、その意義は大きい。”とされています。また、東京都の「水素社会の実現に向けた東京戦略会議」（平成26年度）とりまとめ」*[5]には、「水素・燃料電池関連産業の裾野は広く、水素・燃料電池関連の製品の普及により、燃料電池関連産業だけでも2020年に年間0.8兆円、2030年に年間3.4兆円の産業創出効果が、また、2020年に３万人、2030年に12万人の雇用創出が期待される。」と記されています。更に、燃料電池は非常時の電源としても有用ですから、自然災害に強い街づくりの一端を担うことも可能です。このように、水素エネルギーは、①多様なエネルギー供給源、②環境負荷の低減、③高い経済波及効果、④非常時対応等の観点から、社会的意義の非常に大きなエネルギーです。

第４次エネルギー基本計画*[3]において、「水素は、無尽蔵に存在する水や多様な一次エネルギー源から様々な方法で製造することができるエネルギー源で、将来の二次エネルギーの中心的役割を担うことが期待される」と、強い期待感が表現されています。家庭用燃料電池エネファームについては、これまでの設置実績（６万台以上）を、2020年には140万台、2030年には530万台まで市場拡大する計画が示されています。2014年末から商業販売が始まった燃料電池車については、導入を推進するため、四大都市圏を中心に2015年内に100ヶ所程度の水素ステーションの整備を行うとともに、燃料電池バス等の早期の実用化が重要とされています（図11－３）。東京都は、水素を2020年の東京オリンピック・パラリンピックにおいて、“大会運用の輸送手段として燃料電池車が活躍することができれば、世界が新たなエネルギー源である水素の可能性を確信するための機会となる。”と考えており、東京都の「水素社会の実現に向けた東京戦略会議」*[5]にも、東京オリンピック・パラリンピックでの燃料電池車の活用に向けての環境整備計画が示されています。

水素の供給について、当面は、天然ガスやナフサ等の化石燃料の改質、副生水素の活用等によって賄われ、将来的には、安価に大量の水素を調達するため、海外の未利用の褐炭（豪州等に存在する低品位な石炭の一種）や原油随伴ガス（原油の回収時に井戸から噴き出してくるメタン等のガス）の水素化、究極的には、国内外の太陽光・風力・バイオマス等の再生可能エネルギーを活用した水素製造が重要になるとされています（図11－４）。

図11－3　燃料電池車と水素ステーションのイメージ

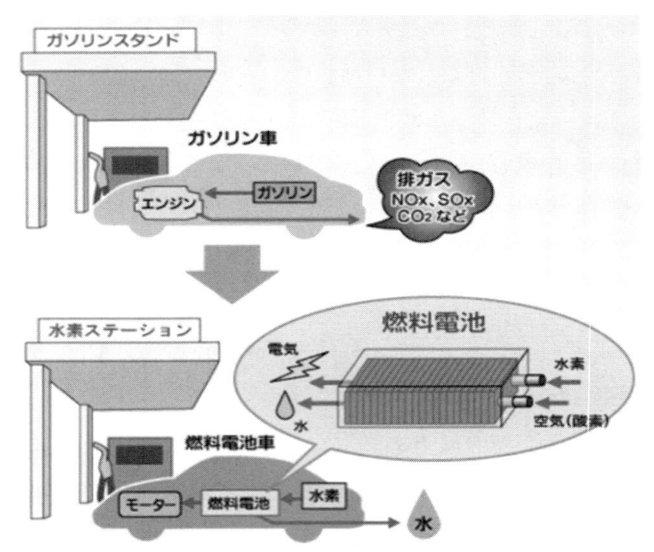

出典：独立行政法人新エネルギー・産業技術総合開発機構（NEDO）

経済産業省は、2014年６月に水素社会の実現に向けた「水素・燃料電池戦略ロードマップ」を策定し、計画を加速化するため2016年６月に改訂しました[*6]。ロードマップには、水素・燃料電池関連技術の実現時期が継時的に定量的に分かり易く示されています。それをまとめると図11－４の右側の「水素利用の普及」のようになります。

究極の水素製造技術である「水からの水素の大量製造」の実現時期は、2040年以降になりそうですが、再生可能エネルギーで作られた電気を用いて水を電気分解して水素を作り、それをエネルギー源として利用する技術は、離島における新しいエネルギー供給システムとして早くも注目されつつあります。既に、再生可能エネルギーで学んだように、革新的技術の普及には、技術開発のみならず制度設計も非常に大事になります。水素社会の実現に向けて、国や地方自治体の動きが加速されていますので、制度設計面での進捗についても、日々注目していく必要があります。

水素社会の先陣を切って、「究極のエコカー」と称される燃料電池車が、世界に先駆けて2014年末に日本で発売されました。政府は、１件４～５億円かかる水素ステーションの建設、ならびに当初の販売価格700万円超の燃料電池車の購入に対し、比較的高額の助成制度を設けています。水素源は多種多様である上、水素の燃焼によって生じる物質は水のみで、地球温暖化や環境汚染を引き起こすことがありません。安全性の確保が大前提となりますが、燃料電池車の発売が引き金となり、これまでの炭素社会に代わって水素社会が到来する日もそれほど遠くないかも知れません。

図11－4　水素の製造方法と水素利用の普及

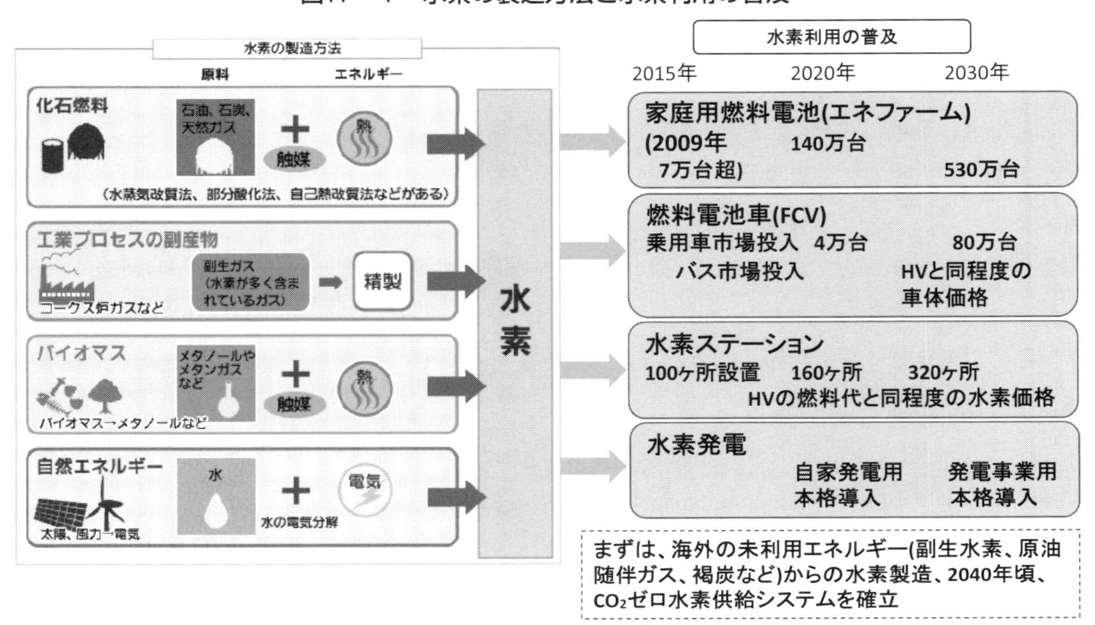

「水素の製造方法」は新エネルギー・産業技術総合開発機構「NEDO水素エネルギー白書」（平成26年７月30日）
http://www.nedo.go.jp/library/suiso_ne_hakusyo.htmlを抜粋
「水素利用の普及」は経済産業省ウェブサイト「水素・燃料電池戦略ロードマップ改訂版」（平成28年３月22日）
http://www.meti.go.jp/press/2015/03/20160322009/20160322009-c.pdf を参考に作成

コラム　水素の安全性

水素（H_2）は、無味無臭の最も軽い気体で、水（H_2O）を構成する元素の一つです。「水素」と聞いて、東電福島第一原発の「水素爆発」を思い浮かべて、不安を抱く人も少なからずおられると思います。東京都の「水素社会の実現に向けた東京戦略会議（平成26年度）とりまとめ」*には、“水素は、気体の中でも燃焼速度は速いものの、拡散が速いため、密閉された空間で一定の濃度になるなど、限定的な条件下でなければ火が着くことはない。水素を安全に扱う技術は確立されており、水素の特性を正しく理解し、安全対策を行えば、都市ガスやガソリンなどと同様に安全な利用が可能である。”と記述されています。一方、九州大学大学院工学研究院の井上雅弘氏による「水素エネルギーに関わるリスクマネジメント」と題する資料**では、水素の特性に関する具体的な数値に基づいて、次のような見解が述べられています。水素は、“①空気中の可燃範囲が4～75％であり、他の可燃性ガスに比べて大変広い。低濃度の燃焼では炎が見えず、燃焼を把握しにくい。高濃度では燃焼の威力が大きい。②最少着火エネルギーは0.02mJ程度で、他のガスのほぼ1/10と小さく着火しやすい。静電気で着火する可能性がある。③燃焼速度は250cm/s程度（層流）で、他のガスの５倍ほど速い。これは爆発時の威力が強いことを意味する。④消炎距離は

0.06cm程度で、他のガスより小さく、消えにくい。⑤水素が空気中に漏洩し集積すると爆発の可能性が大きい。水素混合気は特に軽いわけではない。” 等、東京都の資料*に比べると慎重な見方がされています。東京都の資料*においては、必要な安全対策として、「①水素を漏らさない、②漏れた場合は早期に検知し、拡大を防ぐ、③漏れた場合に溜めない、④漏れた水素に火がつくことを防ぐ、⑤火災が生じた場合、火の拡大を最小限に留める」が掲げられており、必要な設備を備えた水素ステーションの安全対策例が図示されています。最近の新聞報道で、公道からの保安距離の短縮、水素タンク材質の低廉化、保安検査の簡素化等、水素を巡る規制緩和の動きが伝えられています。地球をいとおしむ者として、低炭素社会につながる水素社会の到来は歓迎しますが、その実現には「安全性が大前提になる」ことを肝に銘じ、拙速を避けて徹底した安全対策を講じて欲しいと思っています。

* http://www.kankyo.metro.tokyo.jp/energy/tochi_energy_suishin/attachement/26torimatome.pdf

** http://www.safety-kyushu.meti.go.jp/kouzan/shiryou/H20seminar-inoue.pdf

〈参考資料〉

*1　http://www.kantei.go.jp/jp/abespeech/2007/05/24speech.html

*2　http://www8.cao.go.jp/cstp/sonota/kankyoene/kankyoene.html

*3　http://www.enecho.meti.go.jp/category/others/basic_plan/#head

*4　http://www.nedo.go.jp/library/suiso_ne_hakusyo.html

*5　http://www.kankyo.metro.tokyo.jp/energy/tochi_energy_suishin/attachement/26torimatome.pdf

*6　http://www.meti.go.jp/press/2015/03/20160322009/20160322009.html

12. 持続可能な社会の実現に向けて

12－1　低炭素社会

(1)　低炭素社会とは

持続可能な社会を支える一つ目の社会は、「低炭素社会」です。低炭素社会（Low-carbon Society）は、2006年6月の日英低炭素社会ワークショップで、①社会のあらゆる層が持続可能な発展の原則に合った行動をとる社会、②大気中の温室効果ガスの濃度を安定化させるための公平な貢献を行う社会、③エネルギー効率をさらに高め、低炭素なエネルギー・資源、低炭素な製造技術を使う社会、④温室効果ガス排出の少ない消費・行動様式にする社会、と定義されました。日本では、2008年6月の福田首相の「低炭素社会・日本」と題するスピーチに登場します。この中で、“今こそ、私たちは、産業革命後につくりあげられた化石エネルギーへの依存を断ち切り、「将来の世代」のための「低炭素社会」へと大きく舵を切らなければいけない。低炭素社会を実現するのは、一人一人の「国民」である。”と述べています。これらの定義とスピーチ内容から、「低炭素社会」は、「持続可能な発展を念頭において、温室効果ガスの大気中濃度を安定化するために、温室効果ガスの排出量の大幅な削減を実現した社会であり、私たちとその子孫、さらに生きる基盤である地球を守るために、社会のすべての人が主役となって作り上げてゆく社会」という概念で表されます。

政府が2008年7月に発表した「低炭素社会づくり行動計画」のポイント*[1]には、各項目の目標や具体的な取組が記述されていますが、図12－1は、それらを抜粋し、現時点における進捗状況を「（　）書き」で加筆して作成したものです。日本の温室効果ガスの削減目標に関しては、「2050年までに80％削減」という長期目標が、2014年4月に閣議決定されました。中期目標については、当初、設定されていませんでしたが、その後、「2020年までに1990年を基準として25％削減」という目標が、2009年9月に鳩山首相によって国連の舞台で明言されました。2009年のCOP15のコペンハーゲン合意に基づく気候変動枠組条約事務局への提出文書にも、同じ目標が提示されています。その後、東日本大震災や政権交代を経て目標の見直しが行われ、2013年11月に、「2020年に2005年比で3.8％削減する」という新目標がCOP19の閣僚級会合で表明されました。しかし、気候変動枠組条約で求められている2030年の目標に関しては、2014年6月に策定された「エネルギー基本計画」においても明らかにされておらず、日本の大きな課題とされてきました。

「低炭素社会づくり行動計画」において、後に述べる革新的技術開発以外の項目で、特に進捗が注目される項目は、国内排出量取引、地球温暖化対策税、国民運動です。国内排出量取引に関しては、2008年に東京都が制度を条例化し、オフィスビルも対象とした世界最初の取組が開始されています。地球温暖化対策税に関しては、2012年10月から「地球温暖化対策のための税」が段階的に施行されました。この税制は、日本で排出される温室効果ガスの約90％がエネルギー起源CO_2であることを踏まえて、低炭素社会の実現に向け、すべての化石燃料の利用に対し、CO_2排出量に応じて広く公平に負担を求めるものです。国民運動に関しては、政権交代等をきっかけに名称と関連サイトが変わりました。最初のサイトには京都議定書の第１約束期間における削減目標に適う「チーム・マイナス６％」という名称が用いられましたが、その後いくつかの名称変更を経て、安倍政権は2015年７月に気候変動キャンペーン「Fun to Share」というサイト内に「COOL CHOICE」という特設ページを開設し、新国民運動として2030年まで継続する方針を発表しました[*2]。家庭からのCO_2排出量は上昇の一途をたどっていますので、これらの情報を参考に、低炭素社会の実現を目指して一人一人が具体的に省エネや節電等を実践していくことが大切です。

図12－１　低炭素社会づくり行動計画（2008年７月29日）の概念（抜粋）と進捗状況

1. 我国の目標

＜長期目標＞
- 2050年までに現状から60～80%の削減を行う。
  （2050年までに80%の温室効果ガスの排出削減を目指す。「第4次環境基本計画」閣議決定（2014年4月））

＜中期目標＞
- 2009年のしかるべき時期に国別総量目標を発表する。
  (2020年までに、2005年を基準として3.8%削減。COP19の閣僚級会合で表明(2013年11月))
  (2030年までに、2013年を基準として26%削減。国連気候変動枠組条約事務局へ草案を提出(2015年7月))

2. 革新的技術開発
- CCS（二酸化炭素回収貯留）技術の開発(国内外で実証実験中)
- 太陽光発電の低コスト化(国家プロジェクト等で技術開発中)
- 燃料電池の低コスト化、耐久性向上（2014年12月に世界初の燃料電池車を日本企業が上市）
- ヒートポンプの超効率化

3. 国全体を低炭素化に動かす仕組み
- 排出量取引（国内排出量取引制度（キャップ・アンド・トレード）*を検討中）*東京都が条例によって先行
- 税制のグリーン化（2012年度税制改正において「地球温暖化対策のための税」を創設）
- フードマイレージ
- カーボンオフセット（二つの認証制度を統合して2012年5月より運営）

4. 国民運動
- チーム・マイナス6%(「チャレンジ25キャンペーン」⇒「気候変動キャンペーン Fun to Share」⇒「新国民運動 COOL CHOICE」に継承)
- エコ・アクション・ポイント(実施済)
- サマータイム制度(北海道で試行実績)
- クールビズ(毎年実施)

（参考）内閣府ホームページ　http://www.kantei.go.jp/jp/singi/ondanka/kaisai/080729/gaiyou.pdf
外務省ホームページ　http://www.mofa.go.jp/mofaj/press/release/press4_002311.html など

国立環境研究所の西岡秀三氏による中央環境審議会地球環境部会（2008年11月５日）の資料「低炭素社会実現のための12の方策」が、環境省のウェブサイト[*3]に公開されています。図12－２は、それを参考に簡略化し、必要に応じて補足したものです。12の方策をすべて実施した場合に期待される炭素削減量は最大２億3,100万トン（二酸化炭素換算で８億4,800万トン）であり、2013年を基準とすると約60％の削減に相当します。

図12－2　低炭素社会実現に向けた12の方策

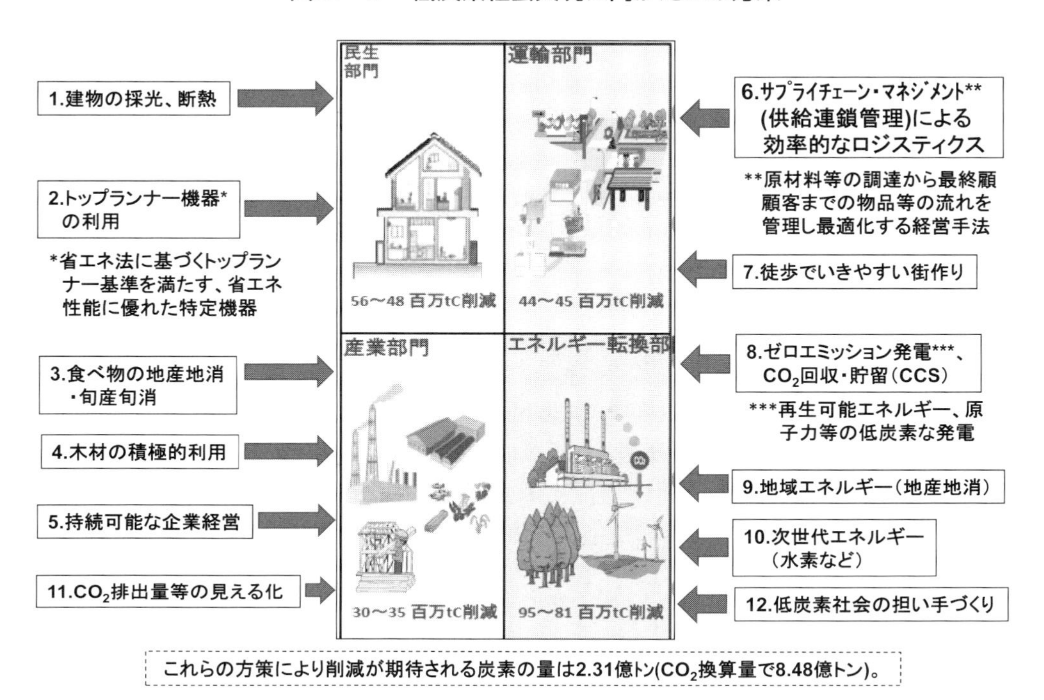

環境省ホームページ環境省委員会資料　http://www.env.go.jp/council/06earth/y060-80/mat02-1.pdf をもとに作成

これらの方策のうち、日常生活で取り組みやすい方策を順次見ていきましょう。先ず、「1．建物の採光、断熱」に関連して、2014年に日本人三氏がノーベル化学賞を受賞したLED技術の活用があります。建物の採光は設計段階での工夫が必要ですが、照明のLED化は建築後でも対応でき、省エネにつながります。世界の電力消費量の約20％が照明に使われていますので、従来の蛍光灯等からLED照明に置きかわることによって、2013年時点で年間6億7,000万トンの二酸化炭素の排出が削減できたという報道もされています。次に、「2．トップランナー機器の利用」が挙げられます。家電製品を中心に、統一省エネラベル等の表示制度が設けられ、消費者が家電等の省エネのレベルを比較することができますので、グリーン購入（第8章1節）によって定常的な節電に取り組むことができます。

「3．食べ物の地産地消・旬産旬消」は、消費者が地元でとれた旬の食材を食べることによって、農業経営の低炭素化を支援するというものです。日本は食料自給率（カロリーベース）が先進国の中で最低の水準であり、食料の約60％は海外からの輸入に依存しています。しかも、日本から遠い米国からの輸入比率が高いため、フードマイレージ（「食料の輸送量（t）と輸送距離（km）の積の総和」）は、極めて高い現状にあります。農林水産省の会議資料*4によれば、日本の食料輸入に伴う二酸化炭素排出量は年間1,690万トンに上ると試算されています。

「7．徒歩でいきやすい街作り」の実施主体は行政と不動産会社になりますが、住居の選択は消費者に委ねられます。公共交通機関と自転車・徒歩で行動できる街に住むことも、低炭素社会の実現に向けた選択肢となりえます。また、車の使用を余儀なくされる地域においては、エコカーの購入やエコドライブの実践を心がけることも大事です。

「9．地域エネルギー（地産地消）」は、太陽エネルギー、風力、地熱、バイオマスなどの再生可能エネルギーをローカル・エネルギーと位置付け、最大限に活用することです。自宅の屋根に太陽光パネルを設置したり、バイオディーゼル燃料（BDF）の原料となる廃植物油を業者に提供したりして、この方策にも貢献することができます。

産業界の取り組みで期待される方策は、図12－2の「8．ゼロエミッション発電、CO_2回収・貯留（CCS：Carbon dioxide Capture and Storage）」と「10．次世代エネルギー（水素など）」です。CCSについては、IPCC第5次評価報告書第3作業部会報告書*5において、省エネ、再生可能エネルギーと原子力の低炭素電源とともに、今後の有力な緩和策に位置付けられています。水素については、2014年6月の第4次エネルギー基本計画に、「水素社会の実現に向けて取り組みを加速する」との方針が明示されています。CCSと水素エネルギーについては、第11章で述べたとおりです。

(2) 低炭素社会と地球温暖化対策計画

低炭素社会は、温室効果ガスの排出量を大幅に削減し、高エネルギー効率、化石燃料依存からの脱却を実現した社会です。高エネルギー効率はとりもなおさず省エネルギー、また、化石燃料依存からの脱却は再生可能エネルギー・原子力などの低炭素電源の活用を意味しますので、エネルギーの需要と供給が最も重要なポイントになります。

2015年7月に、日本は国連気候変動枠組条約事務局に「日本の約束草案」を提出しましたが、日本を低炭素社会に導くシナリオは、経済産業省が2015年7月に発表した「長期エネルギー需給見通し」*6に見ることができます。この資料は、エネルギー基本計画を踏まえ、安全性の確保を大前提に、①安定供給に関しては自給率25％程度、②経済効率に関しては電力コストの引下げ、③環境適合に関しては欧米に遜色ない、という目標を想定し、技術的・現実的に実現可能な施策によって実現される将来のエネルギー需給構造の見通しを示すものです。その中で、2013年度以降の実質経済成長率を平均年率1.7％として、2030年における産業部門、業務部門、家庭部門、運輸部門の省エネルギー対策を可能な限り積み上げることによって、最終エネルギー消費は2013年に比べて5,030万kL程度の省エネルギー（対策前に比べ13％減）が見込まれています（図12－3）。

図12－3　各部門における主な省エネ対策

省エネルギー対策

■各部門における省エネルギー対策の積み上げにより、5，030万KL程度の省エネルギーを計上。

＜各部門における主な省エネ対策＞

産業部門　＜▲1，042万KL程度＞

- 主要4業種（鉄鋼、化学、セメント、紙・パルプ）
  ⇒ 低炭素社会実行計画の推進
- 工場のエネルギーマネジメントの徹底
  ⇒ 製造ラインの見える化を通じたエネルギー効率の改善
- 革新的技術の開発・導入
  ⇒ 環境調和型製鉄プロセス（COURSE50）の導入
  （鉄鉱石水素還元、高炉ガスCO2分離等により約30%のCO2を削減）
  二酸化炭素原料化技術の導入　等
  （二酸化炭素と水を原料とし、太陽エネルギーを用いて基幹化学品を製造）
- 業種横断的に高効率設備を導入
  ⇒ 低炭素工業炉、高性能ボイラ、コージェネレーション等

運輸部門　＜▲1，607万KL程度＞

- 次世代自動車の普及、燃費改善
  ⇒ 2台に1台が次世代自動車に
  ⇒ 燃料電池自動車：年間販売最大10万台以上
- 交通流対策

業務部門　＜▲1，226万KL程度＞

- 建築物の省エネ化
  ⇒ 新築建築物に対する省エネ基準適合義務化
- LED照明・有機ELの導入
  ⇒ LED等高効率照明の普及
- BEMSによる見える化・エネルギーマネジメント
  ⇒ 約半数の建築物に導入
- 国民運動の推進

家庭部門　＜▲1，160万KL程度＞

- 住宅の省エネ化
  ⇒ 新築住宅に対する省エネ基準適合義務化
- LED照明・有機ELの導入
  ⇒ LED等高効率照明の普及
- HEMSによる見える化・エネルギーマネジメント
  ⇒ 全世帯に導入
- 国民運動の推進

21

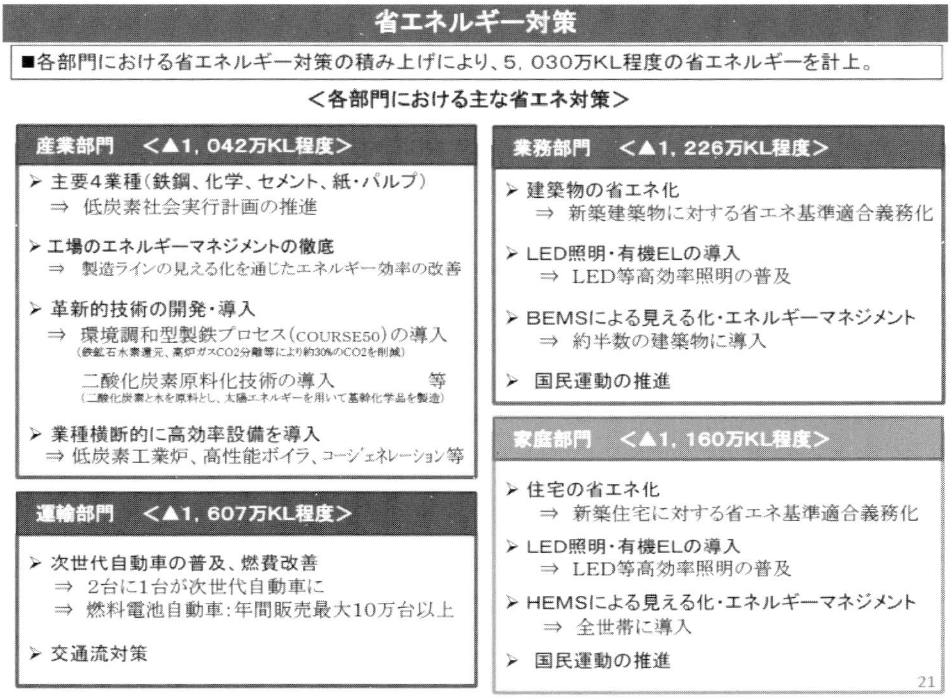

出典：経済産業省資源エネルギー庁ウェブページ「長期エネルギー需給見通し関連資料」
http://www.enecho.meti.go.jp/committee/council/basic_policy_subcommittee/mitoshi/pdf/report_02.pdf

「長期エネルギー需給見通し」におけるエネルギー起源CO_2排出削減量の内訳は表12－1のとおりです。政府は、「長期エネルギー需給見通し」に加え、2016年5月に地球温暖化対策推進法（2016年3月に法改正を閣議決定）に基づく「地球温暖化対策計画」を閣議決定しました[*7]。この計画では、温室効果ガスの削減目標を、短期：2020年に2005年比3.8％以上削減、中期：2030年に2013年比26％削減、長期：2050年までに現在の80％削減としています。部門別のエネルギー起源二酸化炭素排出量の削減目標については、表12－1のとおりであり、その根拠も示されています。各部門の省エネの実践と電源構成の工夫等により、エネルギー起源CO_2排出量は、2013年度の温室効果ガス排出量に比べて21.9％減となるとされています。日本の温室効果ガス排出削減量は、エネルギー起源CO_2排出削減量に加え、その他の温室効果ガスの排出削減量や吸収源対策（植林による吸収増など）を合計したものとなりますので、2013年度比で26.0％減となります。

表12－１　エネルギー起源二酸化炭素の各部門の排出量の目安

	2030年度の各部門の排出量の目安	2013年度 (2005年度)
エネルギー起源CO_2	927	1,235 (1,219)
産業部門	401	429 (457)
業務その他部門	168	279 (239)
家庭部門	122	201 (180)
運輸部門	163	225 (240)
エネルギー転換部門	73	101 (104)

[単位：百万t-CO_2]

出典：経済産業省資源エネルギー庁ウェブページ「日本の約束草案要綱（案）」
http://www.enecho.meti.go.jp/committee/council/basic_policy_subcommittee/mitoshi/009/pdf/009_05.pdf

家庭部門の省エネについては、表12－２に示した省エネ見込量等が積み上げられて、二酸化炭素削減見込量が算出されています。表12－１において、家庭部門のエルギー起源CO_2排出量は、2013年度に比べ2030年度には7,900万トン減とされています。一方、表12－２におけるCO_2排出削減見込量の合計は約3,200万トンに過ぎませんので、更なる省エネが必要とされます。第３章のコラム「省エネ行動とCO_2削減効果」に例示された省エネ行動の実践によって、年間約2,800万トンのCO_2削減が見込まれます。低炭素社会の実現には、新しい技術や制度に基づく表12－２のような政府の施策による省エネに加え、日常生活においてもこまめな省エネを怠ってはならないことを示唆しています。

表12－２　家庭部門における省エネ見込量、CO_2排出量削減見込量の内訳

具体的な対策	国の施策など	2013年	2030年	省エネ見込量 (万kl)	排出削減見込量 (万t-CO_2)
住宅の省エネ化	新築住宅における省エネ基準適合の推進	適合率 52%	適合率 100%	314.2 (2030年)	872 (2030年)
	既存住宅における断熱改修の推進	適合率 6%	適合率 30%	42.5 (2030年)	119 (2030年)
高効率給湯器の導入	ヒートポンプ給湯器	422万台	1400万台	11(2013年)⇒ 304(2030年)	11(2013年)⇒ 617(2030年)
	潜熱回収型給湯器	448万台	2700万台		
	燃料電池(普及支援)	5万台	530万台		
高効率照明の導入	LED等トップランナー基準の拡充	0.6億台	4.4億台	12(2013年)⇒ 228(2030年)	73(2013年)⇒ 907(2030年)
HEMS・スマートメーターを利用したエネルギー管理	ZEHの導入支援を通じて、HEMSの導入促進	21万世帯	5468万世帯	0.4(2013年)⇒ 178.3(2030年)	2.4(2013年)⇒ 710(2030年)

環境省ホームページ「地球温暖化対策計画（案）」（別表）
http://www.env.go.jp/press/102259/29539.pdf をもとに作成

温室効果ガスの削減の中期目標である「2030年に2013年比26%削減」を達成するためには、省エネに加えて、再生可能エネルギー・原子力などの低炭素電源の活用があることも忘れてはなりません。経済産業省の「長期エネルギー需給見通し関連資料」には、図5－5に示されるとおり、2030年における日本の電力需要と電源構成（エネルギーミックス）が示されています。電力需要については、経済成長や電化率の向上等による電力需要の増加を見込む一方、徹底した省エネルギー（節電）の推進を行うことによって、2030年度の電力需要を2013年度とほぼ同レベルまで抑えることとし、17%の省エネを前提に10,650億kWh程度とされています。電源構成については、自然条件によらず安定的な発電が可能な地熱・水力・バイオマスによって原子力を置き換えること、並びに自然条件によって出力が大きく変動する太陽光・風力の電力コストを現状よりも引き下げる範囲で最大限導入することを前提として、総発電電力量に対する再生可能エネルギーの比率を22～24%程度と見込んでいます。また、原子力発電については、安全性の確保を大前提として、エネルギー自給率の改善、電力コストの低減、欧米に遜色ない温室効果ガス削減の設定といった政策目標の達成を視野に、総発電電力量の20～22%程度と可能な限り依存度を低減することが見込まれています（表12－3）。

表12－3　温室効果ガス削減目標積み上げに用いたエネルギーミックス

	2030 年度
●最終エネルギー消費量	326 百万 kl
（省エネルギー対策量）	50 百万 kl

●総発電電力量	10,650 億 kWh 程度
再生可能エネルギー	22%～24%程度
原子力	22～20%程度
石炭	26%程度
LNG	27%程度
石油	3%程度
（再生可能エネルギーの内訳）	
太陽光	7.0%程度
風力	1.7%程度
地熱	1.0%～1.1%程度
水力	8.8%～9.2%程度
バイオマス	3.7%～4.6%程度

出典：経済産業省資源エネルギー庁ウェブページ「日本の約束草案要綱（案）」
http://www.enecho.meti.go.jp/committee/council/basic_policy_subcommittee/mitoshi/009/pdf/009_05.pdf

12－2　循環型社会

持続可能な社会を支える二つ目の社会は、「循環型社会」です。循環型社会は、天然資源の消費が抑制され、最終処分量の削減と適正な処分によって環境への負荷ができる限り低減される社会です。2001年1月1日から循環型社会基本法が施行されて以来、循環型社会の形成に向けた取組が地道に進められてきました。平成26年版環境・循環型社会・生物多様性白書（環境白書）[*8]によると、2000年から2011年にかけて、日本の産業や生活のために新たに投入される天然資源などの量は、19億2,500万トンから13億3,300万トンへとおよそ3分の2に減少し、最終的に処分が必要となるごみの量は、5,600万トンから1,700万トンへとおよそ3分の1に減少しました。循環利用される物質の量は、2億1,300万トンから2億3,800万トンへと2,500万トン増加しており、循環型社会に向けた取組の成果が認められつつあります。

循環型社会基本法では、「循環型社会」を定義すると共に、スリーアール（3R）の優先順位をリデュース、リユース、リサイクルと規定しており、3Rをキーワードとする政策が推進されています。先に述べたように、リサイクルは大分浸透してきましたが、優先順位の高いリデュースとリユースの進展が捗々しくないため、循環型社会形成推進基本計画[*9]においては、これら2Rの強化、普及啓発が循環型社会形成に向けての第一の課題とされています。図8－5を参考に、ひとり一人が優先順位を意識して、レジ袋の削減やびんのリユース等を実践していく必要があります。

循環型社会形成推進基本計画には、エネルギー基本計画や長期エネルギー需給見通しのような中長期的な視点や数値目標が不足しているため、循環型社会形成のための絵姿を具現することは困難です。ただ、一つの数値目標として短期的な物質フローが示されています。物質フローとは、日本の経済社会における物の流れを全体的に把握することを目的に作成されるものです。表12－4には、各項目の2020年度における目標が示されていますが、これらの物質フローの目標の達成が循環型社会形成のための短期的な課題と言えます。なお、「資源生産性」は、より少ない資源の投入でより高い価値を生み出す指標であり、「循環利用率」は、3Rのうちのリユースとリサイクルが行われる物質の比率、「最終処分量」は、焼却等がなされるごみの量を示します。一般の消費者には、「ごみの削減」を意識した行動を息長く継続することが求められます。

循環型社会形成推進基本計画には、既に述べた小型家電リサイクル法による使用済製品からの有用金属の回収、アスベストやPCB等の有害物質の適正な管理・処分、東日本大震災の反省点を踏まえた新たな震災廃棄物対策指針の策定なども挙げられています。特に、PCBの処分については、処分状況のデータ[*10]を見る限り進捗が捗々しくない現状にありますので、POPs条約の遵守の観点からも、PCB特措法の処理期限までに処分が完了するよう施策の強化が望まれます。また、「放射性廃棄物汚染対処特別措置法」に基づく指定廃棄物や汚染土の長期間にわたる適正な管理・処分の課題についても、国民・市民と情報を共有しつつ計画的に取り組む必要があります。

表12－4　新たな物質フロー目標

	H12年度	H22年度	H32年度目標
資源生産性（万円／トン）	25	37	46(+85%)
循環利用率（%）	10	15	17(+7ポイント)
最終処分量（百万トン）	56	19	17(▲70%)

（　）内はH12年度比

出典：環境省ホームページ「第三次循環型社会形成推進基本計画の概要」
http://www.env.go.jp/recycle/circul/keikaku/gaiyo_3.pdf

廃棄物に関連して、循環型社会形成推進基本計画には取り上げられていない国際的な問題が「食品ロス」の問題です。第９章１節で述べた通り、国連食糧農業機関（FAO）によると、世界の年間食料廃棄量は約13億トンで、生産量の約３分の１にも達しています。これを受けて、国連も食料廃棄物半減の世界目標を打ち出しており、欧州では、売れ残り食品の廃棄の禁止、賞味期限切れの食品提供業者への減税等、法的措置による食品ロス削減への取組が活発化しつつあります。縦割り行政の日本においては、目下、農林水産省が音頭をとって食品ロス削減プロジェクトが進められていますが、ダイオキシン問題で成功したように関連省庁が一体になった取組が行政上の課題と考えます。一方、国民・市民の行動としては、ひとり一人が「食べ物を粗末にしない」食生活を送ることが最大のポイントになります。家庭での躾や学校での教育によって、かつての日本で当たり前だった「自然の恵みに対する感謝の心」をもう一度思い起こすことも有効と考えます。併せて、無駄になる可能性のある食品が出そうなときには、フードバンク*11等の活用によって食品廃棄物が生じないように行動することも今後は重要になってきます。

12－3　自然共生社会

持続可能な社会を支える三つ目の社会は、「自然共生社会」です。自然共生社会は、地球上に存在する多種多様な生物や自然から人間が受けている様々な恵みを、将来の世代に引き継ぐことを意識して行動する社会です。最も大事なキーワードの一つである「生物多様性」を維持するための取組は、生物多様性条約によって国際的に推進されており、各国はCOP10で採択された「愛知目標」の達成に向けて取り組んでいます。日本では、東日本大震災を踏まえた今後の自然共生社会のあり方を示すため、「生物多様性国家戦略2012－2020」*12が2012年９月に閣議決定されました。この戦略は「生物多様性の４つの危機」（図１－３参照）を念頭に策定されており、2020年の短期目標として“生物多様性の損失を止めるために、愛知目標の達成に向けたわが国における国別目標の達成を目指し、効果的かつ緊急な行動を実施する。”、ならびに、2050年の長期目標として、“生物多様性の維持・回復と持続可能な利用を通じて、わが国の生物多様性の状態を現状以上に豊かなものとするとともに、生態系サービスを将来にわたって享受できる自然共生社会を実現する。”が掲げられています。また、2020年までの５つの重点施策として、①生物多様性を社会に浸透させる、②地域における人と自然の関係を見直し、再構築する、③森・里・川・海のつながりを確保する、④地球規模の視野を持って行動する、⑤科学的基盤を強化し、政策に結びつける、が掲げられおり、「生物多様性」という言葉や概念が社会に十分に浸透していない現状をうかがい知ることができます。

「生物多様性国家戦略2012－2020」には、愛知目標達成に向けたロードマップと銘打って、年次目標を含めた日本の国別目標（13目標）とその達成に向けた主要行動目標（48目標）が設定されるとともに、行動計画として約700の具体的施策が記載され、50の施策については数値目標が掲げられています。目標が主体の戦略文書であり、中身はあくまで行政上の施策の数値目標であるため、国民や市民の行動に結びつく事項に乏しい嫌いがあります。

低炭素社会については「省エネ・創エネを実践する」、循環型社会については「ゴミの排出を減らす」等、行動に直結する事柄が直ちに思い浮かびますが、自然共生社会については「自然を大切にする」という意識面のイメージが先行しがちです。自然共生社会に係る意識を行動に結び付けるには、キーワードである「生物多様性」を解きほぐして理解し、行動に結び付けることが必要になります。第１章で学んだように、人間も生態系の一部であり、人間の生活は自然の恵み（生態系サービス）によって支えられおり、生態系サービスの多くは多様な生物によってもたらされています。従って、生物多様性は「自然の恵み（生態系サービス）の原点」と言えます。環境省のウェブサイト*12に、生物多様性を守るための第一歩として図12－４の５項目が掲げられていますので、ひとつの参考になります。

図12－４　生物多様性のために私たちができること

生物多様性が、私たちの日常の暮らしと密接に関わっていることを知っていますか？
一人ひとりが生物多様性との関わりを日常の暮らしの中でとらえ、実感し、身近なところから行動することが、生物多様性を守るための第一歩です。
生物多様性の恵みを受け続けられるように、次の5つの中からできることを選んで、あなたの「MY行動宣言」として宣言し、今日から生物多様性を守るために行動しましょう！

Act1　地元でとれたものを食べ、旬のものを味わいます。
Act2　生の自然を体験し、動物園・植物園などを訪ね、自然や生きものにふれます。
Act3　自然の素晴らしさや季節の移ろいを感じて、写真や絵、文章などで伝えます。
Act4　生きものや自然、人や文化との「つながり」を守るため、地域や全国の活動に参加します。
Act5　エコマークなどが付いた環境に優しい商品を選んで買います。

環境省ホームページ「生物多様性」、「MY行動宣言」
http://www.biodic.go.jp/biodiversity/about/sokyu/sokyu06.html をもとに作成

社団法人日本貿易会のウェブサイト*[13]には、自然共生社会に関する分かり易い解説と「地球の自然環境はつながっている」というタイトルで図12－５が掲載されています。

図12－５　地球の自然環境はつながっている

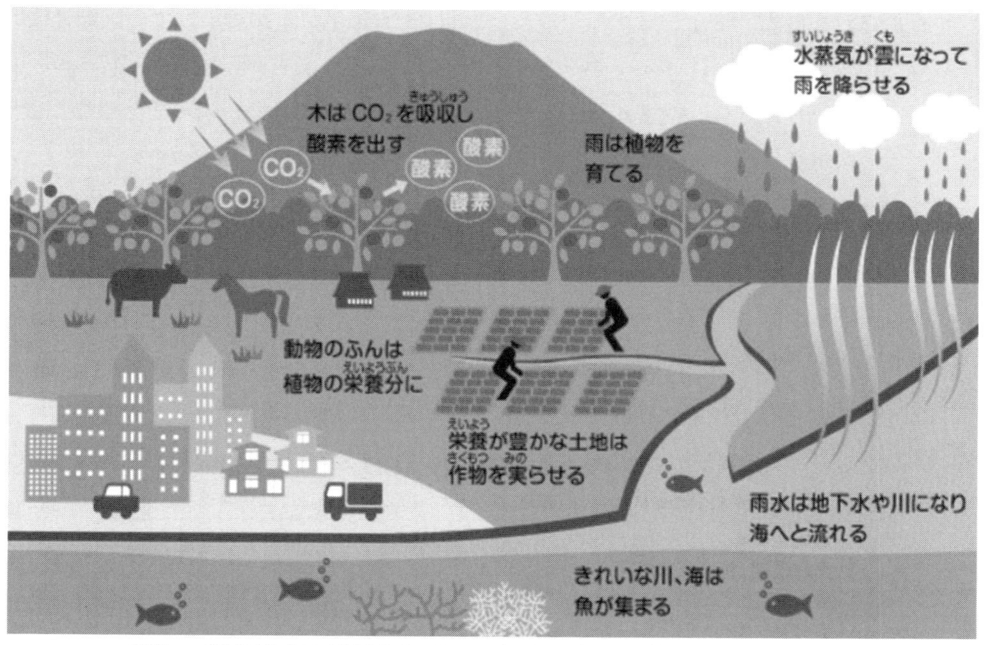

出典：一般社団法人日本貿易会ホームページ　キッズサイト「エコな未来のヒント」

この図は、“空気、大地、川、海、そしてそこに生きる動植物など、すべての自然環境は地球という星のなかでつながっている”ことを示しており、自然環境のどこかに問題が起これば、必ず他の環境に影響が及ぶので、“自然共生社会は、地球にくらす一人一人が、身近な自然環境を大切にしないと実現できない”と述べられています。このような考え方を踏まえて、自然共生社会実現のための商社の取組として、フロンの回収・処理（第６章３節参照）、水質汚濁の防止・改善（第７章２節参照）、土壌汚染の防止・改善（第７章３節参照）、サンゴ礁を守る活動、植林活動や持続可能な森林経営が例示されています。これらの活動は商社に限定されるものではありません。産業界や地域における地球環境問題や地域環境問題への取組のひとつ一つが、自然共生社会の実現とつながっているといえます。図12－４の５項目を第一歩として、生物多様性の保全に向けて地域での活動やボランティア活動に結びつけることが重要です。

12－4　持続可能な社会の実現に向けた行動

2015年9月25日に、ニューヨーク・国連本部で開催された国連サミットで、「持続可能な開発目標」（Sustainable Development Goals：SDGs）を中核とする「持続可能な開発のための2030アジェンダ」が採択されました（表1－3の最下段）。これは、2016年から2030年までの国際社会共通の目標であり、17のゴール（図12－6）、169のターゲットから成ります。環境省は、17のゴールのうち、12が環境に関連しており、アジェンダの実施に向けて、気候変動、持続可能な消費と生産（循環型社会形成の取組等）等の分野における施策を積極的に展開していくと述べています*14。

持続可能な社会とは、「将来の世代のニーズを満たす能力を損なうことなく、現在の世代のニーズも満足させる「持続可能な開発」の考え方に沿って構築される社会」を言います。1987年のブルントラント委員会報告書で概念が示され、1992年の地球サミットの「環境と開発に関するリオ宣言」において、「持続可能な開発を達成するために、環境保護は、開発と分離しては考えられないもの」であることが示されました。

図12－6　持続可能な開発目標（SDGs）17ゴール

※下線は、環境省が「少なくとも環境に関連している12のゴール」としている事項

1. 貧困の撲滅
2. 飢餓撲滅、食料安全保障
3. 健康・福祉
4. 質の高い教育
5. ジェンダー平等
6. 水・衛生の持続可能な管理
7. 持続可能なエネルギーへのアクセス
8. 包摂的で持続可能な経済成長、雇用
9. 強靭なインフラ、産業化・イノベーション
10. 国内と国家間の不平等の是正
11. 持続可能な都市
12. 持続可能な消費と生産
13. 気候変動への対処
14. 海洋と海洋資源の保全・持続可能な利用
15. 陸域生態系、森林管理、砂漠化への対処、生物多様性
16. 平和で包摂的な社会の促進
17. 実施手段の強化と持続可能な開発のためのグローバル・パートナーシップの活性化

環境省ホームページ「持続可能な開発のための2030アジェンダ/SDG」
http://www.env.go.jp/earth/sdgs/index.html をもとに作成

日本では、持続可能な社会の実現は、1993年に制定された環境基本法及び2006年に策定された第三次環境基本計画で環境行政の基本的な理念として示され、理念に基づいてさまざまな環境政策が展開されてきました。2012年の第四次環境基本計画においては、“目指すべき持続可能な社会とは、人の健康や生態系に対するリスクが十分に低減され、「安全」が確保されることを前提として、「低

炭素」・「循環」・「自然共生」の各分野が、各主体の参加の下で、統合的に達成され、健全で恵み豊かな環境が地球規模から身近な地域にわたって保全される社会”とされています。持続可能な社会を端的に表現すると、「経済の発展と環境の保全が両立する社会」であり、既に学んだ「低炭素社会」、「循環型社会」、「自然共生社会」が統合的に達成された社会ということができます。三つのそれぞれの社会は独立したものではなく、相互に関連し重複する部分もありますが、最後に、持続可能な社会の実現に向けて、日本の国としての貢献の方向性と、日常生活において私たちが実践すべきことについてまとめます。

低炭素社会の実現に向けて、日本は、当面、国と国民が一体となってパリ協定に基づく温室効果ガスの削減目標（2030年に2013年比26％削減）の必達を目指す必要があります。国の施策においては、CCSの実用化を筆頭に、太陽光発電の低コスト化、海洋風力発電の導入、水素エネルギーの普及等が大きな鍵を握ります。特に、CCSはパリ協定における目標である「産業革命以降の気温上昇を２℃未満に抑える（1.5℃に向けて努力する）」を達成するために必須の技術であり、日本が抱える使用済核燃料の処分にも応用可能な技術ですので、技術開発の進展が急がれます。私たちの行動としては、第３章３節で述べた省エネ行動による節電等に加え、トップランナー機器やエコカーの活用等による更なる省エネ、LED照明や住宅の断熱等による住環境における省エネ、HEMSやZEH等に見られる省エネと創エネの効率的な併用がポイントになります。いうまでもなく、これらの行動は持続可能な社会の「経済の発展と環境の保全の両立」に適ったものです。なお、2016年３月に環境省は「パリ協定から始めるアクション50－80」と銘打った「地球の未来のための11の取組」を発表しました*[15]。このような政府の働きかけも、低炭素社会の実現に向けての行動の参考になります。

循環型社会の実現に向けては、消費者及び事業者等によるリデュース・リユースを優先した廃棄物の削減（第８章１節参照）と食品ロスの削減（第９章コラム参照）が第一のポイントになります。特に、食品ロスについては、「持続可能な開発のための2030アジェンダ」に、“世界全体の一人当たり食品廃棄物を半減させる”という目標が掲げられていますので、農林水産省・厚生労働省・経済産業省・消費者庁等の関係省庁が一丸となって取り組む体制を一刻も早く構築し、施策を推進する必要があります。また、ひとり一人が「食べ物を粗末にしない」食生活を送ることが最大のポイントになります。更に、日本にとっては、POPs条約の期限遵守を念頭に入れたPCBの処理、放射能を有する指定廃棄物や汚染土の長期にわたる保管・処分が大きな課題となります。

自然共生社会の実現に向けては、自然の恵み（生態系サービス）に対する感謝の気持ちを維持しつつ、自然のつながり（図12－５）を意識した取組が必要です。キーワードは「生物多様性」と「つながり」です。2016年９月に環境省は、森里川海の恵みを将来にわたって享受し、安全で豊かな国づくりを行うために、「森里川海をつなぎ、支えていくために（提言）」を公表しました。当面は、いくつかの地域プログラムを展開する計画になっています*[16]。前述したように、生物多様性条約における愛知目標の達成に向けた国や地域の活動も推進されています。このような地域の活動に、自分でできる範囲で地道に取り組むことも一つの選択肢になります。また、環境省のウェブサイトに掲載されている生物多様性を守るための「MY行動宣言」５項目（図12－４）を参考に、それぞれの立場から行動を具体化して取り組むことも有効です。因みに、第４回目を迎えた「生物多様性アクション大賞」*[17]の優秀賞は、５項目の各項目についてひとつ選出され、その中から大賞が決定されることになっています。これらの受賞という目標を目指した共同の取組は、一層やりがいのあるものになると思います。当然ながら、地球環境問題のみならず地域環境問題への対応も自然共生社会に役立ちますので、第６章３節で述べたノンフロン製品への切替、第７章２節で述べた生活排水の環境負荷の低減、第８章１節で述べたエコマーク商品の購入など、日常生活における実践も忘れてはなりません。

次の拙句は、通勤中の車窓から見た景色を詠んだものですが、根底には、「日本の神々に対する畏敬の念」と「自然の恵みに対する感謝の気持ち」が込められています。ご鑑賞ください。

筑波嶺の律儀に尖り稲架日和　謙一

〈参考資料〉

＊１　http://www.kantei.go.jp/jp/singi/ondanka/kaisai/080729/gaiyou.pdf
＊２　http://www.env.go.jp/press/101177.html
＊３　http://www.env.go.jp/council/06earth/y060-80/mat02-1.pdf
＊４　http://www.maff.go.jp/j/council/seisaku/kikaku/goudou/06/pdf/data2.pdf
＊５　http://www.env.go.jp/earth/ipcc/5th/pdf/ar5_wg3_outline.pdf
＊６　http://www.enecho.meti.go.jp/category/others/basic_plan/#energy_mix
＊７　http://www.env.go.jp/press/102512.html
＊８　http://www.env.go.jp/policy/hakusyo/h26/index.html
＊９　http://www.env.go.jp/recycle/circul/keikaku/gaiyo_3.pdf
＊10　http://www.env.go.jp/press/102904.html
＊11　http://www.maff.go.jp/j/shokusan/recycle/syoku_loss/foodbank/
＊12　http://www.biodic.go.jp/biodiversity/index.html
＊13　http://www.jftc.or.jp/kids/eco-hint/natural_symbiosis/index.html
＊14　http://www.env.go.jp/earth/sdgs/index.html
＊15　http://www.env.go.jp/press/102299.html
＊16　http://www.env.go.jp/press/102976.html
＊17　http://www.env.go.jp/press/103175.html

【著者紹介】

久塚　謙一（ひさつか　けんいち）

流通経済大学社会学部非常勤講師、化学物質アドバイザー、環境カウンセラー

1973年３月　東京大学大学院農学系研究科博士課程修了（農学博士）

1973年４月～2006年９月　出光興産株式会社　勤務

（1998年早稲田大学、1999年東京工業大学大学院の非常勤講師）

2006年10月～2009年３月　独立行政法人新エネルギー・産業技術総合開発機構（NEDO）勤務

2009年４月～2016年３月　流通経済大学　社会学部教授

2016年４月～　流通経済大学社会学部非常勤講師　現在に至る

主要著書

・「Webで学ぶスライド式自然環境論Ⅰ」（流通経済大学出版会）、「Webで学ぶスライド式自然環境論Ⅱ」（同）を2015年３月、８月に、それぞれ出版した。

・「微生物が石油を食べるメカニズム」に関する博士論文をまとめ、バイオサーファクタントの先鞭をつけた。Agr.Biol.Chem., 35(5)684-690(1971)他

・世界で初めてスチレンを食べる微生物を純粋分離した。Agr.Biol.Chem., 43(7)1595-1596(1979)他

・「環境政策の潮流と石油産業の取り組み」について解説した。ペトロテック 21(9)878-882, 21(10)990-993, 21(11)1075-1078(1998)

・「自動車排出ガス中ダイオキシン類の濃度」の測定方法を発表した。環境化学11(3)467-476(2001)

環境論（かんきょうろん）ノート
—地球（ちきゅう）のためにできること—

発行日　2017年１月16日　初版発行
著　者　久　塚　謙　一
発行者　野　尻　俊　明
発行所　流通経済大学出版会
〒301-8555　茨城県龍ヶ崎市120
電話　0297-60-1167　FAX　0297-60-1165

Printed in Japan／アベル社

ISBN 978-4-947553-72-0 C3040 ¥2500E